Luft und Gesundheit

Christian Rüger

Luft und Gesundheit

Von der globalen Zirkulation bis zu Atemwegserkrankungen

Christian Rüger
Leverkusen, Deutschland

ISBN 978-3-662-66766-8   ISBN 978-3-662-66767-5   (eBook)
https://doi.org/10.1007/978-3-662-66767-5

Die Deutsche Nationalbibliothek verzeichnet diese Publikation in der Deutschen Nationalbibliografie; detaillierte bibliografische Daten sind im Internet über http://dnb.d-nb.de abrufbar.

Planung/Lektorat: Simon Shah-Rohlfs
Springer Spektrum ist ein Imprint der eingetragenen Gesellschaft Springer-Verlag GmbH, DE und ist ein Teil von Springer Nature.
Die Anschrift der Gesellschaft ist: Heidelberger Platz 3, 14197 Berlin, Germany

Für

Josephine und Konstantin

Vorwort

In meinem ersten Buch habe ich die Luft im persönlichen Umfeld des Menschen beschrieben. Dieses Buch nimmt nun die Luft der gesamten Atmosphäre in den Blick und verfolgt sie bis in die Lungenbläschen. Vor dem Hintergrund von 10 Millionen Atemwegserkrankungen in Deutschland zu Beginn der kalten Jahreszeit wird möglichen Schwachstellen der oberen Atemwege nachgegangen. Sie sind das Einfallstor externer Noxen.

Atemluft hüllt die Erde in einer vergleichsweise dünnen Schicht ein. Es entstehen Räume mit eigenem Klima. Die weitere Unterteilung führt zu kleineren Räumen, die offen, halboffen oder geschlossen sein können. Der kleinste hier betrachtete Raum ist das Lungenbläschen.

Luft ist ein Umweltthema. Lufthygiene als Gesundheitsvorsorge für die Atemwege endet nicht an der Haustür, sie erstreckt sich über den gesamten Erdball. Als besondere Räume werden in diesem Werk die oberen Atemwege betrachtet, in denen die Fremdstoffe der Luft mit den Schleimhäuten in Kontakt treten. Dabei geht es um die Frage, ob die etablierte Immunabwehr den Schadstoffniederschlag bewältigen kann. Im Buch können aufgrund der physikalisch basierten Betrachtungsweise aus den komplexen Abläufen Schlussfolgerungen für Vorsorgemaßnahmen abgeleitet werden.

Im Epilog wird dem Leser an einem praktischen Beispiel gezeigt, dass die Beschäftigung mit dem Thema „Luft" zu gesünderen Atemwegen verhelfen kann. Die vorgeschlagene Vorsorge ist barrierefrei und wird mit einem höheren Behaglichkeitslevel belohnt.

Nicht zuletzt sei dankend erwähnt, dass meine Enkel Josephine und Konstantin durch ihr motivierendes Interesse zum Gelingen des Werkes beigetragen haben.

im Februar 2023　　　　　　　　　　　　　　　　　　Christian Rüger

Inhaltsverzeichnis

1

Lebensmittel Luft

Zusammenfassung In Literatur und bildender Kunst ist nicht die Luft, sondern ihr Synonym, der Wind, Gegenstand künstlerischer Darstellungen. Die Künstler greifen seine belebende Wirkung auf und wir erhalten überraschende Hinweise auf den Ursprung und das Geheimnis frischer Luft. Die Luftqualität wechselt von Ort zu Ort. Nach Beschreibung und Beurteilung der Luftschichten der Atmosphäre richtet sich der Blick auf die Atemwege des Menschen bis hinein in die Lungenbläschen. Mit dem Übergang der Luft aus der Atmosphäre in den Organismus überschneiden sich die als zuständig erachteten Disziplinen von Umweltschutz und Medizin. Begriffe aus beiden wie „Schadstoff" oder „Noxe" werden gegenübergestellt. Die Luft hat Einfluss auf unsere Behaglichkeit. Dabei wird das Umgebungsklima von drei übergeordneten Wirkkomplexen bestimmt: Temperatur, Strahlung und Lufthygiene. Es zeigt sich, dass der Mensch sehr unterschiedlich auf Veränderungen des Kleinklimas in seiner Umgebung reagiert, für Klimatechniker eine besondere Herausforderung bei der Planung von Klimaanlagen. Lufthygiene ist eine Dauerthema seit dem Aufschwung der Industrie im 19. Jahrhundert. Die Verkündung der Gewerbefreiheit nach der Französischen Revolution verlieh der Entwicklung der Industrie einen kräftigen Schub. Das „Great Smog"-Ereignis im Jahr 1952 in London markiert den Höhepunkt ungezügelter Luftverschmutzung in Europa. Seither engen Gesetze den Emissionsspielraum ein. Es kann über ein Geflecht von Gesetzen berichtet werden, das den Bürger schützt, ihn aber auch selbst in den Umweltschutz mit einbezieht.

© Springer-Verlag GmbH Deutschland, ein Teil von Springer Nature 2023
C. Rüger, *Luft und Gesundheit*, https://doi.org/10.1007/978-3-662-66767-5_1

1.1   Der Mythos „frische Luft"

Oft reichen ein paar Schritte auf den Balkon oder vor das Haus aus, und wir können die Frische der Luft in vollen Zügen genießen, besonders dann, wenn eine frische Brise die Haut leicht abkühlt. An der frischen Luft überkommt uns ein Gefühl der Befreiung von der Enge des Raumes und verbrauchter Luft. Frische Luft findet sich nur im Freien, im Innenraum lässt sie sich durch Lüftungstechnik simulieren, aber nicht erreichen, auch nicht mit hohem Aufwand. Das mit dem Einatmen von frischer Luft ausgelöste Hochgefühl kann nur im Freien erlebt werden. Dies bedeutet nicht, dass die Außenluft stets von beglückender Qualität wäre. Die Luftgüte hängt von der Wetterlage und von den Emissionen unserer Lebensräume ab. Entscheidend ist der Wechsel in Räume, wo die Luft als angenehmer empfunden wird. Oft reicht es, in einen anderen Raum zu wechseln oder einfach „an die Luft" zu gehen.

Hape Kerkeling gab dem Buch über seine Kindheit den Titel „Der Junge muss an die frische Luft". Frischer Wind weckt nicht nur die Lebensgeister, er ist auch Synonym für neuen Schwung und Aufbruch aus alten, engen Strukturen und für freie Bahn in bessere Lebensräume. Das Bewusstsein für frische Luft muss sich entwickeln können.

Josef Victor von Scheffel hat mit seinem 1859 geschriebenen Gedicht „Die Wanderfahrt" den Text für ein Wanderlied geschrieben, dass als „Hymne der Franken" bis heute Sympathien im ganzen Land genießt.

> Wohlauf, die Luft geht frisch und rein, wer lange sitzt, muss rosten!
> Den allerschönsten Sonnenschein lässt uns der Himmel kosten.

Es ist kein Zufall, wenn am Anfang des Gedichts die Luft „frisch und rein geht" und nicht in Ruhe verharrt. In einer Zeile steckt das Idealbild von Luft: Sie soll sich leicht bewegen, kühl und sauber sein. Politisch greift das Lied die Freiheitsbewegung seiner Zeit auf, welche Bewegungsfreiheit für alle Bürger forderte – heute rückblickend als Demokratiebewegung verstanden – und mit dem Hambacher Fest 1832 einen symbolträchtigen Höhepunkt erlebte.

Schon vorher hatte Ludwig Uhland, der der Demokratiebewegung zugetan war, 1811 sein Gedicht „Frühlingsglaube" veröffentlicht (Uhland L 1811).

> Die linden Lüfte sind erwacht,
> sie säuseln und weben Tag und Nacht.

Träger der Frühlingsstimmung sind die linden Lüfte. Auch bei Uhland entstehen Emotionen aus wehenden Lüften. Sprachlich ist anzumerken, dass „Lüfte" hier gleichzeitig als Synonym und Mehrzahl von „Luft" verwendet wird.

Die Römer verehrten die bewegte Luft als göttliche Erscheinung (Brockhaus 1970). Auf dem Kaiser Augustus im Jahr 13 v. Chr. gewidmeten, reich ornamentierten Monument Ara Pacis in Rom zeigt eine Tafel die Mutter Erde (Tellus) mit Allegorien von Land- und Meerwind (Wiki commons 2022). Das breite Marmorrelief wird von drei entspannt sitzenden Frauengestalten ausgefüllt: in der Mitte Tellus mit zwei Kleinkindern auf dem Schoß, umringt von Früchten und friedlich lagernden Tieren. Die Göttin der Landwinde auf der linken Seite des Reliefs wird von einem Schwan mit ausladenden Schwingen getragen, dabei hält sie mit einer Hand einen Teil ihres Gewandes so in den Wind, dass es sich zu einem halbkugelförmig geblähten Segel entfaltet. Auf der rechten Seite des Reliefs sitzt in spiegelbildlicher Darstellung die Göttin der Meerwinde auf einem drachenköpfigen Seetier. Die Altartafel stellt eine Allegorie des Friedens dar, Mutter Erde repräsentiert Wohlstand und Frieden. Interessant ist, dass der Friede erst in frischem Wind, möglicherweise tageszeitlich wechselnd zwischen Land- und Meerwind, als vollkommen angesehen wird. Die Sehnsucht nach frischen, lauen Lüften begleitet uns noch heute, oft lässt sie sich nur in fernen Urlaubsregionen stillen.

In der ägyptischen Mythologie wurde die Himmel und Erde trennende Luftschicht als Göttin (Schu) bezeichnet (Brockhaus 1970, S. 647) Auch hier bekommt der Wind einen göttlichen Bezug. Bei den Griechen verkörperte Hera die Luft als eines der vier Elemente, aus denen alles Körperliche der Welt zusammengesetzt ist: Luft, Wasser, Erde und Feuer (Brockhaus 1970). Dabei wird die Göttin mit bestimmten Eigenschaften von Luft assoziiert, etwa Anpassungsfähigkeit und Flexibilität. Beide Protagonisten*innen sind nach Geschlecht weiblich, möglicherweise kein Zufall. Aiolos gilt als griechischer Gott des Windes, männlich. Der Name lebt fort in dem geologischen Begriff „äolischer Stofftransport", dem Aufwirbeln und der Windverwehung von Bodenkrume. Auf diese Weise wird Saharastaub durch starke Winde über Kontinente und Ozeane verfrachtet.

Im weiteren Sinne wird allem, was von oben kommt, auch Heil bringende Wirkung zugeordnet. Manna, gute Geister, Engel, die Heimat der Seelen werden im Himmel verortet oder steigen in den Himmel auf. Um im Bild zu bleiben: Der Boden ist eher die Heimat des Bösen, hier brodelt es, wenn aus Gruben Schwefeldämpfe aufsteigen. Mutter Erde thront dazwischen.

Im Wortschatzportal der Uni Leipzig wird Wind als Synonym für Luft angegeben (Uni Leipzig 2021). Die Römer haben es verstanden, den Wind als Luft von hoher Qualität im Bild darzustellen. Ein meteorologisches Synonym für Luft ist Atmosphäre. Nach Möller ist „Atmosphäre" der umfassendere Begriff (Möller 2003). Gestützt wird die Aussage von der Eintragung im Brockhaus: Luft ist das die Atmosphäre bildende Gasgemisch (Brockhaus 1970).

In ähnlichem Sinne hat der Begriff Eingang in das Bundes-Immissionsschutzgesetz gefunden. In § 1 heißt es dort: „Zweck des Gesetzes ist es, Menschen, Tiere und Pflanzen, den Boden, das Wasser, die Atmosphäre sowie Kultur- und sonstige Sachgüter vor schädlichen Umwelteinwirkungen zu schützen und dem Entstehen schädlicher Umwelteinwirkungen vorzubeugen." (BImSchG 2022) Die Versuche, Luft selbst unter gesetzlichen Schutz zu stellen, waren nicht erfolgreich. Für Trinkwasser war das möglich.

Frische Lebensmittel sind bekömmlich, besonderes frisch geerntetes Obst und Gemüse oder frisch zubereitete Speisen. Austrocknung, chemischer Abbau und Befall durch Mikroorganismen denaturieren Lebensmittel und führen schnell zu ihrer Ungenießbarkeit. Die Frische der Lebensmittel verbindet sich positiv mit Kühle. Mikroorganismen werden so am Wachstum gehindert. Haltbarkeitsanzeigen auf verpackten Lebensmitteln im Supermarkt unterstützen die Auswahl. Die Gewährleistung bekömmlicher Luft ist viel aufwendiger, allein wenn man an die Kosten für die gesetzlich vorgeschriebenen Maßnahmen zur Luftreinhaltung denkt. Absatz streichen!

Die Kühle ist eine naturbedingte Eigenschaft von frischer Luft. Sie ist ihr wesentlicher Bestandteil, den wir eher unbewusst wahrnehmen. In der Regel verbringen wir über 90 % unserer Lebenszeit in Innenräumen: in Wohnungen, Büros, öffentlichen Gebäuden oder Verkehrsmitteln. Dort verliert die Luft stetig an Frische durch Anreicherung mit Humangeruchsstoffen, Materialausdünstungen und Kohlendioxid. In Aufenthaltsräumen muss die Luft regelmäßig durch Verdrängung verbrauchter Raumluft und Zufuhr von Frischluft erneuert werden. In der Lüftungstechnik wird der Begriff „Frischluft" nicht verwendet, sondern durch den Begriff „Außenluft" ersetzt. Die Qualität der Innenraumluft wird durch Lüftung verbessert, sie erreicht aber nie ganz die Qualität von Frischluft.   Der Grad der Annäherung ist eine Kostenfrage.

1.2 Die Luft der Atmosphäre

1.2.1 Das Gas der Atmosphäre

Die Erde ist von einer Gashülle umgeben, die sich vom Erdboden bis in Höhen von 60.000 km ausdehnt (Möller 2003; Brockhaus 1967). Die mit Gas gefüllte Hülle bildet einen Raum, den wir Atmosphäre nennen. Die vertikale Ausdehnung entspricht einer Höhe von fünf Erddurchmessern, maßstäblich dargestellt in Abb. 1.1. Der unterste, sehr schmale Streifen von 10 km Höhe ist die Troposphäre, nur hier ist das Gas als Atemluft geeignet. In den darüber folgenden Bereichen wird die Luft dafür zu dünn und zu kalt, ab 100 km Höhe stimmt auch die Luftzusammensetzung nicht mehr, das Gas ist weit entfernt von der Zusammensetzung einer physiologisch brauchbaren Atemluft. Die Schicht der Troposphäre gehört zu unserer unmittelbaren Umwelt, in ihr spielt sich das Wetter ab. Der Wind sorgt für grenzenlose Ausbreitung von Schadstoffen und verfrachtet sie auf entfernt gelegene Oberflächen. Die Troposphäre stellt uns überall auf der Erde Luft zum Atmen zur Verfügung und bietet damit globale Bewegungsfreiheit.

Die Höhe der Troposphäre kann in der Abb. 1.1 nur angedeutet werden, eine maßstabsgerechte Darstellung ist wegen ihrer im Verhältnis zur Atmosphäre geringen Ausdehnung hier nicht möglich. Stellen Sie sich die Erde als Kugel von 1 m Durchmesser vor. Dann hätte die Troposphäre eine Schichtdicke von nur 0,78 mm. Der Mount Everest ragt dabei 0,69 mm in diese Luftschicht hinein. Durch die tages- und jahreszeitlich wechselnde,

Abb. 1.1 Die Atmosphäre: Aufteilung in Homosphäre und Heterosphäre mit den Schichtgrenzen Homopause (100 km) und Heteropause (60.000 km). Angedeutet ist die Tropopause in 10 km Höhe

aber stets nur halbseitige Sonnenbestrahlung der Erdkugel ergeben sich entsprechende Temperaturunterschiede der Lufthülle. Sie bilden den Antrieb für großräumige Luftbewegungen, die als Hochdruck- und Tiefdruckgebiete über die Oberfläche der Erde hinweglaufen.

Die Erdanziehung sorgt dafür, dass das Gas der Atmosphäre ein Teil der Erde bleibt und nicht in den Weltraum abdriftet. Weiter sorgt die Luftreibung dafür, dass die Lufthülle der Erdrotation folgt. Das Sonnenlicht dringt ungehindert bis zum Erdboden durch, erwärmt die Erdoberfläche, die ihrerseits die Wärme an die Luft weitergibt. Über den bestrahlten Flächen kommt es zu Auftrieb und Gasvermischung, zunächst über der erwärmten Fläche und bei weiterer Wärmzufuhr mit höheren Luftschichten. Die in der Luft enthaltenen Klimagase absorbieren selbst Strahlung und erwärmen sich, besondere Bedeutung haben dabei Kohlendioxid und Wasserdampf, auch wegen ihrer relativ großen Anteile in der Luft.

Der Raum der Atmosphäre ist nicht für Gas allein reserviert. Elektromagnetische Strahlung, Magnetismus und Gas existieren eigenständig nebeneinander und in gegenseitiger Durchdringung. Dabei beeinflussen sie sich gegenseitig. Die Strahlung der Sonne trägt Energie ein. Der Magnetismus schirmt schädliche Sonnenstrahlung von der Erde ab. Das Gas erwärmt sich durch Sonnenlicht und kommt in Bewegung. Durch seine Fluideigenschaft kann es luftfremde Stoffe transportieren. Auch können Gase Schallwellen weiterleiten. Im Raum der Homosphäre hat das Gas die Zusammensetzung von Luft, aber nur in der Troposphäre besitzt es auch die Dichte von Atemluft, wenn auch nach oben hin abnehmend.

1.2.2 Schutz der Atemluft

Während es für Trinkwasser die Trinkwasserverordnung gibt, muss sich die Atemluft ein Gesetz mit mehreren Schutzgütern teilen. Im Umweltrecht besetzt die Luft nur ein Teilgebiet der Umwelt, neben Boden, Gewässer, Lärm und stellenweise auch Klima (Kluth und Smeddinck 2013). Das bedeutet auch: Wer sich mit der Qualität der Atemluft auseinandersetzt, muss sich mit dem gesamten Umweltrecht beschäftigen. Von der Sache her macht das Sinn, da die einzelnen Umweltmedien wechselseitig aufeinander einwirken.

Das Bundes-Immissionsschutzgesetz (BImSchG) hat auch deshalb neben Boden und Wasser nicht die Luft, sondern die Luft enthaltende Atmosphäre unter seinen Schutz gestellt. In der 39. Verordnung zur Durchführung des BImSchG, der Verordnung über Luftqualitätsstandards

und Emissionshöchstmengen (39. BImSchV 2022), wird in § 1 Begriffs-
bestimmungen „Luft" definiert als die Außenluft in der Troposphäre mit
Ausnahme von Arbeitsstätten, zu denen die Öffentlichkeit normaler-
weise keinen Zugang hat. Beim gesetzlichen Schutz vor Emissionen und
Immissionen steht die Luft und nicht die Atmosphäre im Mittelpunkt der
Überwachung. Den Begriff „Außenluft" verwendet auch die Klimatechnik.
Lüftungsanlagen konditionieren Außenluft zu hygienischer Innenraumluft.

Es gibt auch Bestrebungen, die Luft selbst als schutzwürdiges Gut in
ein Umweltgesetzbuch aufzunehmen (Kluth und Smeddinck 2013, S. 2).
Das Umweltbundesamt verfolgt die Aufnahme der Luft in den Gesetzes-
text seit 1976 (UBA 2021). In einem daraus folgenden Entwurf zu einem
Umweltgesetzbuch werden auch Luft und Klima als eigenständig schutz-
würdige Gegenstände definiert. Im Entwurf des Umweltministeriums von
2008 zum Ersten Buch des Umweltgesetzbuchs (UGB I) heißt es in § 4
(1), Definitionen, Umwelt: „Tiere, Pflanzen, die biologische Vielfalt, der
Boden, das Wasser, die Luft, das Klima und die Landschaft sowie Kultur-
und sonstige Sachgüter (Umweltgüter)" (BfU 2008). Das Umweltrecht
greift in viele bestehende Rechtsgebiete ein, weshalb das Vorhaben in einer
Legislaturperiode allein nicht zu realisieren ist. Die Bestrebung, Luft als
eigenständiges Gut zu behandeln, stößt auch deshalb auf Schwierigkeiten,
weil sie sich als Teil der Atmosphäre im ständigen Austausch mit der Erdoberfläche, der Umwelt, befindet. Ein geschlossenes Versorgungssystem wie
beim Trinkwasser ist nicht möglich.

1.2.3 Die Luftschichten der Atmosphäre

Denkt man sich die Atmosphäre aufgebaut aus gleich dicken Luftschichten,
so drückt jede Schicht mit ihrem Gewicht auf die unter ihr liegende, sodass
sich ein nach oben abnehmender Druckverlauf einstellt. Mit zunehmender
Höhe wirkt sich die abnehmende Erdanziehung zusätzlich druckmindernd
aus. Die Druckabnahme folgt der barometrischen Höhenformel, das
bedeutet, dass der Druck nach oben erst schnell und dann zunehmend langsamer abnimmt. Die Übergänge zwischen den Luftschichten sind fließend
und werden besonders von der geografischen Lage, von der Jahreszeit und
vom Sonnenstand beeinflusst. Den senkrechten Aufbau der Luftschichten
der Atmosphäre zeigt Abb. 1.2. Für die Abbildung sind die Schichten nach
ihrer Bedeutung für die Atemluft ausgewählt. Dabei bietet sich als Erstes eine
Zweiteilung in Homosphäre und Heterosphäre an. Trennfläche zwischen
beiden Schichten ist die Homopause in 100 km Höhe. Über der Homo-

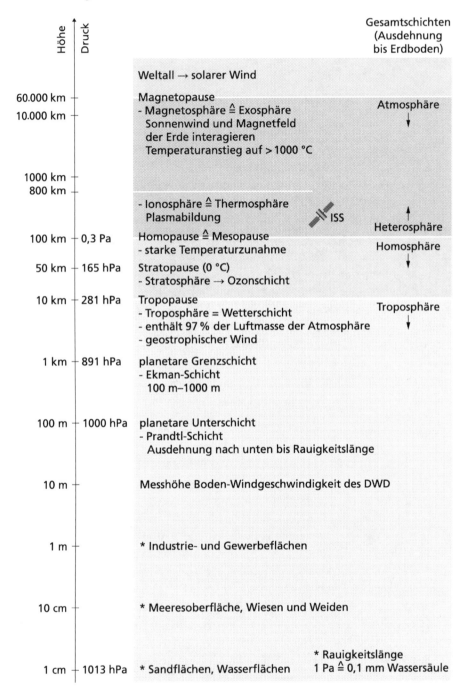

Abb. 1.2 Luftschichten der Atmosphäre. In der Prandtl-Schicht steigt die Windgeschwindigkeit ab der Rauigkeitslänge (*) logarithmisch an

pause liegt die Heterosphäre, in der sich entmischte, geladene Gase befinden. Unter der Homopause erstreckt sich die Homosphäre bis zum Erdboden. In dieser Schicht hat die Luft eine einheitliche Zusammensetzung mit allerdings nach oben stark abnehmender Dichte. In Abb. 1.2 sind die an den Schichtgrenzen herrschende Luftdrücke angegeben. Sammelbezeichnungen für mehrere Schichten sind am rechten Bildrand vermerkt. Wegen des logarithmischen Verlaufs der Druckabnahme wurde für die Darstellung ebenfalls ein logarithmischer Maßstab gewählt. So lassen sich die nach oben zunehmenden Abstände zwischen den Luftschichten problemlos darstellen.

Die Luftschichten kann man nach verschiedenen Gesichtspunkten bezeichnen: nach Temperaturverlauf, Ionisierung der Moleküle oder der – wie hier gewählten – Gaszusammensetzung. Das obere Ende einer Schicht endet jeweils mit der Nachsilbe „-pause".

Die Magnetosphäre

In der obersten Atmosphärenschicht, der Magnetosphäre, herrscht ein extrem niedriger Luftdruck. Die volle Sonneneinstrahlung, der Sonnenwind, interagiert mit dem Magnetfeld der Erde und führt zur Spaltung der Luftmoleküle in Atome. Durch Diffusion entmischen sich die elektrisch aufgeladenen Komponenten und konzentrieren sich in eigenen Schichten. Die leichten Moleküle diffundieren nach oben. Mit geeigneter Flugrichtung entkommen nicht geladene Wasserstoffmoleküle der Erdziehung und driften in den Weltraum ab. Die Grenze zum Weltraum wird bei 60.000 km gesehen (Möller 2003, S. 119). Die Untergrenze dieser Schicht liegt in einer Höhe von etwa 100 km. Das Gas in dieser Schicht enthält keine Luft in gewohntem Sinne, es hat nicht mehr die Zusammensetzung von Luft. In Hinblick auf diese Eigenschaft heißt die Schicht auch Heterosphäre. Die Temperaturen in dieser Schicht können 2000 °C erreichen.

Im Übergangsbereich zwischen Homosphäre und Heterosphäre liegt ein Temperaturminimum, weshalb diese Schicht zusätzlich den Namen Mesopause trägt. (Ein weiteres Temperaturminimum von insgesamt zweien in der Atmosphäre liegt in der Tropopause, s. Abb. 1.3.)

Höhenmäßig nimmt die Magnetosphäre 99,8 % der gesamten Erdatmosphäre ein. Es bilden sich die Erde umkreisende geladene Partikelströme heraus, sog. Plasmen. Die Magnetosphäre schützt die unteren Luftschichten und den Erdboden vor kosmischer Strahlung. Unterhalb von 800 km Höhe beginnt der Abschnitt der Ionosphäre. Hier ionisieren die eindringenden Strahlen zunehmend vorhandene Sauerstoff- und Stickstoffmoleküle mit der Folge von Temperaturanstieg und hoher elektrischer

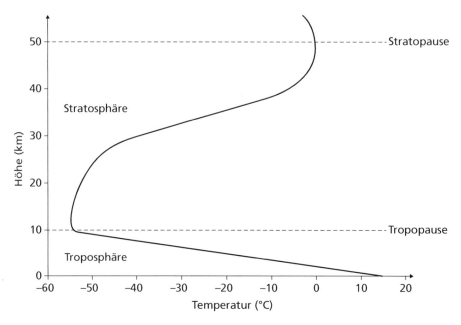

Abb. 1.3 Mittlerer Temperaturverlauf in der Troposphäre (Wetterschicht) und der Stratosphäre (Ozonschicht)

Leitfähigkeit. Diese Schicht wird sinngemäß auch Thermosphäre genannt. In ihr kreist die bemannte Weltraumstation ISS (International Space Station) um die Erde.

Die Homosphäre
Die Homosphäre erstreckt sich vom Erdboden bis in eine Höhe von 100 km. Das Besondere an dieser Schicht ist ihre gleichmäßige Gaszusammensetzung, die genau der unserer Atemluft entspricht. Die Durchmischung der Luft bis in diese Höhe wird durch die großen Zirkulationsströme auf der Nord- und Südhalbkugel der Erde angetrieben. Markantes Beispiel sind die in unseren, den mittleren Breiten mit der Westdrift um die Erde ziehenden mäandrierenden Bänder, in denen Windgeschwindigkeiten bis 400 km/h erreicht werden und die als Strahlströmung oder Jetstream bekannt sind (Brockhaus 1974). Sie sorgen mit ihrem Energieinhalt für die großräumige Verteilung von Wärme, Feuchtigkeit und auch von Luftverunreinigungen. Die Zirkulationsströme mäandern in 10–20 km Höhe über die mittleren Breiten. Es ist erstaunlich, dass die Durchmischung in einem Raum funktioniert, wo zwischen Unter- und Obergrenze eine so große Druckdifferenz herrscht: 1013 hPa am Erdboden

und 0,3 Pa an der Homopause – eine Druckspanne von über fünf Zehnerpotenzen! Vielleicht ist es hilfreich, sich den niedrigen Druck in der Homopause zu veranschaulichen. Der Druck von 0,3 Pa entspricht dem Druck, den eine Wassersäule von 30 µm Höhe auf den Erdboden ausübt. Eine solche Höhe ist mit bloßem Auge gerade noch als Punkt erkennbar. (Die Sichtbarkeitsgrenze des Auges liegt bei 20 µm.) Der natürliche Atmosphärendruck auf Meereshöhe entspricht dagegen einer Wassersäule von 10,13 m Höhe.

Die Stratosphäre

Zwischen 10 und 50 km Höhe liegt die Stratosphäre, die als Ozonschicht die Erde vor schädigender ultravioletter Strahlung abschirmt. In der Schicht werden auch schwer abbaubare chemische Spezies durch Ozon abgebaut. Die globalen Zirkulationsströmungen sorgen für eine extreme Verdünnung von Emissionen, was besonders bei Katastrophen wie Vulkanausbrüchen, Großbränden oder den Rauchgasen fossiler Verbrennungsanlagen die Luftqualität stabilisiert, wenn auch auf zu hohem Niveau.

Bei photolytischen, d. h. durch Lichtquanten angeregten chemischen Reaktionen wird Wärme frei, die zum Anstieg der Temperatur in der Stratosphäre führt. Der Temperaturanstieg hat zur Folge, dass sich im Bereich der Tropopause eine Inversion mit stabiler Luftschichtung bildet, dargestellt in Abb. 1.3.

Der Temperaturgradient zeigt am Beginn der Stratosphäre in 10 km Höhe ein Minimum. Das bedeutet eine Umkehr des Temperaturgradienten, der, wie noch gezeigt werden wird, ursächlich ist für die senkrechte, thermisch getriebene Durchmischung der Luft in der Troposphäre. Der thermisch bedingte Luftaustausch zwischen Stratosphäre und Troposphäre wird dadurch eingeschränkt. Die mechanische Vermischung der Luftschichten durch die Zirkulationsströme bleibt erhalten. Der komplette Massenaustausch der Stratosphäre mit der Troposphäre dauert zwei Jahre, die komplette Vermischung innerhalb der Troposphäre nur einige Monate (Möller 2003, S.118).

Verfolgt man speziell den weiteren Temperaturverlauf über der Stratosphäre, so folgt über der Stratopause die ruhige Schicht der Mesosphäre. Wegen ihrer geringen Gasdichte wird maßgeblich kein Ozon mehr gebildet. Deshalb fällt die Temperatur nach oben bis zur Mesopause in 80 km Höhe wieder ab, erreicht ein Minimum von etwa $-100\,°C$ und steigt in der anschließenden Thermosphäre auf über $1000\,°C$ an. Dabei nimmt das Gas zunehmend Plasmacharakter an.

Die Troposphäre

Die Troposphäre ist das eigentliche Reservoir unserer Luft zum Atmen. Sie enthält 97 % der Luftmasse der Erde. In unseren Breiten reicht sie bis in eine Höhe von etwa 10 km, in den Tropen einige Kilometer höher, an den Polen weniger. Der Druck an der Tropopause misst 280 hPa, nur knapp 30 % des Bodendruckes, und um den gleichen Betrag fällt die Dichte der Luft ab. Auf dem Gipfel des Mount Everest in 8848 m Höhe beträgt der Luftdruck noch 325,4 hPa. In dieser Höhe bringt ein Atemzug wegen der geringen Dichte der Luft nur ein Drittel des Sauerstoffs in die Lunge. Hier fällt es schwer, den Körper mit ausreichender Menge an Sauerstoff zu versorgen, Ausflüge in diese Höhen können daher auch als Überlebensexperiment gesehen werden.

Die Sonnenstrahlung bringt Bewegung in die Luft der Troposphäre. Am Äquator, dem Gebiet der größten Einstrahlung, steigt die Luft mit viel Wasserdampf nach oben. Damit wird viel Energie auf den Weg gebracht, zum einen mit der am Boden erwärmten Luft und zum anderen mit den großen Mengen an mitgeführtem Wasserdampf. Sichtbar freigesetzt wird die latente Energie des Wasserdampfes in der aufsteigenden Luft bei der Wolkenbildung. Die Kondensationswärme erwärmt die Luft. Die Troposphäre ist die Wetterschicht der Erde.

Gegenüber der Umgebung wärmere Luft steigt auf und ist immer mit einem Tiefdruckgebiet verbunden, ausgelöst durch die Dichteverringerung der sich ausdehnenden Luft. Am Äquator saugt eine um den Globus verlaufende Tiefdruckrinne die erwärmte Luft aus höheren Breitengraden an und befördert sie nach oben. Die aufgestiegenen Luftmassen schwenken, oben angekommen, in die Richtung der kalten Pole ein. Die Folge sind die großen Zirkulationsströme der Erde, dargestellt in Kap. 3 und Abb. 3.3. Die Winde und ihre Turbulenzen durchmischen die gesamte Troposphären-Luft der Erde einmal im Jahr vollständig. Die Mischzeit in einer Hemisphäre dauert nur wenige Monate.

Die Troposphäre ist für das Lebensmittel Luft von zentraler Bedeutung und hat deshalb zu ihrem Schutz den Gesetzgeber auf den Plan gerufen. Zur Sicherung eines hygienischen Zustandes hat er die Verordnung über Luftqualitätsstandards und Emissionshöchstmengen erlassen, die 39. Verordnung zum Bundes-Immissionsschutzgesetz. In der Verordnung wird Luft als die Außenluft in der Troposphäre mit Ausnahme von Arbeitsstätten definiert. Den einheitlichen Vollzug der Verordnung in allen Bundesländern gewährleistet die Technischen Anleitung Luft (TA Luft 2021). Das Besondere an dieser Verwaltungsvorschrift ist ihre Zugänglichkeit für die Allgemeinheit. Jeder kann sich über Regelungen des Immissionsschutzes und der Immissionsvorsorge informieren. Ein verlässlicher Helfer bei der Lösung dieser Aufgaben ist die Troposphäre, die Wetterzone der Erde. Sie verteilt Emissionen über die gesamte Troposphäre und zusätzlich in die Stratosphäre hinein und verdünnt so etwaige Schadstoffe auf unbedenkliche Konzentrationen. Parallel dazu deponiert sie Schadstoffe auf der Erdoberfläche als nassen oder trockenen Niederschlag. Keine luftfremden Stoffe verweilen auf Dauer in der Atmosphäre, wobei hier unter Dauer Zeiträume bis 100 Jahre verstanden werden.

Die Temperatur in der Troposphäre
Die Temperatur in der Troposphäre nimmt von der Umgebungstemperatur am Boden nach oben hin stetig ab. An der Tropopause erreicht sie etwa −55 °C, dargestellt in Abb. 1.3. Der nach oben hin abnehmende Temperaturverlauf, fachlich ausgedrückt der Temperaturgradient, kennzeichnet die Richtung des Wärmeflusses von der Erdoberfläche in den Weltraum, frei nach dem 1. Hauptsatz der Wärmelehre, die Wärme fließt vom Körper höherer Temperatur zum Körper niedrigerer Temperatur. In der Meteorologie interessieren neben den Beträgen von Temperatur und Druck auch ihr jeweiliger Richtungsverlauf, fachspezifisch ausgedrückt der Temperatur- und Druckgradient, gleichbedeutend mit der ersten Ableitung der Temperatur über einer Wegstrecke. In Abb. 1.3 ist der Temperaturgradient bis zur Tropopause negativ, die fühlbare Wärme fließt Richtung abnehmender Temperatur in Richtung Weltraum.

Über der Tropopause, in der Stratosphäre, steigt die Temperatur durch die Absorption ultravioletter Strahlung durch hier gebildetes Ozon wieder an. Der Temperaturgradientenwechsel löst meist eine Inversion aus, ein Hindernis für den wichtigen senkrechten Luftaustausch.

Vielleicht kurz ein Wort zur Temperaturinversion. Der Temperaturgradient in der Troposphäre verändert sich, besonders tageszeitlich. An dieser Stelle kommt die eher schwierige Disziplin der Thermodynamik ins Spiel, der Lehre von Temperatur, Druck und innerer Energie, deshalb wird auf ein Beispiel zurückgegriffen. Wenn ein am Boden aufgewärmtes Luftpaket aufzusteigen beginnt, dehnt es sich aus und kühlt dabei mit einem bestimmten (adiabaten) Temperaturgradienten auf dem Weg nach oben ab. Adiabat bedeutet, das Luftpaket hat keinen Wärmeaustausch mit seiner Umgebung. Das Aufsteigen funktioniert nur so lange, wie der Temperaturgradient der Umgebung größer ist als der des aufsteigenden Luftpaketes. Dieser Zustand charakterisiert eine instabile Wetterlage (Cosgrove 1999).

Für die Durchmischung der Troposphäre und damit für eine gesunde Luft sind Temperaturunterschiede von ausschlaggebender Bedeutung.

Zwischen Orten unterschiedlicher Lufttemperatur herrscht ein Druck-
gefälle, eine Gesetzmäßigkeit, die ihren Ausdruck in der Gasgleichung
findet. Plausibel ausgedrückt: Niedrige Temperatur verbindet sich mit
hohem Druck. Dazu einige Beispiele: Von den Polen strömt kalte Luft zum
warmen Äquator. Oder kalter Meerwind strömt tagsüber in das von der
Sonne schnell erwärmte Binnenland, nachts strömt der Wind vom schnell
abgekühlten Festland zum warmen Meer (Oertel 2022). Ein drittes Beispiel
ist für die Bildung frischer Luft wichtig. Die vertikal gerichtete Temperaturabnahme in der Troposphäre führt zu einem zum Erdboden gerichteten
Druckgradienten, der kalte Luft von oben zur Erde befördert – ein, wenn
nicht das Geheimnis frischer Luft. Unterstützt wird der senkrechte Austausch, wenn der Boden durch Sonneneinstrahlung erwärmt wird und die
Luft unter Auftrieb gerät. Dann steigen wie in einem Kochtopf Warmluftblasen nach oben und Kaltlufttropfen drücken von oben nach unten.
Für den senkrechten Luftaustausch sind größere Luftpakete im Vorteil.
Kleinere Luftelemente lösen sich durch die Reibung der begrenzenden Luftschichten schnell auf. Die beschriebene Luftvermischung ist eine Folge der
thermischen Turbulenz. Thermische und mechanische Turbulenz leisten
jeweils eigene Beiträge zur örtlichen Luftvermischung.

Die planetare Grenzschicht
Die planetare Grenzschicht ist die bodennahe Unterschicht der Troposphäre
mit einer Höhenausdehnung von etwa 1 km. Sie bildet die unterste Luftschicht mit eigenem Charakterbild. Ihre Höhe ist vom Tagesgang der Sonne
abhängig. Nachts kann sie bis unter 800 m absinken, tagsüber auf 2000 m
ansteigen. In der Grenzschicht wird der frei in der Höhe strömende, geostrophische Wind abgebremst bis auf den Wert 0 direkt am Boden. Auslöser für das Bremsen ist die Reibung der Luft an allen Oberflächen der Erde
wie Sand- und Meeresflächen oder die Reibung an und der Stau vor höher
aufragenden Strömungshindernissen wie Wiesen, Buschwerk, Bäumen,
Gewerbeflächen, Hochhäusern.

Die Hindernisse sorgen stromabwärts für mechanische Turbulenz, die zur
Luftvermischung beiträgt. Thermische und mechanische Turbulenz treten
gleichzeitig auf und verstärken den Prozess der Lufterneuerung. Bemerkenswert in der Wirkung der thermischen Turbulenz ist ihr Beitrag zur
Erhöhung der Bodenwindgeschwindigkeit am Tage. So wird die schadstoff-
geschwängerte Nachtinversion aufgebrochen – mit erheblicher Erleichterung
für das Atmen (Beckröge 1999).

Nach überschlägigen Schätzungen hat der bodennahe Wind eine senkrechte Komponente von 20 % seiner Geschwindigkeit. Eine Bestätigung

dieser Annahme findet sich bei wandernden Dünen. Turbulente Luftballen bewirken den Hub und mannshohen Bogenflug von Sandkörnern, bis diese durch ihr Gewicht wieder zu Boden fallen. Idealerweise schauen aus einem Sandsturm nur die Köpfe einer Karawane heraus (Bagnold 1971).

Die planetare Grenzschicht ist zweigeteilt. Die Unterschicht reicht vom Boden bis zu einer Höhe von 60 - 100 m, sie heißt Prandtl-Schicht. Darüber schließt sich die Ekman-Schicht an. Das Geschwindigkeitsprofil in der Gesamtschicht gleicht der in Abb. 1.4 dargestellten schlanken Parabel. Die Geschwindigkeit nimmt nach oben zu, in logarithmischem Verlauf. Die Geschwindigkeit startet in der mathematischen Beschreibung nicht direkt am Boden mit 0, sondern, je nach Oberflächenbeschaffenheit, in einer bestimmten Rauigkeitslänge (Beispiele in Abb. 1.2). Für Sandflächen beträgt die Rauigkeitslänge beispielsweise 1 cm, für Industrie und Gewerbeflächen 1 m. Unterhalb der Rauigkeitslänge gibt es auch Turbulenz. In diesem

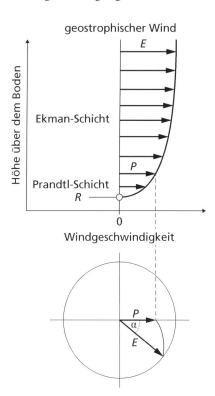

Abb. 1.4 Winddrehung über dem Erdboden

E = Windvektor am Ende der Ekman-Schicht

P = Windvektor am Übergang von der Prandl- zur Ekman-Schicht

R = Rauigkeitslänge (Beispiele in Abb. 1.2)

Bereich wird der Summe der zeitlich variierenden Windvektoren der Wert 0 zugeschrieben. Erst in einer kaum 1 mm dicken Luftschicht am Boden strömt die Luft laminar.

Die Rauigkeitslängen sind für Ausbreitungsberechnungen von Schadstoffemissionen wichtig und in der TA Luft festgelegt. Sie und die Höhe der planetaren Grenzschicht, Synonym für Mischungsschicht, sind wesentliche Ortsparameter für die Ausbreitungsrechnung von Schadstoffemissionen (TA Luft 2021; VDI 3783 Blatt 8 2017).

In der Prandtl-Schicht hat die Corioliskraft noch keine Wirkung, der Wind nimmt einfach mit der Höhe logarithmisch zu, ohne Drehung. In der darüber folgenden Ekman-Schicht beginnt die Corioliskraft zu wirken und lenkt den Wind nach rechts ab. Die Winddrehung in unseren Breiten variiert, abhängig von dem herrschenden vertikalen Temperaturgradienten der Grenzschicht zwischen 15° und 50°, Abb. 1.4. Oberhalb der Ekman-Schicht weht der geostrophische Wind. Bei ihm sind Corioliskraft und der Druckgradient zwischen Hoch- und Tiefdruckgebiet im Gleichgewicht. Dadurch weht der Wind parallel zu den Isobaren, zumindest näherungsweise. Das Tief füllt sich nicht auf und bleibt erhalten. Der Wind in der Prandtl-Schicht weht anders. Hier hat der Wind auch eine Komponente in das Tief hinein und leistet einen Beitrag zur Auffüllung des Tiefs.

Sie können den Corioliseffekt durch Beobachtung am Himmel nachvollziehen. Angenommen, hohe Schönwetterwolken ziehen mit dem geostrophischen Wind aus Südwest heran, in der bodennahen Grenzschicht wird der Wind abgebremst und schwenkt von oben kommend nach links. Auf der Erde wäre dann ein Wind aus südlicher Richtung zu beobachten. Störungen im Windfeld können den Effekt allerdings beeinträchtigen.

1.3   Die Luft beim Stoffwechsel

1.3.1 Besonderheiten des Lebensmittels Luft

Bis zum Ende des 18. Jahrhunderts galt Luft als ein einheitlicher Stoff, wobei je nach Erkenntnisstand zwischen verschiedenen Luftqualitäten unterschieden wurde. Mit der Entdeckung der Elemente Stickstoff und Sauerstoff klärte sich auch die Physiologie der Atmung auf, erkennbar an der Definition des physiologisch anspruchsvollen Teilschrittes, der „Filtration" des Sauerstoffs aus der Luft.

Lebensmittel unterliegen ständiger Überwachung. Im Jahre 1879 verabschiedete der Berliner Reichstag das erste Nahrungsmittelgesetz zur Fleisch- und Milchkontrolle. Große Anstrengungen mussten für die Ausarbeitung der Kontrollmethoden unternommen werden. Das Gesetz sollte die Bürger gleichermaßen vor Krankheiten und Lebensmittelfälschung schützen. Heute garantieren Lebensmittelgesetze und Trinkwasserverordnungen einwandfreie feste und flüssige Nahrung (A L Hardy 2005).

Trinkwasser wird in einem geschlossenen System vorgehalten, um einen hygienischen Standard zu gewährleisten. Bei der Luft sind die Verhältnisse komplizierter. Wie die Fische im Wasser tauchen wir in das Lebensmittel Luft ein und sind allen Luftbeimengungen ausgesetzt. In Sonderfällen können wir reine Luft aus mitgeführten Atemgeräten beziehen, was einerseits die Beweglichkeit behindert, andererseits aber neue Räume erschließen lässt wie die für Raumfahrer, Feuerwehrleute oder COPD-Patienten in fortgeschrittenem Krankheitszustand. Die Bereitstellung sauberen Trinkwassers ist ein Kinderspiel im Vergleich zur Qualitätssicherung des Lebensmittels Luft.

Luft ist zwar ständig und überall auf der Erde verfügbar, nicht jedoch in einer einheitlichen Zusammensetzung. Natürliche und anthropogene Spurenstoffe werden als primäre Emissionen in die Luft emittiert und vom Wind verbreitet. Zu den Spurenstoffen gehören Gase und Aerosole, in der Luft agieren oder reagieren sie miteinander zu sekundär erzeugten Molekülen und Aerosolen. Alle Spurenstoffe setzen sich wieder, nach z. T. langer Verweilzeit in der Luft, auf Oberflächen in einem als Deposition bezeichneten Vorgang ab.

Dem Schutz der Luftqualität haben sich WHO, EU, BRD, Bundesländer und Gemeinden verschrieben. Mit Beginn der Nutzung des Feuers ist der Mensch gesundheitsschädlichen Spurenstoffen ausgesetzt in Form von Ruß, nitrosen Gasen und polyzyklischen Kohlenwasserstoffen. In Funden aus dieser Zeit konnte man geschwärzte Lungen nachweisen. Seit dem Beginn der intensiven Nutzung von Kohle im 13. Jahrhundert stiegen die Rauchemissionen bis Mitte des vergangenen Jahrhunderts stetig an. Durch die beiden Weltkriege bedeuteten die damit verbundenen gesundheitlichen Beeinträchtigungen eher ein kleineres Übel.

Eine „Normalluft" kann nicht definiert werden. Der Anteil natürlicher Spurenstoffe lässt sich nicht ermitteln, weil er großen Schwankungen unterworfen ist, abhängig von Ort und Zeit. Für die anthropogenen Spurenstoffe existieren gesetzliche Höchstgrenzen und Zielwerte. Eine Reihe von schädlichen Spurenstoffen ist ubiquitär in der Luft anzutreffen. Bei der Beurteilung von Emissionsszenarien müssen sie als Hintergrundbelastung berücksichtigt werden. Beispielsweise weist der verbotene Werkstoff Asbest eine Dauerbelastung in der Luft von 100–150 Fasern/m^3 auf (Asbest 2018). In drei Lebensbereichen wird die Luft besonders überwacht:

1. die Außenluft mit der 39. Verordnung zur Durchführung des Bundes-Immissionsschutzgesetzes in Verbindung mit der Technischen Anleitung Luft.
2. die Innenraumluft durch den Ausschuss für Innenraumrichtwerte.
3. die Arbeitsstätten mit den Technischen Regeln für Gefahrstoffe.

Besonders die Wirkung chemischer Stoffe auf die Gesundheit der Menschen am Arbeitsplatz wurde und wird fortwährend sorgfältig untersucht. Die Ergebnisse fließen in die Vorgaben für die Außen- und Innenraumluft ein. Wegen ihrer Bedeutung für die menschliche Gesundheit wird im Folgenden auf Untersuchungsmethode und Ergebnis dieser Arbeiten näher eingegangen.

Frische der Luft wird durch ihre stete Erneuerung aus der Höhe, also in statu nascendi, gewährleistet, sie kann so per Gesetz nicht verordnet werden. Der Mensch muss sich auf sie zubewegen, Innenräume verlassen und sich ihr im Freien aussetzen.

Der Kreislauf des Wassers in der Atmosphäre in Form von Dampf, Wasser oder Eis wird als eigener Vorgang betrachtet. Wassertropfen und Schneeflocken werden deshalb nicht als Aerosol, sondern als Meteore betrachtet. Da die Atmosphäre voller Besonderheiten steckt, ist hier anzumerken, dass die Tropfen- oder Eisbildung in der Atmosphäre ohne „Fremdaerosol" als Kondensationsstarter nicht möglich ist. Ursache ist eine Hemmung der Keimbildung aus Wasserdampfmolekülen unter den gegebenen Bedingungen der Atmosphäre. Bei der möglichen Zusammenlagerung von Wasserdampfmolekülen zu Clustern haben sie einen sehr hohen Dampfdruck, sodass die beteiligten Clustermoleküle sofort wieder verdampfen. Notwendig für eine Tropfenbildung wäre eine hohe Übersättigung des Wasserdampfes wie in einer Dampfsauna.

1.3.2 Der Luftbedarf des Menschen

Der Luftbedarf des Menschen ist in Tab. 1.1 dargestellt. Er hängt von der körperlichen Belastung ab, in Ruhestellung atmet der Mensch 300 L Luft pro Stunde ein. Damit wird der Grundumsatz des Menschen von ca. 80 W gewährleistet. Beim Sitzen steigt der Energieumsatz bereits auf 100 W an. Der anteilige Sauerstoffbedarf beträgt in Ruhestellung nur 14 L/h bei gleich-

Tab. 1.1 Atemluftvolumenstrom und Kohlendioxidabgabe je Person

Kate-gorie	Aktivitätsstufe	Atemluft-strom in l/h	Sauerstoffver-brauch in l/h	Kohlendi-oxidabgabe in l/h
	Körperliche Ruhe, Schlaf	300	14	12
1	Sitzende Tätigkeit	375	18	15
2	Laborarbeit	575	27	23
3	Gymnastik	750	35	30
4	Schwere körperliche Arbeit	> 750–3000	> 35	> 30

zeitiger Abgabe von 12 L/h Kohlendioxid. Bei körperlicher Belastung kann der Energieverbrauch Spitzenwerte von über 800 W erreichen. Die dazu erforderliche Luftmenge beträgt 3 m³/h. Bei hoher körperlicher Belastung wird nur ein Teil des Energieumsatzes in mechanische Arbeit umgesetzt. Der Körper erwärmt sich und muss durch Schweißabgabe abgekühlt werden. Die physiologische Umsetzung chemischer Energiedepots des Körpers geht mit hohen Wärmeverlusten einher.

Der Verbrauch von Atemluft übersteigt den von fester Nahrung beträchtlich. Einem Jahresverbrach von 650 kg Lebensmitteln, ohne Getränke gerechnet, steht ein Luftbedarf von 3650 kg gegenüber (WWF 2015; Herman 2016). Dazu kann der Luft beim Atmen nur ein Viertel ihres Sauerstoffgehaltes entnommen werden, der Rest wird wieder ausgeatmet. Wenn man bedenkt, dass nur 735 kg Sauerstoff für den Stoffwechsel benötigt werden, so steht der Verbrauch in einem plausiblen Verhältnis zur festen Nahrung. Die notwendige Flüssigkeitsmenge wird mit durchschnittlich 730 L angegeben (gesundheit 2022). Die Hauptmenge der Luft wird zur Energieerzeugung im Zuge des Stoffwechsels benötigt. Bei Warmblütlern fordert die Energieerzeugung zum Ausgleich von Wärmeverlusten einen besonders hohen Anteil ein. Auch die für die Muskelarbeit eingesetzte Energie geht hauptsächlich in Wärme auf.

1.3.3 Zusammensetzung der Luft

Reine Luft ist geruch- und geschmacklos. Idealerweise besteht sie aus neun Gasen gemäß Tab. 1.2. Nicht aufgeführt in der Tabelle sind Wasserdampf und natürliche Fremdstoffe. Eine physikalische Gemeinsamkeit der Gase ist ihr niedriger Siedepunkt. Sie verhalten sich bei Temperaturänderung als ideale Gase, sie kondensieren z. B. nicht. Den niedrigsten Siedepunkt hat Helium mit $-269\,°C$, den höchsten Kohlendioxid mit $-78,46\,°C$. Die genannte Bedingung für die Einordnung als ideales Gas

Tab. 1.2 Hauptbestandteile reiner Luft

Gas	Vol.-%	ppm	In der Zeit vor der industriellen Revolution (1750–1850)
Sauerstoff	20,93	$20,93 \cdot 10^4$	
Stickstoff	78,10	$78,10 \cdot 10^4$	
Argon	0,93	9300	
Kohlendioxid	0,04	400	280
Wasserstoff	0,01	100	
Neon	0,0018	18	
Helium	0,0005	5	
Krypton	0,0001	1	
Xenon	0,00004	0,4	

erfüllt Wasser mit einem Siedepunkt von 100 °C nicht. Es kondensiert aus feuchter Luft und kann generell als fester, flüssiger oder gasförmiger Bestandteil der Luft beigemischt sein. Gleichgewichtstabellen feuchter Luft sind fester Bestandteil der Lehrbücher für Klimatechnik (B Hörner und M Casties 2015). Der Wasserdampfgehalt der Luft beeinflusst unser Behaglichkeitsgefühl, ohne dass wir ein Sinnesorgan für die Luftfeuchtigkeit besitzen.

1.3.4 Das Atmen

Der Mensch verbraucht bei körperlicher Ruhe 0,3 m³ Luft pro Stunde, gleichbedeutend mit etwa 360 g/h. Bei mittlerer Aktivität verdoppelt sich der Wert, bei hoher Belastung kann er auf das Dreifache steigen. Der Körper entzieht der Luft dabei 20 g Sauerstoff, je nach Aktivitätsstufe entsprechend mehr bis zum Dreifachen und auch darüber hinaus. Der Sauerstoff wird für die Stoffwechselvorgänge im Körper fortwährend benötigt, für die Muskelbewegung der Atempumpe mit 15-maligem Heben des Brustkorbs pro Minute, für den Herzschlag und für die anderen Muskelbewegungen, für das Halten der Körpertemperatur und Wachstumsprozesse im Körper. Bei der Verbrennung von Kohlehydraten stimmen die Mengen von verbrauchtem Sauerstoff und abgegebenem Kohlendioxid überein. Bei der Fettverbrennung wird vergleichsweise weniger Kohlendioxid abgegeben. Das Verhältnis von Kohlendioxidabgabe zu Sauerstoffverbrauch, der Respirationskoeffizient, beträgt im Schnitt 0,85 – ein Kombiwert bei der gemeinschaftlichen Verbrennung von Kohlehydrat, Fett und Eiweiß.

Das Atmen können wir willentlich nur für kurze Zeit beeinflussen, wie zum Beispiel beim tiefen Einatmen oder Anhalten der Luft. Im Normalfall übernimmt das Atemzentrum im Markhirn die Atemregulation. Das Signal für die Auslösung der Atmung kommt primär von Chemierezeptoren, die auf die saure Reaktion von Kohlendioxid im Blut ansprechen. Auf einen eventuellen Sauerstoffmangel in der Atemluft reagiert der Körper nur indirekt.

Auf der dreistufigen Passage durch Mund-Nasen-Rachenraum, Luftröhre-Bronchien und am Ende den Bezirk der Lungenbläschen wird die Luft gereinigt, erwärmt und befeuchtet. Überlastung der Organe führt langfristig zu schweren Schäden der Lungenfunktion. Auf die Belastung durch Fremdstoffe muss deshalb ausführlich eingegangen werden. An dieser Stelle soll auch auf die Gefährdung der Schleimhäute durch die Wirkung kalter und trockener Luft hingewiesen werden. Mikroorganismen können im Rachenraum leichter Fuß fassen und die oberen Atemwege entzünden. Durch Etagenwechsel kann die Infektion zunächst die Bronchien und zum Schluss den aktiven Atembereich der Lunge mit den Lungenbläschen erfassen.

Der Außenraum vor Nase und Mund
Das Augenmerk wird deshalb auf den Raum vor Nase und Mund gerichtet, weil der als außerhalb des Körpers liegende Teil des Atemweges betrachtet werden kann. Die eingeatmete Luft habe den üblichen Gehalt der Außenluft von 0,04 % CO_2 (400 ppm). Die ausgeatmete Luft hat einen um den Faktor 100 höheren Kohlendioxidanteil, er steigt von 0,04 % auf 4 % Kohlendioxid an. Würde diese Luft wieder eingeatmet, so käme es schnell zu Vergiftungserscheinungen. Die soeben ausgeatmete Luft darf deshalb nicht wieder eingeatmet werden, der Grenzwert für Innenräume liegt bei 0,1 % (1000 ppm).

Wie verhindert unser Atemsystem die Vergiftung? Beim Ausatmen wird die Luft durch plötzliches Erschlaffen der Atemmuskulatur mit Geschwindigkeit ausgetrieben. Die Luft bekommt einen Bewegungsimpuls und verlässt als längliches Luftpaket, ähnlich einem Luftschlauch, die Nase oder den Mund. Der Impuls saugt weniger belastete Luft aus der seitlichen Umgebung an, sodass wir bei jedem Atemzug frische Luft einatmen können. Die Rundungen von Mund und Nase sorgen dafür, dass sich kaum Wirbel bilden. Strömende Luft bedeutet Unterdruck, die ausströmende Luft saugt deshalb zusätzlich frische Luft aus der Umgebung an. Da der ausgestoßene Luftschlauch außerdem wärmer als die Luft der Umgebung ist, bekommt er Auftrieb und vermischt sich in der Höhe mit der Umgebungsluft.

An diesem Bespiel erkennen wir auch, wie schnell sich die ausgestoßene Atemluft mit der Umgebungsluft vermischen muss, ansonsten würden wir uns am eigenen Atem vergiften. In geschlossenen Aufenthaltsräumen steigt der CO_2-Pegel stetig an und erreicht relativ schnell unhygienische

Konzentrationen. Für eine Luftqualität der Kategorie I muss in Aufenthaltsräumen ein CO_2-Gehalt von 750 ppm eingehalten werden (DIN EN 15251, 2007), die Außenluft hat einen CO_2-Gehalt von 400 ppm, im Zeitalter des Klimawandels mit steigender Tendenz. Der Klimawandel zwingt langfristig den Menschen wegen der steigenden Kohlendioxid-Eingangskonzentration zum schnelleren oder tieferen Atmen.

Der Arbeitsplatzgrenzwert für CO_2 in der Atemluft ist hoch angesetzt und liegt bei 0,5 % oder 5000 ppm. Der Wert beträgt nur etwa ein Zehntel der Konzentration in der ausgeatmeten Luft. Dabei ist zu bedenken, dass die Arbeitsplatzbelastung auf 40 h pro Woche begrenzt ist, die überwiegende Zahl an Wochenstunden entfällt auf Phasen der Erholung.

In den Technischen Regeln für Arbeitsstätten wird ein weit niedrigerer Grenzwert von 1000 ppm genannt (ASR A3.6 2018). Für hohe Luftqualität in allgemeinen Räumen muss ein CO_2-Gehalt von 900 ppm bei der Planung eines Gebäudes eingehalten werden (DIN EN 16 798-3, 2017).

Obere Atemwege: Nase, Mundhöhle, Rachenraum
In der Nasenhöhle strömt die Luft über die auf jeder Nasenseite befindlichen, die Oberflächen vergrößernden drei Nasenmuscheln. In den beiden unteren der dabei gebildeten Kanäle wird die Luft gereinigt vorgewärmt und befeuchtet. Im oberen Kanal sind die Riechzellen mit direkter Anbindung ans Gehirn angeordnet. In der Nasenschleimhaut sind besonders viele Lymphozyten eingelagert, die als B- und T-Zellen in der Immunabwehr aktiv werden. Die Befeuchtung der Nasenschleimhaut erfolgt über Schleimdrüsen, Becherzellen und Tränenflüssigkeit, die über beidseitig angeordnete Tränenkanäle zugeleitet wird.

Zum Anwärmen der Luft sind die Nasenschleimhäute stark durchblutet. Eine Besonderheit ist dabei erwähnenswert: In den Nasenmuscheln und an der Nasenscheidewand sind Schwellkörper eingelagert, die Einfluss auf den Luftdurchlass nehmen. Sie werden periodisch alle 20–30 min mit Blut gefüllt und wieder entleert. Es kommt reflektorisch zur Verdickung der Schleimhaut und der Luftstrom geht bevorzugt durch die andere Nasenhöhle. Allergische Reaktionen können zu übernormaler Füllung der Schwellkörper beider Nasenhöhlen führen (Junqueira 1996). Das Atmen durch den Mund ist möglich und bei hoher körperlicher Belastung auch notwendig, bietet aber nur einen Bruchteil der Konditionierung der Luft, die in der Nase möglich ist.

Die Mundhöhle ist mit drei großen Speicheldrüsen besetzt. Ihre Hauptaufgabe ist das Gleitfähig-Machen der Speisen. Der Speichel enthält die dazu notwendigen Elektrolyte und verdauungsfördernde Enzyme. Gleichzeitig verfügt der Speichel über Abwehrkräfte gegen Bakterien und Viren. Dazu gehören maßgeblich der Antikörper Immunglobulin A (IgA) und das Enzym Lysozym. Der Mundspeichel schützt nicht nur die Mundhöhle, sondern auch den anschließenden Rachenraum bis zum Kehldeckel. Hier enden die oberen Atemwege und der von vielen Muskeln überzogene Schlund, Synonym für Rachenraum, gabelt sich in Speise- und Luftröhre.

Die Mundatmung führt einerseits zum Antrocknen der Schleimhaut, andererseits fördert der Vorgang des Mundöffnens reflektorisch die Speichelproduktion. Eine intakte Befeuchtung des Mund- und Rachenraumes mit Mundspeichel ist wichtig, um die Abwehrstoffe gegen das Eindringen von Mikroorganismen funktionsfähig zu halten. Wenn sich der Rachenraum infiziert, besteht die Gefahr, dass sich die Entzündung in die unteren Atemwege verlagert, in die Luftröhre und Bronchien. Ein Etagenwechsel ist mit einer Verschlechterung des Krankheitsverlaufs verbunden. Beim nächsten Etagenwechsel werden die unteren Atemwege, die Lungenbläschen, erfasst – mit schwerwiegenden Folgen für die Gesundheit.

Die Schadstoffe in der Luft würden eine ungeschützte Blut-Luft-Schranke schnell zerstören. Deshalb muss die Luft bei jedem Atemzug gereinigt werden. Die oberen Atemwege sind die Eingangspforte für die Atemluft. In der Regel sollte durch die Nase geatmet werden, weil sie am besten für die Konditionierung der Luft eingerichtet ist. Grobes Material wird von den reusenartig angeordneten Haaren der Nasenhöhle zurückgehalten. Die luftführende Schleimhaut der Nase besteht aus Zilien tragenden Zellen, über denen eine lose aufliegende Schleimschicht von 200–500 μm Dicke in Richtung Rachenraum gleitet, angetrieben vom rhythmischen Schlag der Zilien. Der Mukus schwimmt auf einer dünnflüssigen Unterschicht, die für leichte Beweglichkeit der Flimmerhärchen sorgt. Auf der feuchten Schleimschicht, dem Mukus, schlagen sich Staub, Mikroben und leicht lösliche Gase wie Schwefeldioxid und nitrose Gase nieder. Der gleitende Transport des mit Schadstoff beladenen Mukus ist für die Entsorgung im Magen bestimmt. Mit dem Eintritt in den Rachenraum ändert sich die Art des Transports.

Mund und Rachenraum fungieren im zeitlichen Wechsel als Organ der Luftleitung und Teil der Verdauung. Die Schleimhaut besteht aus verschleißfestem Plattenepithel und wird von Speicheldrüsen des Mundes feucht gehalten. Beim Schlucken von Speisen und Getränken werden der aus der Nase zugeführte Mukus und die zusätzlich im Rachenraum niedergeschlagenen Fremdstoffen in den Magen befördert. Die unregelmäßige, gründliche Reinigung des Rachenraumes, besonders auch in den Ruhephasen der Nacht, offenbart eine Schwachstelle der Immunabwehr, auf die mit dem in Kap. 8 „Reaktionen der Lunge" beschriebenen Paket von Vorsorgemaßnahmen reagiert werden kann.

Untere Atemwege: Kehlkopf, Bronchialbaum, Alveolen

Durch den standardmäßig offenen Kehldeckel strömt die Luft durch die Luftröhre dem Verzweigungssystem des Bronchialbaumes zu. Unter dem Kehldeckel, vor Speisen geschützt, liegen die Stimmbänder, die bei Erkältung die Stimme verändern. Die gleichzeitige Erkrankung vieler Chorsänger an COVID-19 legt die Vermutung nahe, dass die Stimmbänder keimbeladene Tröpfchen freisetzen. Nicht allein das Niesen produziert solche Tröpfchen, sondern auch das Sprechen.

Die Bronchien sind wie der Nasenraum mit einer Mukus tragenden Schleimhaut ausgekleidet. Ein wesentlicher Bestandteil der Schleimhaut ist ihre lose aufliegende Schleimschicht, die weitere Schadstoffe abfängt und durch den rhythmischen Zilienschlag der auskleidenden Epithelzellen nach oben in Richtung Kehldeckel transportiert wird. Im Rachenraum angekommen erfolgt Verschlucken in den Magen.

Die Luftröhre gabelt sich in zwei Hauptbronchien, deren Querschnittsflächen zusammen größer sind als die der Luftröhre. Die Gesamtquerschnittsfläche der Bronchien vergrößert sich, die Luftgeschwindigkeit nimmt ab. Das Prinzip garantiert gleiche Luftverteilung und fördert die Staubabscheidung. Die Zweiergabelung mit der gleichen Querschnittsvergrößerung setzt sich im Bronchialbaum bis zur 16. Verzweigung fort. Der Gesamtquerschnitt der Bronchien vergrößert sich so ständig und die Luftgeschwindigkeit nimmt entsprechend von anfangs 4 m/s auf 5,4 cm/s ab. Wegen ihrer kleinen Durchmesser von 0,6 mm nennen sich die Bronchien hier Bronchiolen. Weitere Details enthält Abb. 8.1.

Der Bronchialbaum verzweigt sich weiter bis zur 23. Station. Die Wände tragen keine reinigenden Zilien mehr. Der Schleim wird durch ein dünnflüssiges Netzmittel (surfactant) ersetzt. An den Wänden der Bronchiolen hängen erst vereinzelt und stromabwärts zunehmend mehr Lungenbläschen, Alveolen, die an der Atmung teilnehmen. Insgesamt verfügt die Lunge über etwa 300 Mio. Lungenbläschen. Es sind kleine Hohlräume von 200 und 300 μm Durchmesser, ihre dünnen empfindlichen Wände sind von einem Netz von 15 μm weiten Blutkapillaren überzogen, durch die sich rote Blutkörperchen wie an der Schnur gezogen bewegen und dabei Sauerstoff aufnehmen.

Beim Einatmen strömt die Luft mit einer Geschwindigkeit von nur 100 μm/s in die Lungenbläschen ein, beim Erschlaffen der Atemmuskulatur, dem Ausatmen, etwas schneller. In Abb. 1.5 sind die Größenverhältnisse schematisch dargestellt. Die Blut-Luft-Schranke wird von den in Streifen aufliegenden Blutkapillaren gebildet. Die Blutkapillare sind mit der Außenhaut der Alveolen verwachsen (Ausschnitt). Sie ist

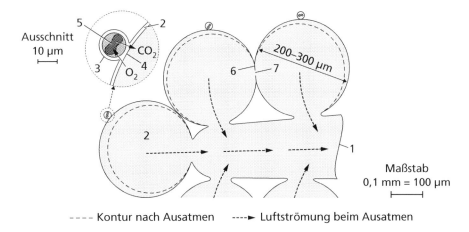

Abb. 1.5 Lungenendstück mit drei Lungenbläschen (sacculi alveolares) und Aus-schnitt der Blut-Luft-Schranke (alveolokapilläre Membran)
1 = sacculi alveolares; 2 = Lungenbläschen (Alveole); 3 = Lungenkapillare; 4 = Blut-Luft-Schranke; 5 = rotes Blutkörperchen (Erythrozyt), umgeben von Blutserum; 6 = Trennwand (Septe); 7 = Verbindung (Kohnsche Pore)

weniger als 1 μm dick, also weniger als 1/1000 mm. Die durch die Wand diffundierenden Sauerstoff- und Kohlendioxidmoleküle sind nochmals um Größenordnungen kleiner, ihr Durchmesser beträgt 1/1000 μm.

Die Reinigung der Alveolen-Innenwände von niedergeschlagenen Schad-stoffen übernehmen Makrophagen, etwa 15–20 μm große Fresszellen, die aus dem Blutkreislauf einwandern und sich im Oberflächenepithel der Alveolen festsetzen. Ihre Lebensdauer beträgt mehrere Wochen. In eine Alveole können bis zu 50 Makrophagen einwandern. Sie besitzen wie die meisten Abwehrzellen die Fähigkeit, weitere Makrophagen oder Riesen-moleküle (Mediatoren) zu rekrutieren.

Reizstoffe in der Atemluft können diese feingliedrige Blut-Luft-Schranke nachhaltig schädigen, besonders dann, wenn die Dosis der Schadstoffe hoch ist und über lange Zeit anhält. Dabei ist zu bedenken, dass die Alveolen neben dem Gasaustausch zusätzlich eine Teilfunktion der Atem-pumpe übernehmen. Beim Einatmen wird durch Anspannen von Zwerch-fell- und Brustmuskeln leichter Unterdruck im Brustkorb erzeugt. Die Lungenbläschen weiten sich auf und eingelagerte elastische Fasern dehnen sich und bauen Spannung auf. Luft wird eingesaugt. Beim Erschlaffen der Muskulatur verschwindet der Unterdruck im Brustraum und die elastischen Fasern gehen in ihre Ausgangsform zurück. Die Luft wird dabei ausgestoßen. Häufige Krankheitsbilder sind Versteifung der Lungenbläschen durch Einlagerung von Bindegewebe (Fibrose) und Zusammenschluss von Alveolen (Emphysem).

1.3.5 Der Sauerstofftransport im Blut

In der Lunge nehmen die roten Blutkörperchen, die Erythrozyten, Sauerstoff auf und geben im Gegenzug CO_2 dafür ab. Der Ort des Austauschs sind die Lungenarterien im Rechtsherzkreislauf. Die Arterie teilt sich in Mehrfachgabelungen 17-fach auf eine Zahl von 300 Mio. Kapillaren, die mit der Anzahl der Lungenbläschen übereinstimmt (Herman 2016). Die roten Blutkörperchen schieben sich einzeln und nacheinander wie an einer Schnur gezogen durch die auf Kapillaren verengten Adern und werden in nur 0,3 s vollständig mit O_2 beladen, im Gegenzug geben sie CO_2 ab (Schmidt Thews 1997). Auf dieser Strecke haben Kapillaren des Lungenkreislaufs ihren kleinsten Innendurchmesser, etwa 8 µm, den gleichen Außendurchmesser haben die tellerförmigen Blutkörperchen. Wie flexibel reagiert das Netz nun bei Belastungswechsel? Der Euler-Liljestrand-Mechanismus sorgt dafür, dass die Blutkörperchen immer voll mit Sauerstoff beladen werden. Bei geringer Belastung werden schwach belüftete Lungenbezirke zugunsten verbleibender Bereiche von der Blutzufuhr abgeschaltet und bei Belastung wieder freigegeben.

Zur Optimierung des Gasaustauschs achtet die Natur auf dünne Zellwände der Blut-Luft-Schranke. Elastische Fasern in den Wänden der Bläschen sorgen für das Ausstoßen der Luft beim Ausatmen, wenn Brust und Bauchfellmuskulatur entspannen. In den Bläschen pulsiert die Atemluft ein und aus und mit ihr auch Schadstoffe. Besonders gefährlich sind entzündlich wirkende mineralische Feinstäube. Feinstaub mit Partikelgrößen <2,5 µm fliegt die feuchten Innenwände an und belastet den Abwehrmechanismus. Bemerkenswert ist, dass die Feinstaubpartikel im Verhältnis zum Volumen der Alveolen klein sind. Es ist leicht vorstellbar, dass das Atemsystem bei Überlastung durch Überdosis von Schadstoff kollabieren kann.

Das Atmen reinen Sauerstoffs ist möglich, aber der Umgang mit Sauerstoff birgt die große Gefahr einer explosionsartig ablaufenden Verbrennung, wie der tödliche Unfall in der Raumkapsel Apollo 1 im Jahr 1967 mit drei Astronauten an Bord abschreckend gezeigt hat. Der Versorgungsbehälter für den Innenraum der Kapsel wurde zur Gewichtseinsparung anstelle von Luft mit reinem Sauerstoff betankt. Ein elektrischer Funke zündete die mit Sauerstoff vollgesogenen Oberflächen des Kapselinnenraumes, auch die der Kleidung der Insassen. Das Sicherheitskonzept hat versagt. Der vermeintliche Ballaststoff Stickstoff verlangsamt die Oxidationsabläufe in der Luft und ist ein Sicherheitspolster gegen Brandausbreitung.

Ein Absinken des Sauerstoffgehaltes in der Luft unter 19–17 % kann zu Bewusstlosigkeit und letztlich zum Tod führen (Hörner, Casties 2015, S. 112). In Aufenthaltsräumen sinkt der Sauerstoffgehalt in der Regel nicht so weit ab, da die Räume nicht gasdicht sind. Sollte in einem Raum durch Anwesenheit vieler Personen der Sauerstoffgehalt absinken, so würde im Gegenzug der CO_2-Gehalt ansteigen. Die Überkonzentration von CO_2 induziert Atemnot mit gesteigertem Atembegehren. Dieses Warnsignal wird vom Körper nur durch CO_2 ausgelöst. Der Sauerstoff selbst ist, vielleicht etwas überraschend, nicht an der Atemsteuerung beteiligt.

Eine besondere Gefahr bilden erstickend wirkende Gase wie Stickstoff, Helium, Methan. Strömen solche Gase in die Atemluft ein, dann sinkt der Sauerstoffgehalt und mit ihm der CO_2-Gehalt. Der Atemwunsch wird nicht ausgelöst, die betroffene Person verliert das Bewusstsein und stirbt. Bei Erstickungsgefahr muss unterhalb von 19,5 % Sauerstoff in der Luft beatmet werden (OSHA 1910.134).

1.3.6 Die Luftversorgung

Feste Nahrung nehmen wir in Zeitabständen zu uns, das Gleiche gilt auch für Flüssigkeiten. Dafür ist jeweils eine gewisse Vorbereitung notwendig. Nahrung muss herbeigeschafft und zubereitet werden. Zwischen den Mahlzeiten liegen Pausen, auch längere wie nachts. Die Versorgung mit Luft erlaubt keine Pausen. Wir können drei Wochen ohne feste Nahrung, drei Tage ohne Trinkwasser, aber höchstens 3 min ohne Luft am Leben bleiben. Dafür steht uns das Lebensmittel Luft überall und jederzeit aufwandlos zur Verfügung: für die Bewegung, in der Ruhe, wohin wir auch gehen, auf der ganzen Welt. Auf Reisen können wir uns darauf verlassen, dass an allen Zielen Luft in ausreichender Menge kostenlos zur Verfügung steht. Wegen des andauernden Angebots von Sauerstoff in der Luft gab es für die Evolution keinen Anlass, größere Sauerstoffdepots im Körper anzulegen.

Die Abhängigkeit unseres Stoffwechsels von ausreichend Sauerstoff „On Demand" soll im folgenden Beispiel gezeigt werden. Mit zunehmender Höhe nimmt die Dichte der Luft ab, nicht gleichmäßig, sondern progressiv. Auf einem Berg von 4000 m Höhe beträgt die Dichte der Luft in grober Näherung noch 60 % derjenigen auf Meereshöhe. Das bedeutet, dass das Volumen jedes Atemzuges auch nur 60 % Sauerstoff enthält. Der Mangel muss durch höheres Atemzugsvolumen kompensiert werden. Bei Eigenüberforderung unter diesen Bedingungen droht der Kreislaufzusammenbruch.

Unsere allgemeine Vorstellung von Lebensmitteln schließt die Atemluft nicht automatisch ein. Ein Grund ist darin zu suchen, dass unserer Atmung mit einer Grundlast ohne unser Zutun funktioniert, gesteuert durch den Hirnstamm. Das Lebensmittel Luft speist über den Sauerstoff stetig Energie zum Erhalt des Stoffwechsels ein, wir sind auf unseren Lebensraum angewiesen. Aus den Erfahrungen mit der Klimawende wissen wir, dass die Bereitstellung elektrischer Leistung aus Batteriespeichern schwieriger ist als der Abruf aus fossilen Energiespeichern. Die Energiebereitstellung „On Demand" ist in Physiologie und Umwelt gleichermaßen ein sensibler Vorgang. In der Regel bewegen wir uns in offenen oder geschlossenen Räumen, in denen Atemluft in ausreichender Menge und Qualität zur Verfügung steht.

Denken Sie an die unendlich vielen, die Luft belastenden Fremdstoffquellen, so wird klar, dass die Versorgung mit guter Luft auch eine gesellschaftliche Aufgabe ist, die den Einzelnen überfordert. Die Politik muss reglementieren und aufklären, kann aber nicht eine Idealluft an jedem Ort garantieren. Die zusätzliche Entwicklung eigener Urteilsfähigkeit ist angeraten und zahlt sich in Lebensqualität und Lebenserwartung aus. Immerhin können wir die Luftqualität überschlägig mit einem eigenen Sinnesorgan, der Nase, auf Bekömmlichkeit kontrollieren. Der Geschmack, das Sinnesorgan für feste und flüssige Nahrung, stützt sich ganz wesentlich auf den Geruch.

1.3.7 Die Gewebeatmung

Die Energiespeicher im Körper bestehen aus Kohlehydraten, Eiweißen und Fetten. Zur Umsetzung in Körperwärme und Muskelarbeit wird Sauerstoff ständig von roten Blutkörperchen in die Zellen gebracht. Die Gewebekapillaren haben vergleichbar enge Durchmesser wie die Lungenkapillaren. Der Vorgang wird als Gewebeatmung bezeichnet und ist hinsichtlich des Gasaustauschs als die Umkehrung der Lungenatmung zu verstehen. Beim Durchströmen geben die Erythrozyten, die roten Blutkörperchen, atomaren Sauerstoff durch Diffusion an das Zellgewebe ab. Endabnehmer sind die Mitochondrien, die Energiekraftwerke der Zellen. Bei körperlicher Belastung steigt der Sauerstoffverbrauch gegenüber dem Ruhezustand an, im Herzmuskel um das 3- bis 4-Fache, in der Skelettmuskulatur um das 20- bis 50-Fache.

Für solche Anforderungen können die Muskeln auf einen Kurzzeitspeicher für Sauerstoff, das Myoglobin, zurückgreifen. Der rote Blutfarbstoff

Myoglobin kann freien Sauerstoff binden. Bei spontanen Bewegungen der Skelettmuskeln kann Myoglobin für Sekundenbruchteile Sauerstoff freisetzen, bis verstärkter Blutstrom einsetzt und den erhöhten Sauerstoffbedarf weiter deckt. Beim Zusammenziehen des Herzmuskels gleicht Myoglobin die damit verbundene Verringerung des Blutflusses im Herzmuskel aus. Ganz allgemein senkt Myoglobin den Sauerstoffdruck im Gewebe und unterstützt die Diffusion des Sauerstoffs in Richtung der Mitochondrien.

Der Mehrbedarf an Sauerstoff wird durch verstärkten Blutfluss gedeckt. Der Sauerstoffvorrat kann auch durch Zufuhr von zusätzlichem Blut erhöht werden, eine Methode, die vom Blutdoping beim Leistungssport bekannt ist. Mehrfach tiefes Einatmen schafft einen gewissen Sauerstoffvorrat im Blut, der für Minuten reichen kann.

Solange das Blut ausreichend Sauerstoff für die Muskelarbeit bereitstellen kann, besteht aerober Energiestoffwechsel. Verlangen wir den Muskeln höhere Leistungen ab, kann das Myoglobin die Sauerstoffunterversorgung nicht ausgleichen, der Energiestoffwechsel geht in anaerobe Bedingungen über. Der Körper wandelt Kohlehydrate auch ohne Sauerstoffbeteiligung durch Milchsäuregärung in Energie um.

1.4 Die drei atmosphärischen Wirkungskomplexe

Die Atmosphäre ist ein universelles Medium mit vielen Erscheinungsformen. Der Mensch unterhält mit ihr Wechselbeziehungen, Ein- und Ausatmen zur Entnahme von Sauerstoff, Nutzung der Sonnenstrahlen zum Sehen und Enzymaufbau, Wärmeaustauch des Körpers mit der Umgebung und nicht zuletzt Einsatz seines Immunsystems zur Abwehr toxischer Stoffe der Luft. Die Einflussgrößen werden atmosphärischen Wirkungskomplexen zugeordnet, die in verschiedener Weise auf den Menschen einwirken. Sie sind eng mit dem Wetter verknüpft, ihre Komponenten ändern sich stetig und wir verfolgen sie in den Wettervorhersagen des Deutschen Wetterdienstes, wie Temperatur, Wind, Luftfeuchtigkeit und Sonneneinstrahlung. Die genannten Größen beeinflussen unsere Gesundheit und werden deshalb unter den Begriffen Biowetter und Bioklima zusammengefasst. Ein denkbarer Begriff „Bioluft" ist nicht in Umlauf und damit auch keine Qualitätsdefinition. Die Qualitätsüberwachung der Luft regelt allein das Bundes-Immissionsschutzgesetz mit seinen knapp 40 Durchführungsverordnungen, herausragend die 39. BImSchV, „Verordnung über

Luftqualitätsstandards und Emissionshöchstmengen". Auf ihre Bedeutung für die Luftqualität wird in Kap. 2 „Gesetzliche Schadstoffbegrenzung" eingegangen.

Der Bio-Begriff wird beim Wetter in einer anderen Weise eingesetzt als etwa bei Biolebensmitteln. Letztere erhalten das EU-Bio-Siegel, wenn sie aus kontrolliertem Anbau, ohne Genbeeinflussung, ohne chemisch-synthetische Pflanzenschutzmittel und Kunstdünger erzeugt werden. Der Verbraucher hat die Wahl zwischen Biolebensmitteln und konventionellen Produkten.

Für die Darstellung aller Einflussgrößen auf die Gesundheit des Menschen bietet sich die Zusammenfassung der Einflussgrößen zu drei Wirkungskomplexen an, die auf die Arbeiten von G. Jendritzky beim Deutschen Wetterdienst zurückgehen (Jendritzky G und Grätz A 1999). Danach wirken auf den Menschen an seinem jeweiligen Standort aktinische, thermische und hygienische Einflüsse, die als biometeorologische Wirkungskomplexe definiert worden sind. Die charakteristische Darstellung wurde in Abb. 1.6 sinngemäß übernommen und ergänzt. In der Abbildung ist auch die Rückwirkung des Menschen auf den lufthygienischen Wirkungskomplex dargestellt. Die Biometeorologie ist nach dem Glossar des Deutschen Wetterdienstes eine interdisziplinäre Wissenschaft, die sich mit den Wechselwirkungen zwischen atmosphärischen Prozessen und lebenden Organismen, Pflanzen, Tieren, Menschen befasst (DWD-Lexikon 2022).

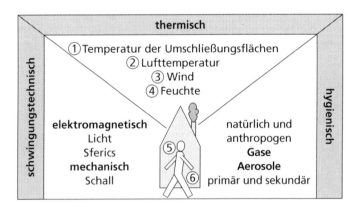

Abb. 1.6 Die drei atmosphärischen Wirkungskomplexe. In die Darstellung integriert sind sechs thermische Einflussgrößen: zwei Temperaturen ①②, Wind ③, Feuchte ④, Aktivität ⑤, Kleidung ⑥

1.4.1 Schwingungstechnischer Komplex

Der Bereich der Schwingungen umfasst die elektromagnetischen Wellen des Lichts und auch die sporadisch auftretenden Sferics, atmosphärische Impulsstrahlen im Zusammenhang mit besonderen Wetterereignissen wie Gewittern oder Zyklonen. Sichtbares Licht passiert weitgehend ungestört den Raum der Atmosphäre, ohne mit den Hauptkomponenten der Luft, Stickstoff und Sauerstoff, zu reagieren. Diese Luftbestandteile werden vom Sonnenlicht nicht erwärmt, man könnte sagen, sie bleiben kalt. Das ist zunächst erstaunlich, da das sichtbare Licht den höchsten Energiegehalt des Strahlenspektrums aufweist. Beide Moleküle sind symmetrisch aufgebaut und geraten durch die Strahlung nicht in Schwingung. Eine Ausnahme bildet ein schmales Band kurzwelligen Lichts, das von Sauerstoff abgefangen wird und Ursache für die Ozonbildung in der Stratosphäre ist. In der Troposphäre ist dieser Lichtanteil bereits weitgehend absorbiert.

Die unsymmetrisch aufgebauten Luftbestandteile wie Wasserdampf, Kohlendioxid, Methan und die meisten Chemikalien absorbieren generell große Teilfrequenzbereiche des Lichts, erwärmen sich und sind Treiber der Klimaveränderung. Licht regt auch im globalen Maßstab den chemischen Um- und Abbau von Luftschadstoffen an (Möller 2003).

Mechanische Schwingungen, die als Lärm auf das Medium Luft angewiesen sind, sind hier eingeordnet, auch wegen ihrer gesetzlich festgelegten Grenzwerte zum Schutz der menschlichen Gesundheit.

Bodenerschütterungen gehören auch zu mechanischen Wellen, sie haben aber keinen direkten Einfluss auf die Luftqualität und sollen hier nur der Vollständigkeit halber erwähnt sein.

1.4.2 Thermischer Komplex

Der thermische Wirkungskomplex umfasst die Komponenten Temperatur, Wind und Feuchte. Diese drei Größen bestimmen einen wesentlichen Teil des Behaglichkeitsempfindens des Menschen. Dabei bedeutet Behaglichkeit die Abwesenheit von als störend empfundenen Einflüssen. Kurzzeitige Störungen werden als weniger gravierend empfunden als andauernde. Behaglichkeit verbindet sich mit einem gewissen Beharrungszustand, in dem kein Bedarf an Veränderung besteht. Die Empfindung von Behaglichkeit kann auch als Anzeichen für notwendige Ruhephasen im Tagesablauf gedeutet werden. Für die Gesundheit sind auch Anreize zum kontrollierten

Verlassen der Behaglichkeitszone notwendig, wie Kälte- und Strahlungs-anreize, die Kurorte in ihren Programmen anbieten.

Die Temperatur ist die beherrschende Komponente beim thermischen Wirkungskomplex. In Abb. 1.6 sind für diesen Komplex zwei Temperaturen vermerkt. Die erste markiert die Lufttemperatur, wie sie unserer Vorstellung entspricht. Als weitere, für das Behaglichkeitsempfinden wichtige Temperatur ist die der Umschließungsflächen am Aufenthaltsort des Menschen zu nennen. Dabei können sich die Temperaturen der einzelnen Umschließungsflächen stark voneinander unterscheiden. Auch der Mensch sendet Strahlung aus. Alle Oberflächen strahlen Energie ab, alle bestrahlten Flächen können Energie absorbieren – ein kompliziertes, berechenbares Wechselspiel. Eine aus-geglichene Strahlungsbilanz finden Sie unter dem Blätterdach eines Baumes bei Sonnenschein. Hier treffen Sie auf gleichmäßige Temperatur von Luft und Oberfläche und haben Schutz vor direkter Sonnenstrahlung. An einem solchen Platz stellt sich Behaglichkeit ein. Bei Biergarten-Betreibern ist die entsprechende Ausstattung daher Teil ihres Geschäftsmodells. Generell gilt als behaglichster Aufenthalt im Freien die frühsommerliche Schönwetter-lage, gewährleistet durch ein umfangreiches Hochdruckgebiet (Schuh Angela 2007). Ein Sonnenschirm bietet auch Schutz vor der heiß strahlenden Sonne, die Oberfläche des Schirmes wird dabei über Umgebungstemperatur aufgeheizt und sendet verstärkt Wärmestrahlen aus, die das Schirmtuch passierenden Sonnenstrahlen kommen hinzu. Der vollkommenen Behaglich-keit kann man sich hier nur annähern (DWD Wetterfühlige 2022).

Ein unbehagliches Gefühl lösen kalte Oberflächen aus. In beheizten Räumen geben Oberflächen Energie etwa zur Hälfte durch Strahlung ab, den Rest durch Konvektion. Zum Ausgleich für kalte Fensterflächen werden Heizkörper unter dem Fenster angebracht. Wir gleichen innen wie außen Wärmeverluste durch angepasste Kleidung aus. Die empfundene Temperatur in Innenräumen hängt von den zwei bereits in Abb. 1.6 ver-merkten Temperaturen ab, der Lufttemperatur und der an dem jeweiligen Aufenthaltsort vorhandenen Umschließungstemperatur. Die empfundene Temperatur ist gleich dem Mittelwert aus beiden Temperaturen. Ein Bei-spiel: Lufttemperatur 24 °C und Außenwandtemperatur 20 °C ergeben eine empfundene Temperatur von 22 °C.

Eine Innenraumtemperatur von 20 °C würde aus physiologischer Sicht auch dauerhaft ausreichen. Durch neue Lebensgewohnheiten, dünnere Kleidung und höheren Komfort hat sich eine Raumtemperatur von 22 °C eingependelt (Hörner, Casties 2015; DIN EN 15251 2012). Bei steigenden Energiepreisen kann die Innentemperatur ohne Schaden für die Gesundheit zurückgefahren werden.

Je nach geografischer Lage auf der Erde und nach Jahres- oder Tageszeit beschert uns das Klima unterschiedliche Lufttemperaturen. In Alaska beträgt die Jahresdurchschnittstemperatur $-3\,°C$, in Deutschland $10\,°C$ und in Nigeria etwa $25\,°C$. Der Mensch ist in der Lage, sich durch Kleidung und Behausung den Außentemperaturen anzupassen. Aber auch die physiologische Akklimatisation ist möglich, in Zeiträumen von Tagen bis zu Monaten. Die Hitzeanpassung kann erfolgen durch erhöhtes Schwitzen, Zunahme aktiver Schweißdrüsen oder Herabsetzen des Elektrolytgehaltes im Schweiß auf bis zu 1/10 des Normalwertes, um Elektrolytverluste zu vermindern. Die Kälteakklimatisation ist ein eher langsam ablaufender Prozess. Er zeigt sich im Nachlassen der subjektiven Kälteempfindung, Senkung der Schwelle des Kältezitterns mit nachfolgender mäßiger Senkung der Körpertemperatur (Vaupel et al. 2015).

Im Wind werden viele Eigenschaften des Mediums Luft sichtbar, auf die in Kap. 4 ausführlich eingegangen wird. Wir haben gesehen, dass der Wind eine wichtige Rolle für die Frischluftzufuhr spielt. Die Luftgeschwindigkeit beeinflusst auch das Behaglichkeitsempfinden. Kalter Wind senkt die gefühlte Temperatur um bis zu $15\,°C$, Sommerhitze erhöht sie bis $15\,°C$. Im Freien geraten wir unter Kältestress und schützen uns mit Kleidung oder durch Bewegung. Damit gleichen wir erhöhte Wärmeverluste des Körpers aus. Besonders für Innenräume wird beobachtet, dass in Ruhestellung eine Luftgeschwindigkeit von über $0,2\,m/s$ als Zug empfunden wird. Wind sorgt aber für notwendige Wärmeabfuhr beim Schwitzen durch körperliche Belastung. Besonders schützt er den Kopf vor Überhitzung und der Gefahr des Hitzschlags. Die geringe zulässige Luftgeschwindigkeit in Innenräumen stellt eine Herausforderung für Klimatechniker dar, denn in Innenräumen mit vielen anwesenden Personen muss viel Luft intensiv ausgetauscht werden. Bautechnisch müssen Gebäude, Eisenbahnzüge, Busse oder Autos über Einrichtungen verfügen, die einen ausreichenden Luftwechsel ermöglichen.

Die Feuchte der Luft muss als eine Bedingung für das Empfinden von Behaglichkeit in relativ engen Grenzen liegen. Der Mensch verfügt über kein eigenes Sinnesorgan, um die Luftfeuchtigkeit unmittelbar wahrzunehmen zu können. Bei hoher Luftfeuchtigkeit und hoher körperlicher Belastung reicht die kühlende Schweißabgabe nicht aus oder wird ganz unterbunden. Die Schweißabgabe beginnt bei einer Wärmeproduktion von $100\,W$, angepasste Kleidung unterstellt. Ein Luftzug senkt zwar die gefühlte Temperatur, aber zur Verdunstung braucht es auch trockene Luft. Erschwerend kommt hinzu, dass in der Haut ein Feuchtesensor fehlt. Bei Schwüle kann die gefühlte Temperatur um bis zu $10\,°C$ ansteigen. Für

Behaglichkeit soll die relative Luftfeuchtigkeit zwischen 30 % und 65 % liegen, dargestellt in Abb. 1.7 (Hörner, Casties 2015) (DIN 1946, 2009). Bei einer Temperatur von 22 °C ist zwischen diesen beiden Konzentrationen kaum ein Unterschied zu spüren. Außerdem soll der absolute Wassergehalt der Luft 11,5 g/kg Luft nicht überschreiten. Bei einer relativen Feuchte von 30 % ist die Luft ziemlich trocken. Bei Trockenheit enthält die Luft viel Staub, Ursache ist ständiges Aufwirbeln. Die Atemwege sind so doppelt belastet, durch Staub und Austrocknen der Schleimhäute.

Die Feuchte der Atemwege hat nicht nur für die Behaglichkeit Bedeutung, sondern sie wirkt auch direkt auf die Gesundheit der Atemwege ein. Im Unterschied zur Behaglichkeit werden die Auswirkungen mangelnder Feuchte der Luft erst mit Zeitverzögerung spürbar. Beim Einatmen wird die Luft in Nase, Rachen, Bronchien und Bronchiolen auf 37 °C angewärmt und nahezu mit Wasserdampf gesättigt. Aus Abb. 1.7 können Sie die Tendenz des Feuchtigkeitsbedarfs beim Anwärmen von Luft erkennen. So hat beispielsweise Luft mit einer Temperatur von 15 °C und 50 % relativer Feuchte einen Wassergehalt von ca. 5,5 g/kg Luft. Wird die Luft unter Beibehaltung der Sättigung von 50 % auf 30 °C erwärmt, muss sie weitere 8 g Wasser als Dampf aufnehmen, bis der Dampfgehalt von 13,5 g/kg Luft erreicht ist. Dampflieferant ist die Schleimschicht, mit der alle luftführenden Organe bis zur Blut-Luft-Schranke ausgekleidet sind.

Das Einatmen beginnt mit dem Durchströmen der drei Nasenmuscheln. In ihnen wird die Luft gereinigt, angefeuchtet und erwärmt. Ein Bett feiner

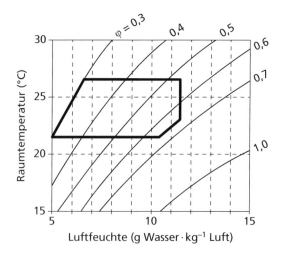

Abb. 1.7 Komfortbereich der Luftfeuchte (ϕ = relative Luftfeuchtigkeit)

Blutkapillaren erwärmt die Luft. Dabei ist der Gegenstrom von Luft und Blut in der Nase zur effektiven Temperierung der Luft besonders hilfreich. Das Wasser für die Befeuchtung der Luft verdunstet aus der Nasenschleimschicht und muss über den Blutkreislauf nachgeliefert werden. Besonders bei Kälte und damit einhergehender trockener Luft, wie im Winter, trocknen die Schleimhäute leicht aus und verlieren ihre Schutzfunktion. Der Zilienschlag zur Ableitung des Mukus ist behindert oder eingestellt und damit die Reinigung der Luftwege von Schadstoffen, einschließlich abgefangener Mikroorganismen. Auf so geschädigtem Epithel können sich Mikroorganismen festsetzen und Kolonien bilden.

Beim Atmen durch die Mundhöhle wird die Luft weniger gut vorbehandelt als beim Atmen durch die Nase. Für die Befeuchtung gibt es im Mund vier große Speicheldrüsen, die vorwiegend die feste Nahrung konditionieren. Erwähnt sei die Unterkieferdrüse, Glandula submandibularis. Ihr Austritt liegt am Ende eines langen Ausführungsganges und ist als kleine Erhebung unter der Zunge gut erkennbar. Ihr Sekret enthält das Bakterien angreifende Enzym Lysin (Junqueira 1996). Täglich werden 1,5 L Mundspeichel gebildet, in Ruhephasen etwa 0,5 L.

Beim Essen wird die Speichelproduktion reflektorisch gesteigert. Auch bedingte Reflexe beim Anblick von Speisen oder solche vom Willen gesteuerte Reflexe lösen Speichelbildung aus. Auf diese Weise sollen die in Mund und Rachen verteilten Drüsen die Schleimhaut ausreichend feucht halten und Abwehrstoffe in angemessenem Verhältnis gegen Mikroorganismen bereitstellen (Junqueira 1996; Vaupel P et al. 2015).

1.4.3 Thermal Comfort nach Fanger

„The Thermal Comfort" nach Fanger bezeichnet das Behaglichkeitsgefühl des Menschen, der keinen Wunsch nach Veränderung seines thermischen Umfeldes empfindet (Fanger PO 1972).

Im Zentrum der Untersuchungen des Dänen P. O. Fanger steht die Wärmebilanz eines Menschen. Um die Körpertemperatur bei 37 °C zu halten, produziert er Wärme: im Ruhezustand knapp 100 W, bei Belastung durch Muskelarbeit bis 800 W und mehr. Zur Regelung der Körpertemperatur besitzt der Mensch in der Haut Kälte- und Wärmesensoren. Zahlenmäßig sind die Kältesensoren in der Überzahl. Die Verarbeitung der Reize erfolgt im Hypothalamus, einem Teil des Zwischenhirns. Normal ist eine Körperinnentemperatur von 37 °C und eine Hauttemperatur von etwa 33 °C. Die Hauttemperatur ist sehr variabel. Bei Kältereiz wird innere

Wärme erzeugt und die Hauttemperatur abgesenkt, um Wärmeverluste zu verringern. Bei hoher Körperbelastung oder hoher Lufttemperatur erhöht sich die Hauttemperatur und die Wärmeabgabe des Körpers wird durch Konvektion und Schweißabgabe gesteigert.

Es gibt Grenzen für die Körpertemperatur. Der Kältetod tritt unterhalb einer Temperatur von 28 °C ein. Eine Kerntemperatur über 43 °C, ausgelöst durch Fieber oder Sonneneinstrahlung, führt zu tödlichem Hitzschlag. Regelhaft bei Hitzschlag ist der Blutdruckabfall durch vegetativ gesteuerte Blutgefäßerweiterung. Sie führt zur Minderversorgung des entfernt liegenden Gehirns mit schweren zentralnervösen Störungen. Hier hat die Evolution der Thermoregulation leider außer Acht gelassen, den vorrangigen Sauerstoffbedarf des Gehirns zu berücksichtigen. Die Gefahr wird oft unterschätzt (DWD-Leistungen 2021).

In Versuchsreihen hat Fanger sechs Einflussgrößen in ihrer Wirkung auf das Behaglichkeitsempfinden von Personen unterschiedlicher Zuordnung untersucht: Männer, Frauen, jung, alt und weitere. Variiert wurden Bekleidung, Wind, Feuchtigkeit, Luft- und Strahlungstemperatur der Umgebung sowie drei moderate Belastungsstufen je Mensch (100, 200, 300 W), symbolhaft im thermischen Sektor in Abb. 1.6. gekennzeichnet. Ziel war es festzustellen, bei welchen Werten der jeweils kombinierten Einflussgrößen der Zustand der Behaglichkeit erreicht wird. Testpersonen beurteilten die verschiedenen Bedingungen und stuften sie in sieben Kategorien ein, neutral, behaglich oder in Richtung heiß und kalt. In Abb. 1.8 ist ein Ergebnis beispielhaft dargestellt.

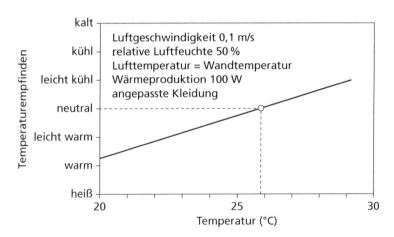

Abb. 1.8 Unterschiede der Temperaturempfindung bei Studenten (nach Fanger 1972)

Zwischen den getesteten Gruppen gibt es jeweils geringe, aber keine bedeutenden Unterschiede. Die Bekundungen der Testpersonen über „angenehm" oder „störend" weichen erwartungsgemäß voneinander ab. Als „behaglich" wurden die Bedingungen mit der höchsten Übereinstimmungsrate festgelegt. Eine Kombination mit 5 % Übereinstimmung gilt als behaglicher Bereich. Höhere Übereinstimmungsraten kommen in der Praxis nicht vor. Aus den Untersuchungen hat Fanger die Discomfort-Gleichung für den Wärmehaushalt des Menschen entwickelt. Sie dient als Grundlage auch für die Belüftung von Gebäuden. Man könnte die Gleichung auch Komfort-Gleichung nennen, aber hier wird dem Umstand Rechnung getragen, dass der Discomfort zum Behaglichkeitsbereich führt. Die Untersuchungen von Fanger werden in einer DIN-Norm laufend vervollständigt (DIN ISO 7730, 2006) und gehen unter Berücksichtigung übergeordneter klimatischer Einflüsse in die Planung der Gebäudelüftung ein (VDI 3787-2, 2021). Dabei umfasst Gebäudelüftung die freie Lüftung über Fenster oder Dachöffnungen und die mechanische Lüftung unter Einsatz von Ventilatoren. Im Theater muss anfangs geheizt, später gekühlt werden. Auf alle Fälle erfordert die Lufthygiene die Integration von Luftfiltern in die Lüftungs- oder Klimaanlagen (Hörner, Casties 2015). Die Lufthygiene ist Gegenstand des Thermal Comfort-Modells. Behaglichkeit zielt auf den Wohnkomfort des Menschen, die Lufthygiene auf seine Gesundheit. Das Thema Lufthygiene ist vergleichsweise umfangreich und erfordert eigene Kapitel.

Der Deutsche Wetterdienst hat ein Modell entwickelt, mit dem die Wärmeströme zwischen Mensch und Umgebung berechnet werden können: das Klima-Michel-Modell, so bezeichnet, weil sich mit ihm die Behaglichkeit eines standardisierten Menschen berechnen lässt (DWD Michel 2022; Jendritzky G und Grätz A 1999).

1.4.4 Der lufthygienische Komplex

Der lufthygienische Wirkungskomplex umfasst die gasförmigen und partikelförmigen Luftinhaltsstoffe, sie können aus anthropogenen oder natürlichen Quellen stammen. Zu den natürlichen Quellen zählen tätige und ruhende Vulkane, Methan aus biologischem Abbau oder Rülpsgas von wiederkäuenden Weidetieren. Die menschlichen Ausdünstungen sind natürlicher, unvermeidbarer Bestandteil des Innenraumklimas. Größere Dimension haben die aus Vulkanen aufsteigende Rauchwolken. Ihr Trägergas besteht neben Wasserdampf und Kohlendioxid meist aus Schwefeldioxid, Schwefelwasserstoff und Ammoniak. Feiner Staub kreist um die Erde, Steine und Asche gehen in der Nähe des Ausbruchs nieder. Ein anderes Szenario sind Wald- und Schwelbrände. Hier entweichen mit dem Rauchgas bevorzugt Stickoxide und Kohlenmonoxid.

Während einer Wetterperiode, die in unseren Breiten meist 3–4 Tage andauert, sowie Windstärken größer 5 gehen von einem trockenen Acker 100–300 kg/ha Boden durch aeolischen Stofftransport in die Luft (Bach 2008). Aus Landverwehungen bauen sich im Laufe von Jahrtausenden haushohe, fruchtbare Lössböden auf, die an eingeschnittenen Wegen gut zu erkennen sind, wie z. B. im badischen Kaiserstuhl. Feiner Wüstensand aus Trockengebieten der Erde düngt die Algen der Weltmeere. Auf der Flüssigkeitsseite sei Meeresspray erwähnt, das heilend auf unser Atemsystem einwirken kann und auf der Oberfläche von ungeschütztem Stahl Flugrost auslöst. Natürliche Spurenstoffe der Luft haben während der Evolution zur Entwicklung unseres Atemsystems geführt, sodass es in der heutigen Gestalt die meisten dieser Fremdstoffe abwehren kann. Es gehört auch zur Schadensabwehr, den Belastungen auszuweichen, soweit ihre Gefahr erkannt werden kann. Die Dosis macht das Gift, wie der Arzt Paracelsus in der zweiten Hälfte des 16. Jahrhunderts gelehrt hat.

Aus der Vielzahl anthropogener Luftschadstoffe sind in Tab. 1.3 die behördlich kontrollierten Luftschadstoffe zusammengestellt. In der Medizin werden diese Stoffe als Noxen bezeichnet, sobald sie schädigend auf den Körper einwirken. Die in der Tabelle aufgeführten Schadstoffe wurden dem Jahresbericht des Landesamts für Natur, Umwelt und Verbraucherschutz Nordrhein-Westfalen entnommen, in dem über den Zustand der Luft berichtet wird (LANUV NRW 2020). Die schädigenden Gase und Stäube können auch aus natürlichen Quellen stammen, ihre gleichmäßig hohe Konzentration deutet aber auf einen anthropogenen Ursprung hin, besonders im Zusammenhang mit der Freisetzung durch die Verbrennung fossiler Brennstoffe.

Tab. 1.3 Erfasste Luftinhaltsstoffe mit gesundheitsschädigendem Potenzial (LANUV NRW 2020)

Gase	Partikel
Stickoxide	Staub PM_{10}
Schwefeldioxid	Staub $PM_{2,5}$
Kohlenmonoxid	Jeweils beladen mit:
Benzol	Ruß,
Ozon	Metallen (Blei, Nickel, Kadmium, Arsen),
	polyzyklischen Aromaten (Beispiel: Bezo(a)pyren),
	Kohlenwasserstoffen,
	Dioxinen, Furanen, polychlorierten Biphenylen

Stickoxide, Schwefeldioxid und Ozon reizen die Atemwege, Kohlenmonoxid wirkt heimtückisch erstickend und Benzol kann Blutkrebs auslösen. Staub PM_{10} ist das Gewicht aller Teilchen in 1 m^3 Luft, die kleiner als 10 μm sind. Für Staub $PM_{2,5}$ gilt die Größengrenze 2,5 μm (DIN EN 481, 1993). PM steht für *particle matter*, die nachgestellte Zahl gibt die Teilchengröße in Mikrometer (μm) an, bis zu der die Massen aller kleineren Teilchen aufsummiert sind. An der Oberfläche eines Partikels lagern sich viele in der Luft schwebende Schadstoffe an, Gase, Dämpfe und Nanopartikel. Je feiner solcher Staub ist, umso tiefer dringt er in den Bronchialbaum ein und kann längs des gesamten Atemweges abgelagert werden. Im Gegensatz zu den Behaglichkeitsoptimierungen bei den aktinischen und thermischen Wirkungskomplexen geht es im lufthygienischen Wirkungskomplex um die gesundheitliche Gefährdung durch reizende, toxische und kanzerogene Luftschadstoffe. Die Orte besonderer Gefährdung konzentrieren sich auf die Bereiche Arbeitsplatz, die Luft im Freien und auf Innenräume.

1.5 Lufthygiene

1.5.1 Noxen und Schadstoffe

In der Medizin werden alle auf den Organismus einwirkenden endogenen und exogenen schädlichen Einflüsse als Noxen bezeichnet. Exogene Noxen werden von außen in den Körper eingetragen und sind hier Gegenstand der Betrachtung. Zu ihnen gehören chemische und physikalische Noxen sowie durch lebende oder nur vermehrungsfähige Erreger hervorgerufene Schäden (Vaupel P et al. 2015, S. 116). Endogene Noxen greifen den Organismus von innen her an, beispielsweise besteht bei Schäden an Chromosomen Krebsgefahr. Zur großen Gruppe der chemischen Noxen gehören insbesondere die anthropogenen Luftschadstoffe wie Abgase aus Verbrennungsvorgängen und Stäube wie Asbestfasern oder Zinkoxid. Als physikalische Schädigungen sind Strahlenschäden durch UV zu nennen. Ein Beispiel für einen physikalisch bedingten Schaden durch Strom ist der Blitzschlag .

Im Umweltschutz wird anstelle des Begriffs Noxe der Begriff Schadstoff verwendet. Hier ist der Begriff Schadstoff weit gefasst in dem Sinne, dass er schädliche Auswirkungen nicht nur auf den Menschen, sondern auf die ganze Umwelt beinhaltet. Die Begriffe beider Disziplinen als Synonyme zu begreifen, würde ihrer jeweiligen Bedeutung nicht ganz gerecht. Bei den

Noxen geht es allein um schädliche Einflüsse auf den Menschen. Noxen und Schadstoffe werden in diesem Buch in ihrer Wirkung auf den Menschen dargestellt – und in diesem Sinne als Synonyme begriffen. In Tab. 1.4 sind die Begriffe beider Bereiche gegenübergestellt.

Jede Disziplin entwickelt eine detailreiche Sicht auf ihr jeweiliges Interessensfeld und prägt dazu die passenden Begriffe. Die Medizin als Wissenschaft von gesunden und kranken Lebewesen untersucht auch die Auswirkungen von Umweltnoxen auf den Menschen. Der Umwelt-schutz zielt auf die Reduktion von Belastungen des Ökosystems und auf die Erziehung zum umweltbewussten Verhalten. Beim Thema „Luft und Gesundheit" werden die Fachausdrücke beider Disziplinen zu einem Gesamtbild kombiniert.

1.5.2 Ärzte und Politiker

Die höchsten Belastungen mit anthropogenen Luftschadstoffen finden sich an Arbeitsplätzen, wo gefährliche Stoffe gehandhabt oder während der Arbeit freigesetzt werden. Es ist Aufgabe und auch das Verdienst besonders der Arbeitsmediziner, die Wirkung von Schadstoffen auf den Menschen zu quantifizieren. Welche Dosis der Arbeiter dabei hinzunehmen hat, ent-scheiden dann die zuständigen Politiker. Im Folgenden soll gezeigt werden, wie sich die Zusammenarbeit von Medizin und Politik entwickelt hat.

Medizinisch gesehen sind die Stoffe der Tab. 1.3 als Noxen einzuordnen, etwa die Hälfte wirkt endogen, das heißt, die Stoffe haben krebserzeugendes Potenzial. Die Wirkung dieser Stoffe auf die menschliche Gesundheit wurde unter Verantwortung der Arbeitsmedizin eingehend untersucht. Am Anfang stand die epidemiologische Auswertung von Krankheitsberichten,

Tab. 1.4 Vergleich von Schlüsselbegriffen (Vaupel 2015, S. 116; 96/62/EG, 1996)

Disziplin	Medizin	Umweltschutz
Begriffe	Als **Noxen** werden alle auf den Organismus einwirkenden – endogen oder exogen – schäd-lichen Einflüsse bezeichnet.	**Schadstoff** bezeichnet jeden vom Menschen direkt oder indirekt in die Luft der Troposphäre emittierten Stoff, der schädliche Auswirkungen auf die mensch-liche Gesundheit und/oder die Umwelt insgesamt hat.
Beispiele	Chemische und physikalische Noxen sowie lebende oder nur vermehrungsfähige Erreger	Stoffe nach Tab. 1.3

später wurden Tierversuche ausgewertet. Dabei kann der Einfluss einzelner Luftschadstoffe auf die Gesundheit ermittelt werden, für hohe Arbeitsplatzkonzentrationen bis hin zur Hintergrundkonzentration, der jeder Mensch in seinem Umfeld ausgesetzt ist. Träger solcher Untersuchungen ist die im Jahr 1955 gegründete Kommission für Maximale Arbeitsplatzkonzentrationen der Deutschen Forschungsgemeinschaft, die MAK-Kommission (MAK 1955). Sie veröffentlichte 1958 ihre erste Mitteilung zu MAK-Werten und seither jährlich die Ergebnisse neuer Untersuchungen (MAK-Liste 2022). Darin werden auf Basis jeweils neuer Erkenntnisse in der Mehrzahl der erneut untersuchten Stoffe die Maximalen Arbeitsplatzkonzentrationen herabgesetzt. Besonders für endogen wirkende Arbeitsstoffe kommen die geforderten niedrigen Werte einem Verwendungsverbot dieser Stoffe gleich. Gleichzeitig ist hervorzuheben ist, dass die MAK-Kommission heute keine Grenzwerte mehr für kanzerogene Luftschadstoffe veröffentlicht, aus medizinischer Sicht eine gute Entscheidung. Als Ausweg aus diesem Dilemma wurde 1972 der Ausschuss für gefährliche Arbeitsstoffe beim Arbeitsministerium gegründet (Blome 2005). Er hat auf politischer Ebene für endogene, krebserzeugende Stoffe eine Technischen Richtkonzentration (TRK-Wert) festgesetzt.

Erst mit Verabschiedung der Gefahrstoffverordnung 1986 wurde für kanzerogene Stoffe das heute geltende Konzept der Exposition-Risiko-Beziehung entwickelt, das auf medizinischen Expositionsdaten aufbaut. Unter Risiko ist die Wahrscheinlichkeit gefasst, während eines Arbeitslebens an Krebs zu erkranken und vorzeitig zu sterben, wobei die Wahrscheinlichkeit mit der Konzentration am Arbeitsplatz zunimmt. Bei steigender Konzentration am Arbeitsplatz sind höhere Schutzmaßnahmen erforderlich. Geht die Konzentration eines krebserzeugenden Stoffes über eine festgelegte Toleranzkonzentration hinaus, ist der Umgang mit dem Gefahrstoff untersagt. Die Formulierung von Risikokonzentrationen übernimmt der Ausschuss für Gefahrstoffe, der bis 1986 Ausschuss gefährliche Arbeitsstoffe hieß.

Für nicht kanzerogene Arbeitsstoffe setzt der Ausschuss für Gefahrstoffe die MAK-Werte für exogene Noxen in Arbeitsplatzgrenzwerte um, in den meisten Fällen werden die MAK-Werte der DFG übernommen. Der Arbeitsplatzgrenzwert beschreibt eine Konzentration, unterhalb der akute und chronische schädliche Auswirkungen auf die Gesundheit nicht zu erwarten sind. Inzwischen gibt es für etwa 500 Stoffe Arbeitsplatzgrenzwerte, die in den Technischen Regeln für Gefahrstoffe veröffentlicht werden (TRGS 900, 2022). Ausführlich wird darüber im Abschn. 2.4 „Die Luft am Arbeitsplatz" berichtet.

Grenzwerte für Innenräume werden vom Ausschuss für Innenraum-
richtwerte (AIR) als gesundheitsbezogene Richtwerte sowie als hygienische
Leitwerte festgelegt. Darüber hinaus leitet der AIR auch risikobezogene
Leitwerte für ausgewählte krebserzeugende Chemikalien in der Innenraum-
luft ab (ausführliche Informationen dazu in Abschn. 2.3 „Innenraumluft").
Organisatorisch ist der Ausschuss dem Umweltbundesamt angegliedert
(Kraft 2020).

Die Luft in den Wohnquartieren ist der dritte Bereich mit einheitlicher
Regelung. Mit dem Bundes-Immissionsschutzgesetz und der dazugehörigen
39. Durchführungsverordnung sowie der Technischen Anleitung Luft ist
Ländern und Gemeinden die Aufgabe übertragen worden, für die Ein-
haltung der gesetzlichen Grenzwerte bei Emission und Immission zu sorgen.
Ausführliche Informationen dazu in Abschn. 2.2 „Außenluft".

1.5.3 Anthropogene Noxen als Kulturfolger

Die Noxen der Luft werden oft nach ihrer Herkunft eingeteilt: in Luftinhaltsstoffe aus natürlichen Quellen und solche aus anthropogenen, d.
h. vom Menschen verursachten Quellen. Die Verbrennung fossiler Brennstoffe liefert durch die ubiquitäre Nutzung dieser Technik den größten
Beitrag zu den anthropogenen Luftinhaltsstoffen. Die später hinzu-
gekommenen Emissionen der chemischen Industrie haben die Zahl
anthropogener Noxen drastisch erhöht. Neue Produkte wie Kunstdünger,
Waschmittel, Kunststoffe und flüssige Treibstoffe waren zwar begehrt, offen-
barten aber als Kehrseite den Nachteil hoher Luftverschmutzung. Beim
Schutz der Gesundheit müssen natürliche und anthropogene Quellen
gleichermaßen berücksichtigt werden. In der Richtlinie über Luftqualität und saubere Luft für Europa (2008/50/EG, 2008) des Europäischen
Parlaments und des Rates von 2008 werden den Mitgliedsländern Höchstkonzentrationen für Einzelschadstoffe in der Luft vorgeschrieben, wobei die
natürlichen Quellen zu berücksichtigen sind.

Der Mensch hat sich während seiner Entwicklung, besonders beim
Übergang zum aufrechten Gang, durch Intelligenz die Ressourcen der
Umwelt zunutze gemacht und seine Lebensbedingungen laufend verbessert. Gleichzeitig hat er die Umwelt in seinem Sinne verändert, auch
auf Kosten der biologischen Konkurrenten. Die ältesten Menschenformen
existierten vor 2 Mio. Jahren. Vor 400.000 Jahren konnte der Pekingmensch
das Feuer bereits ständig unterhalten (Brockhaus 1968). In dieser Zeit
könnte man den Beginn der anthropogenen, vom Menschen gemachten

Luftverunreinigung verorten. Bis dahin dürfte sich der Mensch hinsichtlich seines Emissionsverhaltens nicht von anderen Warmblütlern unterschieden haben. Um seine heute erreichte Kulturstufe zu halten, ist der Mensch auf einen höheren Pegel an Emissionen angewiesen als früher.

Der heutige Homo sapiens sapiens begann sich vor 20.000 Jahren über die Welt auszubreiten. Durch Feuer war der Mensch sicher vor wilden Tieren und konnte Fleisch garen, verbunden mit dem Vorteil der besseren Verdaulichkeit des Eiweißes. Das stimulierte wiederum das Wachstum des Gehirns. Die Rauchgase des Feuers zogen nach oben ab, sie waren eine gesundheitsbeeinträchtigende Begleiterscheinung des Feuers, die der Mensch in Abwägung gegenüber den damit erlangten Existenzverbesserungen hinnahm. Eine Abwägung, die gegenüber neuen Erfindungen bis heute anhält. Die intensive Nutzung des Feuers war Auslöser vieler Entwicklungssprünge. Mit der zunehmenden Nutzung fossiler Energien im Mittelalter und mehr noch der rasanten Zunahme im frühen Industriezeitalter des 18. Jahrhunderts zogen die Rauchgase nicht mehr ab, sondern vergifteten die Luft der Innenstädte permanent. Der Mensch muss daher einen zunehmenden Teil seiner technischen Entwicklungsarbeit in die Beschränkung der damit verbundenen Technikfolgen aufwenden. Wie das möglich ist, zeigt die Entwicklung der Energiegewinnung beginnend mit der Dampfmaschine, elegant fortgesetzt in der Anwendung des Elektromotors bis zur heutigen Photovoltaikanlage, mit der ein (fast) rauchgasfreier Zugang zu universell nutzbarer Energie möglich ist.

Die Abwehr von Noxen ist Teilaufgabe von Hygiene. Körperhygiene ist bei allen, besonders bei höheren Lebewesen angelegt. Tiere verbringen einen Teil des Tages mit Körperpflege, körpernahe Hygiene ist epidemiologisch angelegt. Nach dem Digitalen Wörterbuch der deutschen Sprache hat Hygiene mehrere Bedeutungen (DWDS 2022). In der Übersetzung aus dem Griechischen bedeutet Hygiene Gesundheitslehre. In diesem Sinne steht sie für die Verhütung und Bekämpfung vornehmlich von Infektionskrankheiten. Der sesshafte Mensch hat seinen „Hygieneradius" ausgedehnt. Er reicht augenfällig bis zur Haus- oder Gartentür.

Die Seuchen des Mittelalters schärften die Wachsamkeit gegenüber tödlichen Krankheiten. Ende des 19. Jahrhunderts wurden viele Menschen von der Cholera-Seuche hinweggerafft. Die eigentliche Gefahr ging von einer lange Zeit unerkannten Quelle aus, dem verseuchten Brunnenwasser. Die neuen Erkenntnisse über Mikroorganismen entfachten einen Hygieneboom. So putzten laut Berufsstatistik im Jahr 1882 1,3 Mio. Dienstmädchen in deutschen Haushalten. Im Zuge der Hygienemaßnahmen wurden alle Oberflächen gereinigt, Wände, Böden, Glas. Der Erfolg ist sofort sichtbar, da Schmutz besonders auf glatten Flächen gut zu erkennen ist. Gleichzeitig mussten die Zimmeröfen beschickt werden, was die Luft mit gesundheitsschädlichem Rauch verseuchte. Der Rauch wurde gegenüber der Cholera als das kleinere Übel angesehen und hingenommen. (Blenke P und Schuster U 2005).

Hygiene darf nicht vor der eigenen Haustür enden. Im Gemeinschaftsbereich Bürgersteig lässt die Hygieneverantwortung aber spürbar nach. Die Römer und die Städteverwaltungen im Mittelalter hatten stets Mühe, die Bürger zum Beseitigen von Unrat vor ihren Häusern zu bewegen. Für die Luft als Gemeinschaftsgut gilt diese Zurückhaltung im verschärften Maße, daher wurden staatliche Regelungen notwendig. Der Hygieneradius des Menschen hat sich ständig ausgeweitet und schließt heute die ganze Welt ein, ausgenommen ist nur noch der Satellitengürtel der Erde.

Die gesetzlichen Regelungen zum Schutz der Atemluft erfassen die Räume mit dem höchsten Gefährdungspotenzial für die menschliche Gesundheit: den Arbeitsplatz, die Luft im Freien und die Luft im Innenraum. Arbeits- und Umweltministerium teilen sich die Aufgaben. Für die Luft am Arbeitsplatz ist das Arbeitsministerium verantwortlich, für die Luft im Freien das Umweltministerium und für den Innenraum spricht das Umweltministerium Empfehlungen aus. Ausführende Ämter sind die Bundesanstalt für Arbeitsschutz und Arbeitsmedizin sowie das Umweltbundesamt. Der Deutsche Wetterdienst wirkt unterstützend, auch durch die Aufbereitung der Daten seiner Messnetze (DWD-Luftqualität, 2022).

1.5.4 Gewerbefreiheit und Immissionsschutz

Mit der Französischen Revolution endete die Herrschaft der Zünfte. Danach führte Preußen 1810 die Gewerbefreiheit ein – mit der Folge eines kräftigen Wirtschaftswachstums. Das ungezügelte Wachstum hatte auch Nachteile wie verseuchtes Wasser, schmutzige Luft, Lärm und soziale Schieflagen. Der Staat musste regulierend eingreifen. Im Jahr 1869 wurde die Gewerbeordnung erlassen, um die negativen Folgen des Wachstums einzugrenzen. In der Zeit der Weltkriege des 20. Jahrhunderts trat die Lufthygiene in den Hintergrund. Erst 1964 wurde die „Technische Anleitung Luft" als Verwaltungsvorschrift des Bundes erlassenden. Mit der TA Luft wurden die Gewerbeaufsichtsämter zu einheitlichem Vorgehen bei der Genehmigung und Kontrolle der Emissionen von Industrie und Gewerbe verpflichtet. Das Gewerberecht ist nach dem Grundgesetz Gegenstand der konkurrierenden Gesetzgebung, d. h., die Länder haben die Befugnis, einschlägige Vorschriften zu erlassen, solange der Bund von seinem Gesetzgebungsrecht selbst keinen Gebrauch macht. Alle wichtigen, das Gewerbe betreffenden Gesetze sind heute bundesrechtlicher Natur (dtv 5004, 1974). Im Jahr 1974 wurden die nach § 16 Gewerbeordnung (GewO) genehmigungsbedürftigen Anlagen in das Bundes-Immissionsschutzgesetz überführt. Neu an dem Gesetz ist das Prinzip der Vorsorge gegenüber der Begrenzung der Emission von Luftschadstoffen, das gleichberechtigt neben den Schutz vor Immissionen dieser Schadstoffe gestellt wird. Ein Rückblick auf die langjährige Entwicklung der Luftüberwachung zeigt Abb. 1.9.

Mit dem Heraufziehen des Industriezeitalters ab Mitte des 18. Jahrhunderts nahmen die Schadstoffbelastungen der Luft stark zu. Der Schadstoffeintrag in die Luft war so groß, dass die Verdünnung der

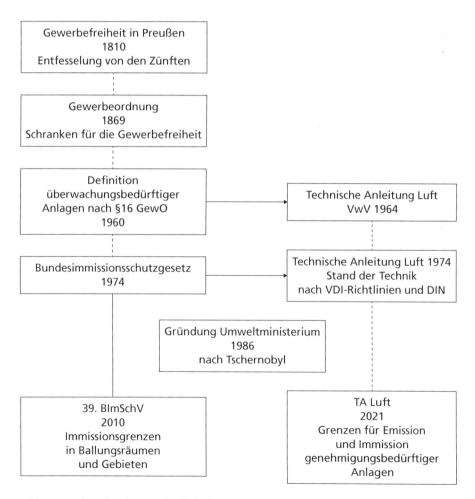

Abb. 1.9 Chronik der Außenluftüberwachung (V = Verordnung; VwV = Verwaltungsvorschrift)

Schadstoffe in der Luft nicht ausreichte und zu starken gesundheitlichen Beeinträchtigungen der Bevölkerung führte. Ursache war die starke
Zunahme der Verbrennung fossiler Brennstoffe. Die ersten Maßnahmen
zur Verbesserung der Luftqualität zielten auf die Reduktion der Emission
der Schadstoffe ab. Dabei dominierte der Bestandsschutz der emittierenden
Anlagen vor dem Streben nach allgemeiner Verbesserung der Luft am
Wohnort. Die in den Fabriken hergestellten Güter wurden als unverzichtbar angesehen, der Transport von Reisenden und Gütern war erwünscht
und gut beheizte Wohnungen willkommen. Der Fortschritt bescherte den
Menschen einen berauschenden Gewinn an vermeintlicher Lebensqualität, die damit verbundenen Beeinträchtigungen wurden als unangenehme
Begleiterscheinungen in Kauf genommen. In diesem Kreislauf befinden wir
uns noch heute.

Für die Vorteile, sich materielle Güter und sichere Reisen leisten zu
können, nahmen die Bürger die Nacheile rauchender Schornsteine schulter-
zuckend hin. Ein geflügeltes Wort war: „Von irgendetwas muss der Schornstein rauchen." Die Luftverschmutzung durch Rauch und SO_2 wurde
so zunächst als Belästigung angesehen. Ihr Gehalt in der Luft wurde in
London seit 1932 gemessen. Erst der markante Höhepunkt der Umwelt-
verschmutzung, das „Great Smog"-Ereignis im Dezember 1952 in London,
rüttelte den Gesetzgeber wach. Eine austauscharme Wetterperiode von
drei Tagen führte damals zu einem undurchdringlichen Gemisch aus Ruß
und Nebel. Kinder verloren die Orientierung auf dem Weg zur Schule und
mussten zu Hause bleiben, 4000 Menschen starben vorzeitig an Lungen-
und atemwegsbedingtem Herz-Kreislauf-Versagen.

Im daraufhin 1956 in London erlassenen Clean Air Act wurden die
häuslichen offenen Kamine und Großfeuerungsanlagen reglementiert. Eingesetzte Brennstoffe durften nur rauchfrei verbrennen und nicht zu schwarz
qualmenden Kaminen führen. Die Luftqualität wurde nach der Farbe des
Rauches beurteilt. Der den Briten heilige Fire Place mit seiner sozialen
Funktion musste auf emissionsarm umgestellt werden. Die Regulierung
der Emissionsseite war über Jahrzehnte erfolgreich. Die Luftschadstoffe
wurden fortan stark reduziert und der Rest durch hohe Schornsteine aus
dem Quellgebiet abgeleitet. Der anfänglichen Verharmlosung der Wirkung
von Emissionen folgte mit dem Clean Air Act eine spürbare Verbesserung
für den Großraum London. 50 Jahre nach dem Smog-Ereignis konnte der
Bürgermeister von London über eine Erfolgsgeschichte der Luftverbesserung
für seine Stadt berichten (Great Smog 1952). 20 Jahre mussten vergehen, bis
die Europäische Gemeinschaft damit begann, länderübergreifend für saubere

Luft in Europa zu sorgen. Die USA verabschiedete ihren Clean Air Act im
Jahr 1963.

Wegen der grenzüberschreitenden Ausbreitung belasteter Luft haben die
Staaten Europas der Europäischen Union die Gesetzesinitiative auf dem
Gebiet der Luftreinhaltung übertragen. In der EWG-Richtlinie von 1970
über Maßnahmen gegen die Verunreinigung der Luft durch Abgase von
Kraftfahrzeugmotoren mit Fremdzündung wird die Verunreinigung der
Luft durch Kraftfahrzeuge grenzüberschreitend kontrollierbar (70/220/
EWG, 1970). Als zusätzliches wichtiges Motiv geht es um einheitliche
Wettbewerbsregeln für konkurrierende Autobauer in Europa. Die Mit-
gliedstaaten übertragen die Richtlinien der Gemeinschaft in Landesgesetze.
Die Europäische Gemeinschaft kann auch Verordnungen erlassen, die
unmittelbar in den Mitgliedstaaten ohne Umsetzung in nationales Recht
Gültigkeit haben. Ihre Zahl ist gegenüber den Richtlinien gering. Eine
Europäische Verordnung befasst sich beispielsweise mit dem Schutz der
Ozonschicht (VO 2037/2000 EG,2000).

Im Jahr 1973 verabschiedete die EG ihr 1. Umweltaktionsprogramm
mit dem Ziel, grenzüberschreitende Luftverschmutzung zu kontrollieren.
Hintergrund der EG-Aktivitäten war der Schutz der menschlichen Gesundheit, aber auch die Herstellung gleicher Wettbewerbsbedingungen in den
Mitgliedstaaten der Europäischen Gemeinschaft. Schon zu diesem Zeitpunkt übernahm die EG nicht allein die Initiative für die Beschränkung
von Emissionen stationärer und beweglicher Anlagen, sondern auch für die
landesweiten Immissionen in den Wohngebieten des Landes.

Während bei der europäischen Richtlinie von 1970 über die Verunreinigung der Luft durch Kraftfahrzeuge (70/220/EWG,1970) die
Emission im Vordergrund stand, zielte die Richtlinie von 1980 über
Grenzwerte für zwei Luftschadstoffe, Schwefeldioxid und Schwebstaub
(80/779/EWG,1980) auf den Schutz der menschlichen Gesundheit in den
Gebieten der Mitgliedsländer ab. Mit der Festlegung von Höchstgrenzen
für die beiden Luftschadstoffe Schwefeldioxid und Schwebstaub bekamen
die Bürger einklagbare Luftqualitätsmerkmale an die Hand. Erweiterten
Schutz brachte das 5. Umweltaktionsprogramm der EWG von 1992 mit der
Rahmenrichtlinie von 1996 (96/62/EG,1996) über die Beurteilung und die
Kontrolle der Luftqualität. Darin wurden für zwölf Luftschadstoffe Grenzwerte festgelegt, wie sie, cum grano salis, in Tab. 1.3 verzeichnet sind. Die
Richtlinie enthält auch Leitwerte, die in absehbarer Zukunft erreicht werden
müssen, falls die Grenzwerte im Augenblick nicht erreichbar sind.

1.5.5 Umweltinformationsgesetz

Zwischen den Jahren 1973 und 2002 verabschiedete die Europäische Gemeinschaft sechs epochemachende Umweltprogramme zur Verbesserung der Luftverhältnisse in Europa. Im Laufe der Programme zeigte sich immer deutlicher, dass die gesamte Bevölkerung als Unterstützer ins Boot geholt werden sollte, auch um die Abkehr von gewachsenen Besitzständen zu unterstützen. Als Ergebnis des 4. EG-Umweltaktionsprogramms von 1987 wurde die Europäische Richtlinie über den freien Zugang zu Informationen über die Umwelt erarbeitet (90/313/EWG, 1990), die für alle EG-Staaten verbindlich wurde, zunächst für die Staaten, nicht für ihre Bürger. In der Europäischen Union sollen damit alle Bürger Zugang zu Umweltdaten erhalten, um so zu umweltfreundlichem Verhalten bewegt zu werden. Um dieses Ziel zu erreichen, ist der Staat verpflichtet, Daten über den Zustand der Umwelt, bestehend aus Luft, Atmosphäre, Wasser oder Landschaft, zu veröffentlichen. Dazu gehören auch Daten über Energie, Lärm und nicht zuletzt über Emissionen. 1994 erfolgte die Umsetzung in deutsches Recht als Umweltinformationsgesetz. Inzwischen gibt es eine Nachfolgerichtlinie (2003/4/EG, 2003) mit der Umsetzung in deutsches Recht von 2005 (UIG 2005). Mit diesem Gesetz erhält jeder Bürger der Bundesrepublik Zugriff auf Daten über Luft, aber auch Informationen über alle anderen Umwelt-komponenten wie Wasser, Boden, Emissionen, Immissionen, Lärm, Strahlung, Energie, Abfall. Der Anspruch des Zugriffs auf Umweltdaten für jeden Bürger bedeutete eine neue Rechtspraxis. Bisher hatten, ver-allgemeinernd gesagt, nur Prozessbeteiligte Anspruch auf Informationen, möglicherweise unter Einschaltung eines Anwaltes.

Neu für das deutsche Rechtsverständnis ist darin das Auskunftsrecht der Bürger auch außerhalb laufender Verwaltungsverfahren (Kluth Smeddingk 2013). In den Landesämtern für Natur- und Umweltschutz können aktuelle Daten zu Emissionen und Immissionen im interessierenden Gebiet abgerufen werden. Beispielsweise kann jeder die Messwerte für die Luft-belastung ausgewählter Schadstoffe für die Messstelle in seiner Nachbar-schaft abrufen. Die einzelnen Landesämter stellen die Daten tagesaktuell ins Netz. Bei den Emissionen ist zu bedenken, dass die Emissionserklärungen dann nicht veröffentlicht werden, wenn beispielsweise der Wettbewerb aus der Abgaszusammensetzung auf das Produktionsverfahren schließen könnte.

Ein Beispiel für offensive Information zeigt sich im Luftqualitätsindex des Umweltbundesamtes (UBA-Index 2022). Er wird aus drei Messwerten gebildet: Stickstoffdioxid (NO_2), Feinstaub (PM_{10}) und Ozon (O_3). Diese

Komponenten werden mehrfach täglich an über 400 Stationen in der Bundesrepublik gemessen und ins Netz gestellt. Jeder kann die Luftgütewerte in seinem Wohnumfeld im Netz einsehen, sie stehen auch per Smartphone-App zur Verfügung. In Ballungsgebieten gibt es mehrere Messstellen, im ländlichen Gebieten gelten sie auch als industrieferne Hintergrundbezugspunkte.

Das Umweltbundesamt unterhält sieben eigene Messstationen für die Verfolgung von Luftinhaltsstoffen in globalen Luftströmen (UBA-Netz 2022). Die in den Messstationen der Bundesländer ermittelten Immissionsdaten werden ebenfalls ins Netz gestellt (UBA-Ländernetze 2022). Die Belastung am persönlichen Standort muss unter Berücksichtigung der Entfernung von der Messstelle und Windrichtung abgeschätzt werden.

Die drei gemessenen Werte des Luftqualitätsindex haben eine Schlüsselstellung als Verursacher von Atemwegserkrankungen, die sich mit der Zeit progressiv entwickeln. Die Messwerte für den Luftqualitätsindex werden in ihrem zeitlichen Verlauf dargestellt. Die Luftgüte reicht von „sehr gut" bis „sehr schlecht". Viele Messwerte fallen in den Bereich „sehr gut" bis „gut", begünstigt durch frischen Wind. Die Wertungen beziehen sich auf die Grenzwerte des Bundes-Immissionsschutzgesetzes. Das darf nicht darüber hinwegtäuschen, dass diese Werte einen gesellschaftlichen Kompromiss aus technisch Möglichem und gesundheitlich Machbarem darstellen. Für die Gesundheit der Lunge wäre es schonender, wenn im überwiegenden Teil unserer Lebenszeit der so definierte Luftqualitätsindex einen Wert gegen null anzeigen würde.

Die einzelnen Landesregierungen oder die ihnen angegliederten Behörden stellen selbst alle gemessenen Daten in Eigenregie ins Netz. Unter dem Titel „Umweltdaten vor Ort" bietet beispielsweise das Umweltministerium NRW Zugang zu allen Luftmesswerten seiner etwa 60 Messstationen an (Umweltdaten NRW 2022).

Literatur

Schuh Angela (2007) Biowetter, Wie das Wetter unsere Gesundheit beeinflusst. Beck Wissen, München

Asbest (2018) Asbest in UmweltWissen – Abfall, Asbest. Bayerisches Landesamt für Umwelt 2014 S. 7, Überarbeitung 2018. https://www.lfu.bayern.de/buerger/doc/uw_9_asbest.pdf. Zugegriffen: 21. Apr 2022

ASR A3.6 (2018) Technische Regeln für Arbeitsstätten, Lüftung 2012. Fassung GMBI 2018 S.474

Bach M (2008) Äolische Stofftransporte in Agrarlandschaften. Chr.-Alb.-Universität Kiel, Diss 2008

Bagnold RA (1971) The Physics of blown sand and dessert dunes. Chapman & Hall, London, S 1941 Reprint 1971

Blenke P, Schuster U (2005) Götter, Helden, Heinzelmännchen. Ein Streifzug durch die Geschichte der Sauberkeit und Hygiene von der Antike bis zur Gegenwart. 2005 JUNGsVerlag Limburg a. d. L

Blome (2005) H. Blome, W. Pflaumbaum, M. Berges Von den Technischen Richtkonzentrationen zu den Arbeitsplatzgrenzwerten der neuen Gefahrstoffverordnung Gefahrstoffe - Reinhaltung der Luft, 65 (2005) Nr.1/2 S.23–30, abrufbar als PDF beim Institut für Arbeitsschutz der DGUV (IFA)

Beckröge W (1999) Windfeld in A Helbig J Baumüller M J Kerschgens (Hrsg) Stadtklima und Luftreinhaltung, Springer 1999

BfU (2008) Bundesministerium für Umwelt, Naturschutz und Reaktorsicherheit, Gesetzentwurf Erstes Buch Umweltgesetzbuch vom 04.12.2008. Als Erkenntnisquelle. https://www.bmuv.de/fileadmin/Daten_BMU/Download_PDF/Gesetze/ ugb1_allgem_vorschriften_mai08.pdf. Zugegriffen: 5. Okt 2021

BImSchG (2022) Bundesamt für Justiz, Gesetze im Internet. https://www.gesetze-im-internet.de/bimschg/index.html. Zugegriffen: 17. Jan 2022

39. BImSchV 2022 Verordnung über Luftqualitätsstandards und Emissionshöchstmengen. https://www.gesetze-im-internet.de/bimschv_39/

Brockhaus (1967) Brockhaus Enzyklopädie, Band 2 1967, Enzyklopädie in 24 Bänden 1966–1976, F.A. Brockhaus Wiesbaden

Brockhaus (1968) Brockhaus Enzyklopädie, Band 4 1968, F.A. Brockhaus, Wiesbaden

Brockhaus (1970) Brockhaus Enzyklopädie, Band 11 1970, F.A. Brockhaus, Wiesbaden

Brockhaus (1974) Brockhaus Enzyklopädie, Band 20 1974, F.A. Brockhaus, Wiesbaden

Cosgrove, (1999) B Cosgrove Das Wetter. Wolken, Winde und Prognosen. Delius Klasing Verlag, Bielefeld 1999

DIN 1946-6, 2009 Deutsches Institut für Normung, Raumlufttechnik, Lüftung von Wohnungen

DIN EN 481, 1993 Arbeitsplatzatmosphäre; Festlegung der Teilchengrößenverteilung zur Messung luftgetragener Partikel

DIN EN 15251, 2012 Deutsches Institut für Normung. Eingangsparameter für das Raumklima zur Auslegung und Bewertung der Energieeffizienz von Gebäuden – Raumluftqualität, Temperatur, Licht, Akustik (EN Europäische Norm). Beuth Verlag 2012

DIN EN 16798–1, 2017 Energetische Bewertung von Gebäuden - Lüftung von Gebäuden - Teil 1: Eingangsparameter für das Innenraumklima zur Auslegung und Bewertung der Energieeffizienz von Gebäuden bezüglich Raumluftqualität, Temperatur, Licht und Akustik, Beuth, Berlin

DIN EN ISO 7730, 2006 Ergonomie der thermischen Umgebung - Analytische Bestimmung und Interpretation der thermischen Behaglichkeit

dtv 5004, 1974 Beck-Texte. Gewerbeordnung Handwerksordnung Gaststätten-gesetz Ladenschlussgesetz Bundes-Immissionsschutzgesetz, 9. Auflage 1974

DWD-Leistungen 2021 Thermischer Gefahrenindex, Deutscher Wetterdienst, Leistungen. https://www.dwd.de/DE/leistungen/gefahrenindizesthermisch/gefahrenindizesthermisch.html. Zugegriffen: 20. Nov. 2021

DWD-Wetterfühlige 2022 Deutscher Wetterdienst, Leistungen, Gefahrenindizes für Wetterfühlige https://www.dwd.de/DE/leistungen/gefahrenindizesbiowetter/gefahrenindizesbiowetter.html

DWD-Luftqualität, 2022 Deutscher Wetterdienst, Luftqualität unter der Lupe, Freiburg. Broschüre https://www.dwd.de/SharedDocs/broschueren/DE/medizin/broschuere_luftqualitaet.pdf?__blob=publicationFile&v=2

DWDS (2022) Digitales Wörterbuch der deutschen Sprache, Berlin-Brandenburgische Akademie der Wissenschaften. https://www.dwds.de/wb/Hygiene. Zugegriffen: 9. Febr 2022

96/62/EG,1996 Europäische Richtlinie über die Beurteilung und Kontrolle der Luftqualität. https://eur-lex.europa.eu/LexUriServ/LexUriServ.do?uri=CONSLEG:1996L0062:20080611:DE:PDF

2003/4/EG, 2003 Neue Richtlinie über den Zugang der Öffentlichkeit zu Umweltinformationen (ersetzt 90/313/EWG). https://eur-lex.europa.eu/legal-content/DE/TXT/?uri=CELEX:32003L0004   https://eur-lex.europa.eu/legal-content/DE/TXT/PDF/?uri=CELEX:32003L0004&from=CS

2008/50/EG, 2008 Europäische Richtlinie über Luftqualität und saubere Luft für Europa. https://eur-lex.europa.eu/legal-content/DE/TXT/PDF/?uri=CELEX:02008L0050-20150918

70/220/EWG, 1970 Maßnahmen gegen die Verunreinigung der Luft durch Abgase von Kraftfahrzeugmotoren mit Fremdzündung, EWG- Richtlinie 1970, EUR-Lex. Document 31970L0220. https://eur-lex.europa.eu/legal-content/de/ALL/?uri=CELEX:31970L0220. Zugegriffen: 12. Febr 2022

80/779/EWG, 1980 Grenzwerte und Leitwerte der Luftqualität für Schwefeldioxid und Schwebestaub. https://eur-lex.europa.eu/legal-content/DE/TXT/?uri=celex:31980L0779

90/313/EWG, 1990 Richtlinie über den freien Zugang zu Informationen über die Umwelt. https://eur-lex.europa.eu/legal-content/DE/ALL/?uri=CELEX%3A31990L0313

Fanger PO (1972) Thermal Comfort. Analysis and Applications in Environmental Engineering, McGraw-Hill New York

gesundheit (2022) Bundesministerium für Soziales, Gesundheit, Pflege und Konsumentenschutz. https://www.gesundheit.gv.at/leben/ernaehrung/info/fluessigkeitsbedarf

Great Smog 1952, Mayor of London, 50 years on – The struggle for air quality in London since the great smog of December 1952, Greater London Authority,

ISBN 1 85261 428 5. https://cleanair.london/app/uploads/CAL-217-Great-Smog-by-GLA-20021.pdf

Hardy A L (2005) Ärzte, Ingenieure und die städtische Gesundheit. Medizinische Theorien in der Hygienebewegung des 19. Jh. Campus Verlag, Frankfurt

Herman 2016 I P Herman Physics of the Human Body 2d ed. S. 623 Springer International Publishing Switzerland 2016

Hörner, Casties (Hrsg) (2015) Handbuch der Klimatechnik, Band 1 Grundlagen, 6. Aufl. VDE Verlag

Jendritzky G, Grätz A (1999) Das Bioklima des Menschen in der Stadt in Helbig A, Baumüller J, Kerschgens M J (Hrsg) Stadtklima und Luftreinhaltung, 2. Aufl.

Junqueira (1996) Junqueira Carneiro Histologie, Zytologie, Histologie und mikroskopische Anatomie des Menschen. Nasenhöhle 4. Aufl. Springer, S 444 ff

Kluth W, Smeddinck U (2013) Umweltrecht, Ein Lehrbuch. Springer Spektrum, S 55

Kraft (2020) Kraft M. Atmen Sie jetzt tief ein! Von der Arbeit des Ausschusses für Innenraumrichtwerte (AIR). Bundesgesundheitsbl 63, 1187–1188. https://doi.org/10.1007/s00103-020-03219-3

LANUV NRW (2020), Jahreskenngrößen und Jahresberichte NRW: Berichte der Länder zu Luftdaten, hier NRW. https://www.lanuv.nrw.de/umwelt/luft/immissionen/berichte-und-trends/jahreskenngroessen-und-jahresberichte

MAK (1955) 50 Jahre MAK-Kommission, Erfolgreiche Konzepte der Gefahrstoffbewertung, Senatskommission zur Prüfung gesundheitsschädlicher Arbeitsstoffe der Deutsche Forschungsgemeinschaft, 2007 WILEY-VCH Verlag GmbH & Co. KGaA, Weinheim, ISBN: 978-3-527-32107-0. Abgerufen 8.2.2022 file:///C:/Users/CHRIST~1/AppData/Local/Temp/50_jahre_mak.pdf

MAK-Liste (2022) https://series.publisso.de/de/pgseries/overview/mak/lmbv/curIssue

Möller D (2003) Luft. Chemie, Physik, Biologie, Reinhaltung, Recht. Walter de Gruyter, Berlin New York

Oertel H jr. (2022) Hrsg Prandtl – Führer durch die Strömungslehre, Grundlagen und Phänomene, 15. Auflage Springer-Vieweg, Wiesbaden

OSHA 1910.134 Respiratory Protection, Occupational Safety and Health Standards CRF 1910.134, US Department of Labor. https://www.osha.gov/laws-regs/regulations/standardnumber/1910/1910.134. Zugegriffen: 2. Nov. 2021

Schmidt, Thews (1997) Physiologie des Menschen, Springer, S 587

Uhland Ludwig (1811) Dichter und Germanist. Hartman, Schmidt: Gedichte, 1898 in Brockhaus Enzyklopädie, Band 19 1974, F.A. Brockhaus, Wiesbaden

Vaupel P, Schaible H-G, Mutschler E (2015) Anatomie, Physiologie, Pathophysiologie des Menschen Wissenschaftliche Verlagsgesellschaft mbH Stuttgart

TA Luft (2021) GMBl Ausgabe 48–54/2021, S. 1050 - 1193. Frei zugänglich unter http://www.verwaltungsvorschriften-im-internet.de/bsvwvbund_18082021_IGI25025005.htm

TRGS 900, 2022 Ausschuss für Gefahrstoffe (AGS), Technische Regeln für Gefahrstoffe, Arbeitsplatzgrenzwerte. BArBl. Heft 1/2006 S. 41–55. Zuletzt geändert und ergänzt: GMBl 2022, S. 161–162 [Nr. 7] (vom 25.02.2022). https://www.baua.de/DE/Angebote/Rechtstexte-und-Technische-Regeln/Regelwerk/TRGS/TRGS-900.html

UBA (2021) Umweltbundesamt. Historie Umweltgesetzbuch. https://www.umweltbundesamt.de/umweltgesetzbuch#grunde-fur-ein-umweltgesetzbuch. Zugegriffen: 5. Okt 2021

UBA-Index, 2022 Umweltbundesamt. Luftdaten, Luftqualitätsindex für NO_2, PM_{10}, Ozon. https://www.umweltbundesamt.de/daten/luft/luftdaten

UBA-Ländernetze, 2022 Umweltbundesamt, Luftmessnetze der Bundesländer. https://www.umweltbundesamt.de/themen/luft/messenbeobachtenueberwachen/luftmessnetze-der-bundeslaender

UBA-Netz,2022 Umweltbundesamt. Luftmessnetz des Umweltbundesamtes. https://www.umweltbundesamt.de/themen/luft/messenbeobachtenueberwachen/luftmessnetz-des-umweltbundesamtes

UIG 2005 Umweltinformationsgesetz. https://www.gesetze-im-internet.de/uig_2005/BJNR370410004.html

Umweltdaten NRW 2022 Umweltdaten vor Ort, Themenkarte Luftqualität, Ministerium für Umwelt, Landwirtschaft, Natur- und Verbraucherschutz des Landes NRW: abgerufen 11.02.2022: https://www.uvo.nrw.de

Uni Leipzig (2021) Wortschatzportal. https://corpora.uni-leipzig.de/de/res?corpusId=deu_news_2020&word=Luft. Zugegriffen: 28. Dez 2021

VDI 3783 Blatt 8 2017 Verein Deutscher Ingenieure, VDI-Richtlinie. Umweltmeteorologie/Messwertgestützte Turbulenzparametrisierung für Ausbreitungsmodelle

VDI 3787–2, 2021 Entwurf, Umweltmeteorologie, Methoden zur human-biometeorologischen Bewertung der thermischen Komponente des Klimas

VO 2037/2000 EG, 2000, Stoffe, die zu einem Abbau der Ozonschicht führen https://eur-lex.europa.eu/legal-content/DE/ALL/?uri=CELEX%3A32000R2037

wiki-commons 2022 Ausschnitt aus Ara Pacis. WikiCommons. https://de.wikipedia.org/wiki/Datei:AraPacisBackside.jpg

WWF 2015 Nahrungsmittelverbrauch und Fußabdrücke des Konsums in Deutschland 2015 WWF Deutschland, Berlin file:///C:/Users/CHRIST~1/AppData/Local/Temp/WWF_Studie_Nahrungsmittelverbrauch_und_Fussabduecke_des_Konsums_in_Deutschland.pdf

DWD Deutschwer Wetterdienst. Lexikon. Klima. Klima-Michel-Modell

DWD Michel 2022. Deutscher Wetterdienst, Wetter- und Klimalexikon, Klima-Michel-Modell https://www.dwd.de/DE/service/lexikon/Functions/glossar.html?nn=103346&lv2=101334&lv3=101438

2

Gesetzliche Schadstoffbegrenzung

Zusammenfassung Bundes-Immissionsschutzgesetz und Kreislaufwirtschaftsgesetz sind die Basisgesetze des Umweltschutzes. Dabei ist die Luft nur eines von mehreren schützenswerten Umweltgütern. Den Schutz der Außenluft stellen nachgeschaltete Verordnungen und Verwaltungsvorschriften sicher, deren große Zahl allein schon die Komplexität der Aufgabe verdeutlicht. In der Luft im Freien sind alle Bürger*innen durch die Verordnung über Luftqualitätsstandards und Emissionshöchstmengen der 39. BImSchV geschützt. Die nach der Verordnung überwachten Schadstoffe und ihre Höchstkonzentrationen in der Luft werden ebenso vorgestellt wie die landesweiten Messnetze zur Überwachung der Grenzwerte. Ein besonderes Thema ist die Immission aus Industrieschornsteinen. Dazu wird die zuständige Verwaltungsvorschrift „Technische Anleitung Luft" analysiert und gezeigt, wie der Schutz der Nachbarschaft mithilfe einer Ausbreitungsrechnung sichergestellt wird. Die Überwachung der Luft am Arbeitsplatz hat Pionierfunktion in der Luftreinhaltung. Die Zusammenarbeit von Medizin und Politik offenbart eine über viele Jahre während Erfolgsgeschichte. Symbolisiert werden beide Bereiche durch die Maximale Arbeitsplatzkonzentration aufseiten der Medizin und die Arbeitsplatzgrenzwerte aufseiten der Politik. Wegen ihrer Bedeutung für die Gesundheit aller Menschen werden im Folgenden Meilensteine in der Entwicklung beider Bereiche beschrieben und tabellarisch und gut überschaubar dargestellt. Eingegliedert in diese Betrachtung ist der Umgang mit gefährlichen, krebserregenden Arbeitsstoffen.

© Springer-Verlag GmbH Deutschland, ein Teil von Springer Nature 2023
C. Rüger, *Luft und Gesundheit,* https://doi.org/10.1007/978-3-662-66767-5_2

2.1 Bundesgesetze und ihre Verordnungen

Die Schaffung hygienischer Luft ist ein globales Thema. Die Weltgesundheitsorganisation WHO gibt für ubiquitäre Luftschadstoffe Zielwerte in etwa 10-jähriger Abfolge heraus, die aufgrund epidemiologischer Studien gewonnen wurden – zuletzt in den „WHO global air quality guidelines" für $PM_{2,5}$, PM_{10}, Ozon, NO_2, SO_2 und Kohlenmonoxid (WHO 2021).

In Europa hat die Europäische Union die Regelsetzung für Umweltschutz und besonders für die Außenluft übernommen. Ihre Richtlinien sind bindend für die EU-Staaten, diese müssen sie in Gesetze für ihre Bürger umsetzen. Vorordnungen der EU gelten direkt in den Mitgliedstaaten.

2.1.1 Bundes-Immissionsschutzgesetz

Das Bundes-Immissionsschutzgesetz vereint in sich zwei Ziele. Als Erstes übernimmt es aus der Gewerbeordnung die §§ 16–28, betreffend Anlagen, die einer besonderen Überwachung bedürfen. Dabei geht es um die Kontrolle der Emissionen der vielen Arten von Betrieben mit ihren jeweils speziellen Produktionsweisen einschließlich der jeweils gewerbespezifischen Emissionshöchstmengen. Vor der Emission liegt ein umweltrelevanter Produktionsvorgang: Die unvermeidlichen Prozessabgase werden gesammelt und über einen in der Höhe angepassten Kamin in die freie Luftströmung abgegeben, in der sie sich bis zur gesundheitlichen Unbedenklichkeit für die Nachbarschaft verdünnen sollen. Die Lösung dieser Aufgabe ist anspruchsvoll. Schon vor Erlass des Bundes-Immissionsschutzgesetzes gab es die Technische Anleitung Luft. Sie gab den Behörden der Länder für die sog. § 16-Anlagen der Gewerbeordnung eine Anleitung an die Hand, mit der emittierende Anlagen hinsichtlich ihrer Immissionsauswirkungen auf benachbarte Wohngebiete gleiche Auflagen erhalten. Eine Chronik der Luftüberwachung seit dem Beginn der Gewerbefreiheit im Anschluss an die Französische Revolution wird in Abb. 1.10 gezeigt.

Neu am Bundes-Immissionsschutzgesetz ist neben der Emissionsbegrenzung in seinem ersten Teil der Name gebende zweite Teil, die Begrenzung der Immissionen in der Nachbarschaft der Betriebe und auch in weiter entfernt liegenden Wohngebieten. Das Gesetz schafft einen Ausgleich zwischen dem Recht auf freie Gewerbeausübung (GG Art.12 und § 906 BGB) und dem damit oft verursachten Missstand der Luftverschmutzung.

Das Bundes-Immissionsschutzgesetz kann als das „Grundgesetz" der Luftreinhaltung angesehen werden. Daneben sorgen Ländergesetze und Satzungen der Gemeinden dafür, schädliche Emissionen zu drosseln. Das Bundes-Immissionsschutzgesetz hat im Jahre 1974 das Gewerberecht hinsichtlich der Emissionen von Anlagen abgelöst und machte den Weg frei für blauen Himmel, nicht nur über dem Ruhrgebiet.

Zweck des Gesetzes ist es nach § 1 BImSchG, „(1) Menschen, Tiere und Pflanzen, den Boden, das Wasser, die Atmosphäre sowie Kultur- und sonstige Sachgüter vor schädlichen Umwelteinwirkungen zu schützen und dem Entstehen schädlicher Umwelteinwirkungen vorzubeugen. (2) Soweit es sich um genehmigungsbedürftige Anlagen handelt, dient dieses Gesetz auch der integrierten Vermeidung und Verminderung schädlicher Umwelteinwirkungen durch Emissionen in Luft, Wasser und Boden unter Einbeziehung der Abfallwirtschaft, um ein hohes Schutzniveau für die Umwelt insgesamt zu erreichen, sowie dem Schutz und der Vorsorge gegen Gefahren, erhebliche Nachteile und erhebliche Belästigungen, die auf andere Weise herbeigeführt werden."

In den acht als schützenswert genannten Gütern des Gesetzes kommt das Lebensmittel Luft, die Atemluft, selbst nicht direkt vor. In den Verordnungen zum Gesetz wird Luft als Außenluft der Troposphäre definiert. Der Schutz vor Immissionen wird wesentlich durch Begrenzung, Kontrolle und Reduktion der Emissionen hergestellt.

Das Gesetz soll die Menschen vor den schädlichen Emissionen von Industrie- und Gewerbeanlagen sowie Verbrennungsmotoren schützen. Denn alle Emissionen von Luftschadstoffen werden zu Immissionen. Unter Immission wird hier der Schadstoffgehalt der Luft verstanden. Der Ausweg aus dem Dilemma: Reduzierung der Emissionen und Verdünnung auf unbedenkliche Konzentrationen durch Schornsteine. Dabei ist zu bedenken, dass das Gesetz dem produzierenden Gewerbe für eine begrenzte Zeitspanne die Garantie gibt, seine Anlagen bestimmungsgemäß betreiben zu dürfen. Den Anwohnern bleibt nur, sich darauf einzustellen. In Zeitabständen müssen die Herstellverfahren hinsichtlich der Emissionen auf den Stand der Technik gebracht werden, was oft Investitionen in neue Technik nach sich zieht.

Der Vollständigkeit halber sei angemerkt, dass der Immissionsbegriff im Gesetz auch Geräusche, Erschütterungen, Licht, Wärme und Strahlen umfasst.

2.1.2 Das Kreislaufwirtschaftsgesetz

Eine zweite Säule des Immissionsschutzes ist das Kreislaufwirtschaftsgesetz (KrWG), das die Abfallverwertung regelt. Durch die geordnete
Behandlung und Rückführung von Abfall werden neben Boden- und
Wasserschutz auch Emissionen in die Luft vermieden. Gegenstand des
Gesetzes sind nicht Aussagen über zulässige Immissionen, dafür sind die
vom KrWG betroffenen Anlagen nach dem Bundes-Immissionsschutzgesetz
zu genehmigen.

Oft entfalten Gesetze ihre Wirkung indirekt. So ist beispielsweise die
Verbrennung von Gartenabfällen nicht ausdrücklich verboten. Im Kreislaufwirtschaftsgesetz ist gemäß § 17 vorgesehen, dass private Haushalte
Abfälle, die sie nicht selber auf dem eigenen Grundstück, beispielsweise
durch Kompostieren, verwerten können, dem öffentlich-rechtlichen Ent-
sorgungsträger überlassen werden müssen. Eine Verbrennung von Abfällen
im eigenen Garten gilt nicht als Verwertung, sondern als Beseitigung und ist
danach nicht zugelassen (UBA III 2022).

In den Brandschutzsatzungen der Gemeinden wird das Verbrennungs-
verbot direkt angesprochen. So sind in ihren Satzungen das Entzünden
und das Abbrennen von Feuern außerhalb der dafür rechtlich vorgesehenen
und bestimmungsgemäßen Brennstellen verboten (Brandschutz 2022). So
sind Feuer und Grillen nur auf ausgewiesenen Plätzen erlaubt. Grünabfälle
müssen entweder kompostiert oder zur Sammelstelle gebracht werden. Bei
Umzügen sind Pechfackeln verboten, Lampions und Wachsfackeln erlaubt.
Keine Regelung gibt es für die diffusen Abluftströme aus Wohngebäuden.

2.1.3 Die Verordnungen des Bundes-
Immissionsschutzgesetzes

In Tab. 2.1 sind die Verordnungen zum Bundes-Immissionsschutzgesetz
zusammengestellt, die direkten Bezug zur Außenluft haben. Der Inhalt der
Verordnungen ist im Internet abrufbar als Service des Bundesministeriums
der Justiz unter www.gesetze-im-internet.de. In den Verordnungen werden
primär die Richtlinien der EU in deutsches Recht umgesetzt.

Die globalen Bereiche Seefahrt und Flugverkehr werden von diesen
Gesetzen nicht erfasst. Wichtig für diese Bereiche ist der produktbezogene
Immissionsschutz, bei dem im Kraftstoff Höchstgrenzen für Luftschadstoffe vorgeschrieben werden (Schwefel, Blei), die erst nach der Verbrennung
im Motor in der Luft wirksam werden. So hat die International Maritime

Tab. 2.1 Verordnungen und Verwaltungsvorschriften des Bundes-Immissionsschutzgesetzes mit Bezug zur Außenluft

Bundes-Immissionsschutz-Verordnungen			
Anlagenbezogener Immissionsschutz			
Genehmigungsbedürftig	nicht genehmigungsbedürftig	Produktbezogener Immissionsschutz	Gebietsbezogener Immissionsschutz
	1. BImSchVwV (TA Luft), Anhang 7: Feststellung und Beurteilung von Geruchsimmissionen		
12. BImSchV StörfallVO	1. BImSchV VO über kleine und mittlere Feuerungsanlagen	10. BImSchV VO über die Beschaffenheit und die Auszeichnung der Qualitäten von Kraft- und Brennstoffen	35. BImSchV VO zur Kennzeichnung der Kraftfahrzeuge mit geringem Beitrag zur Schadstoffbelastung
13. BImSchV VO über Großfeuerungsanlagen	2. BImSchV VO zur Emissionsbegrenzung von halogenierten organischen Verbindungen	38. BImSchV Festlegung weiterer Bestimmungen zur Treibgasminderung von Kraftstoffen	39. BImSchV VO über Luftqualitätsstandards und Emissionshöchstmengen
17. BImSchV VO über Großfeuerungsanlagen	7. BImSchV VO zur Auswurfbegrenzung von Holzstaub		43. BImSchV[a] VO über nationale Verpflichtungen zur Reduktion der Emissionen bestimmter Luftschadstoffe
25. BImSchV VO über Anlagen der Titandioxidindustrie	20. BImSchV VO zur Emissionsbegrenzung beim Umfüllen und Lagern von Ottokraftstoffen		Untersuchungsgebiets-VOen Verordnungen der Bundesländer nach § 49 Abs. 1 BImSchG

(Fortsetzung)

Tab. 2.1 (Fortsetzung)

Bundes-Immissionsschutz-Verordnungen

Anlagenbezogener Immissionsschutz

30. BImSchV VO über Anlagen zur biologischen Abfallbehandlung	21. BImSchV VO zur Emissionsbegrenzung beim Betanken von Kraftfahrzeugen
31. BImSchV VO zur Emissionsbegrenzung bei der Lösungsmittelverwendung	27. BImSchV VO über Anlagen zur Feuerbestattung
42. BImSchV VO über Verdunstungskühlanlagen, Kühltürme und Nassabscheider	28. BImSchV VO über Emissionsgrenzwerte für Verbrennungsmotoren
44. BImSchV VO über mittelgroße Feuerungs-, Gasturbinen- und Verbrennungsmotoranlagen	

[a] NEC-Richtlinie (*national emission ceilings*), Umsetzung der Richtlinie 2016/2284/EU

Organization (IMO) ab dem Jahr 2020 den Schwefelgehalt in Schiffstreibstoffen von 3,5 % auf 0,5 % abgesenkt. Die IMO ist der UN angegliedert, ihr gehören 170 Nationen an. Es bleibt noch viel zu tun auf dem Gebiet des internationalen Verkehrs, z. B. die Schiffe in den Häfen mit Strom zu versorgen, um so die dieselgetriebenen Generatoren der Schiffe abstellen zu können.

In der Luftfahrt ist die Entwicklung zur Reduzierung der Schadstoffemissionen erst angelaufen. Ein Ergebnis deutet darauf hin, dass aromatische Spritbestandteile die Rußbildung begünstigen (Durdina L 2021).

In ihrer großen Mehrheit zielen die in Tab. 2.1 genannten Verordnungen auf die Drosselung von Emissionen aus speziellen Quellen ab. Durchgreifenden Schutz vor Immissionen für die Wohnquartiere der Menschen bietet die 39. Verordnung zur Durchführung des Bundes-Immissionsschutzgesetzes, die Verordnung über Luftqualitätsstandards und Emissionshöchstmengen. Darin werden definitionsgemäß Höchstkonzentrationen für die Außenluft der Troposphäre vorgeschrieben, ausgenommen ist die Luft am Arbeitsplatz. Bemerkenswert ist, dass die Verordnung spezielle Grenzwerte für die Vegetation im Hinterland vorgibt, die unter den Werten für den Menschen liegen (SO_2, NO_2).

Herausragend ist die Verordnung über nationale Verpflichtungen zur Reduktion der Emissionen bestimmter Luftschadstoffe, nach der in nationaler Verpflichtung die Emissionen bis zum Jahr 2030 kontrolliert abgesenkt werden müssen (43. BImSchV).

Den Bereich der Arbeitsstätten regelt die Gefahrstoffverordnung mit den Technischen Regeln für Gefahrstoffe, die auf emissionsarmes Hantieren am Arbeitsplatz abzielen. Die Rechtsverankerung für die Sicherung der Luftqualität am Arbeitsplatz ist in Abb. 2.1 dargestellt. Es wird davon ausgegangen, dass die allgemeine Bevölkerung den Schadstoffen nicht ausgesetzt ist. Mit gefährlichen Arbeitsstoffen kann jeder in Berührung kommen, viele dieser Stoffe sind mit einer Hintergrundkonzentration ständig in der Luft. Denken Sie an die Nachbarschaft einer chemischen Reinigung. Seit der Verabschiedung der Gefahrstoffverordnung im Jahr 1986 heißen die gefährlichen Arbeitsstoffe Gefahrstoffe, eine Bezeichnung mit Signalwirkung. Einen systematischen Überblick über chemische und biologische Gefahrstoffe, einschließlich SARS-CoV-2, bietet die Deutsche Gesetzliche Unfallversicherung (dguv-gestis 2022). Zu den Gefahrstoffen zählen nicht nur Chemikalien, sondern auch Holzstaub, Ottokraftstoff, Dieselmotoremissionen, Schweißrauche, Ozon, Narkosegase. Die Luft am Arbeitsplatz ist nach der Außenluft der zweite Bereich einheitlich rechtlicher Regelung.

Der dritte Bereich einheitlicher Regelsetzung sind Innenräume, in denen wir 90 % unserer Lebenszeit verbringen. Hier gibt es Empfehlungen für Schadstoff-Höchstkonzentrationen in Innenräumen, die vom Ausschuss für

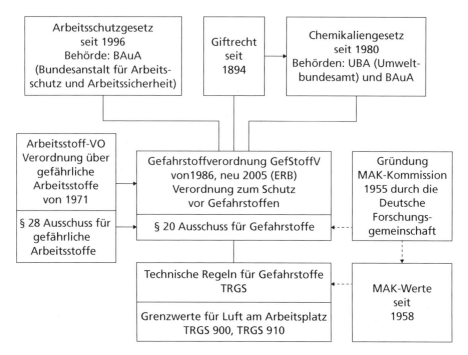

Abb. 2.1 Rechtsverankerung der Luftqualität am Arbeitsplatz

Innenraumrichtwerte des Umweltbundesamtes verkündet werden. Die Einstellbarkeit hygienischer Luftverhältnisse in Innenräumen garantiert die Bauordnung, die Realisierung am Bau übernimmt die Klimatechnik. Jedes Gebäude muss mit Einrichtungen ausgestattet werden, die eine ausreichende Versorgung mit Außenluft (und Sonnenlicht)ermöglichen. Bei Einfamilienhäusern überwiegt die freie Lüftung über Fenster, die wegen der baulich vorgeschriebenen Tageslichtversorgung ohnehin erforderlich sind. In mehrgeschossigen Bürogebäuden findet sich üblicherweise eine mechanische Lüftung mit Ventilatoren.

2.2   Außenluft

2.2.1   Verordnung über Luftqualitätsstandards und Emissionshöchstmengen, 39. BImSchV

In der 39. BImSchV werden Immissionsgrenzwerte für ubiquitäre Schadstoffe in der Luft festgelegt und mit einem Netz von Messstellen überwacht. Eine Übersicht über die erfassten Luftschadstoffe zeigt Tab. 2.2.

Tab. 2.2 Immissionsgrenzwerte in der Außenluft zum Schutz der menschlichen Gesundheit nach 39. BImSchV, §§ 2–10

Stoff	Konzentration $\mu g/m^3$	Mittelungszeitraum	Zulässige Überschreitungen im Jahr
Schwefeldioxid, SO_2 [a]	50	Jahr [b]	3 Anmerkung: die 3 gehört in die gleiche Zeile wie „Tag". Analog in den 2 Zeilen darunter!
	125	Tag	
	350	1 h	24
Stickstoffdioxid, NO_2 [a]	40	Jahr	18
	200	1 h	
Partikel, PM_{10}	40	Jahr	35
	50	Tag	
Partikel, $PM_{2,5}$	20 [c]	Jahr	
Benzol	5	Jahr	
Kohlenmonoxid	10	8 h/Tag	
Blei	0,5	Jahr	
Ozon	120	8 h/Tag	
Arsen [d]	6	Jahr	
Kadmium [d]	5	Jahr	
Nickel [d]	20	Jahr	
Benzo(a)pyren [d]	1 ng/m^3	Jahr	

[a] leicht löslich in Wasser, Säure bildend
[b] nach TA Luft
[c] Zielwert 10 nach WHO (WHO 2005)
[d] Gemessen als Anteil im PM_{10}-Staub

Unter Immissionsgrenzwert versteht die Verordnung einen Wert, der aufgrund wissenschaftlicher Erkenntnisse mit dem Ziel festgelegt wird, schädliche Auswirkungen auf die menschliche Gesundheit oder die Umwelt insgesamt zu vermeiden, zu verhüten oder zu verringern, und der innerhalb eines bestimmten Zeitraums eingehalten werden muss und danach nicht überschritten werden darf. Für den Gesundheitsschutz sind die Immissionskonzentration und die Dauer der Einwirkung maßgeblich. Neben Grenzwerten für die menschliche Gesundheit schreibt die Verordnung auch Grenzwerte für die Vegetation vor, für SO_2, NO_2, Ozon, die sogar unter denen für die menschliche Gesundheit liegen, aber erst in entfernt liegenden Waldgebieten einzuhalten sind.

Die Länder sind von den zuständigen Behörden zum Zwecke der Beurteilung und Kontrolle der Luftqualität in Gebiete einzuteilen. Ein Gebiet allgemein ist ein von den zuständigen Behörden für die Beurteilung und Kontrolle der Luftqualität abgegrenzter Teil der Fläche eines Landes. Schwerpunkt dabei sind Ballungsgebiete, städtische Gebiete mit mindestens 250.000 Einwohner*innen, die aus einer oder mehreren Gemeinden bestehen, oder einem Gebiet, das aus einer oder mehreren Gemeinden besteht, welche jeweils eine Einwohnerdichte von 1000 Einwohner*innen oder mehr je Quadratkilometer bezogen auf die Gemarkungsfläche aufweisen und zusammen mindestens eine Fläche von 100 km^2 darstellen. Ballungsgebiete sind in der Regel große Städte mit ihrem Umland. Auf der Karte sind sie durch die Häufung von Luftmessstellen zu erkennen. Auf der Internetseite des Umweltbundesamtes können die Messstellen der Länder mit aktuellen Messwerten der Schadstoffe nach Tab. 2.2 abgerufen werden (UBA-Ländernetze 2022). Gemessen wird besonders an verkehrsreichen Straßen, um Spitzbelastungen zu erfassen und sowohl mit dem städtischen als auch ländlichen Hintergrund vergleichen zu können. Die Messungen sind die Grundlage für Maßnahmen zur Luftverbesserung in den Wohnquartieren. Die Hintergrundbelastung der Luft auf europäischer Ebene wird für eine ganze Palette von Schadstoffen an sieben Messstationen des Umweltbundesamtes in entlegenen Waldgebieten der Bundesrepublik, einschließlich einer Station auf der Zugspitze, gemessen (UBA-Netz 2022).

Durch bauliche Gegebenheiten und unterschiedliche Nutzung kann die Außenluft örtlich die vorgeschriebenen Grenzwerte zeitweise überschreiten, wie in viel befahrenen Straßenschluchten oder in der Nähe starker Emittenten. Windstärke und Windrichtung sorgen für einen tageszeitlichen und witterungsbedingten Wechsel der Luftqualität. Bei Nichteinhalten der Emissionsgrenzwerte, besonders für NO$_2$, müssen die Städte Luftreinhaltepläne für die betroffenen Gebiete ausarbeiten. Als schnell wirksame Gegenmaßnahmen bieten sich Fahrverbote für Verbrennerfahrzeuge an, oft wird das Ziel durch ein Bündel weniger einschneidender Maßnahmen erreicht. Mittelfristig garantiert der Übergang auf Elektrofahrzeuge eine sichere Absenkung der Schadstoffbelastung der Luft.

Zur langfristig wirkenden Vorsorge gegenüber Luftschadstoffen in Wohnquartieren gehört die Bauleitplanung. Sie soll sicherstellen, dass bei Bauprojekten die Luftqualität in Städten und Gemeinden verbessert wird. Dazu gehören beispielsweise Durchlüftungsschneisen, die durchaus mit dem Straßenverlauf zusammenfallen können. Längs dieser Bahnen können abendliche Flurwinde für frische Luft sorgen. Auch Abstände zu emittierendem Gewerbe verbessern die Luftqualität. Im Abstandserlass NRW werden dazu konkrete Angaben gemacht (NRW Abstand 2022). So soll der Abstand einer Schlosserei zum Wohngebiet 100 m, der einer Mineralölraffinerie 1500 m betragen. Dazu ist anzumerken, dass die Abstände auch vom Schallschutz mitbestimmt werden.

Der in der Überschrift der 39. BImSchV stehende Begriff „Emissionshöchstmengen" bezieht sich auf die gesamte in Deutschland in die Atmosphäre abgegebene Schadstoffmenge. Nach §§ 33–35 dürfen festgelegte Gesamtmengen für die in Tab. 2.2 genannten Stoffe nicht überschritten werden. Beispielsweise beträgt der Höchstwert für NO_x pro Jahr 1.051.000 t.

Die in Tab. 2.2 angegebenen Grenzwerte der Schadstoffkonzentration in der Außenluft sind einzuhalten. Für einige Stoffe werden kurzzeitig höhere Grenzwerte eingeräumt, die innerhalb der Jahresmittelwerte auszugleichen sind. Damit wird in Rechnung gestellt, dass diese tageszeitlichen Emissionsspitzen keine gesundheitlichen Auswirkungen haben. Arsen, Kadmium und Nickel kommen in der Luft nur an Staub gebunden vor. Benzo(a)pyren ist die Leitkomponente für polyzyklische aromatische Kohlenwasserstoffe, der Stoff ist Bestandteil von Ruß und hat das höchste kanzerogene Potenzial aller polyzyklischen Kohlenwasserstoffe. Die Leitkomponente macht nur einen Bruchteil im Kohlenwasserstoffgemisch Ruß aus. Die Stoffe der Tabelle sind Schlüsselkomponenten von Schadstoffen in der Luft, die einen großen Teil der Schadstoffe abdecken, aber nicht alle – denken Sie an Mineralfasern wie Asbest.

In den nach der 39. BImSchV auszuweisenden Ballungsräumen und übrigen Gebieten müssen die Schadstoffe in der Luft stufenweise abgesenkt werden. Der Verlauf der Schadstoffkonzentrationen in den letzten Jahren ist für Stoffe der Tab. 1.6 beim Umweltbundesamt abrufbar (UBA Lufthistorie 2022).

Anzumerken ist, dass die Grenzwerte zum Schutz der Vegetation für SO_2, NO_2 und Ozon viel niedriger angesetzt sind als die für die menschliche Gesundheit. Die Grenzwerte gelten allerdings nur für ländliche Hintergrundgebiete.

2.2.2 Technische Anleitung Luft (TA Luft)

Die Technische Anleitung Luft dient laut Definition dem Schutz der Allgemeinheit und der Nachbarschaft vor schädlichen Umwelteinwirkungen durch Luftverunreinigungen und der Vorsorge gegen schädliche Umwelteinwirkungen durch Luftverunreinigungen, um ein hohes Schutzniveau für die Umwelt insgesamt zu erreichen. Die TA Luft setzt die Anforderungen des Bundes-Immissionsschutzgesetzes um und schreibt den verschiedenartig produzierenden Betrieben vor, ob und welche Mengen ihrer branchentypischen Schadstoffe als Emission in die Umwelt entlassen werden dürfen. In Deutschland gibt es größenordnungsmäßig 50.000 genehmigungsbedürftige Anlagen, die viele unterschiedliche Schadstoffe emittieren. In der Regel sind die Schadstoffe in einem Abgasstrom enthalten, der über einen Schornstein in die frei strömende Luft entlassen wird. Stromabwärts vermischt und verdünnt sich die „Emission" mit der Außenluft, bis die Mischung als Immission den Erdboden erreicht.

Die Immissionswerte sind dabei die Summe aus der Vorbelastung der anströmenden Luft und der Zusatzbelastung durch die emittierende Anlage. Die TA Luft schreibt nun vor, dass an jeder Stelle um den Schornstein, in 1,5 m Höhe über dem Boden, die Immissionswerte von sieben Schlüsselschadstoffen, vor denen die menschliche Gesundheit geschützt werden soll, eingehalten werden müssen. Menge und Art der Abgase bestimmen die Kaminhöhe. In Tab. 2.3 sind die zulässigen Immissionswerte und die Messbedingungen zusammengefasst.

Tab. 2.2 enthält zwölf Schadstoffe mit Grenzwerten nach der 39. BImSchV. In der TA Luft wird diesen Werten in der Genehmigung für eine emittierende Anlage eine maßvolle Überschreitung für begrenzte Zeit wie ein Jahr zugestanden, z. B. dann, wenn Schadstoff reduzierende Techniken eingesetzt werden sollen. Der Einsatz der besten verfügbaren Technik wird in der Europäischen Richtlinie 2010/75/EU vorgeschrieben und ist im Bundes-Immissionsschutz- sowie im Kreislaufwirtschaftsgesetz in deutsches Recht umgesetzt worden.

Tab. 2.3 Immissionswerte in der Außenluft zum Schutz der menschlichen Gesundheit nach TA Luft, Abschn. 4.2.1 bis 4.2.2, Tabelle 1

Stoff	Konzentration $\mu g/m^3$	Mittelungszeitraum	Zulässige Überschreitungshäufigkeit im Jahr
Benzol	5	Jahr	-
Blei und seine anorganischen Verbindungen als Partikelbestandteile (PM_{10}), angegeben als Pb	0,5	Jahr	-
Partikel (PM_{10})	40	Jahr	-
	50	24 h	35[a]
Partikel ($PM_{2,5}$)	25	Jahr	
Schwefeldioxid	50	Jahr	-
	125	24 h	3
	350	1 h	24
Stickstoffdioxid	40	Jahr	-
	200	1 h	18
Tetrachlorethen (Per)	10	Jahr	

[a] Bei einem Jahreswert von < 28 $\mu g/m^3$ gilt der auf 24 h bezogene Immissionswert als eingehalten.

Eine weitere Regelung der TA Luft betrifft den Schutz vor Belästigungen durch Geruchsimmissionen. Die Quelle für anerkannt belästigende Gerüche sind in der Regel Tierhaltungsanlagen, die einen ununterbrochenen Ausstoß aufweisen, dargestellt in Anhang 7 der TA Luft. Der Geruch muss olfaktorisch gemessen werden. Der Immissionswert für ein urbanes Gebiet beträgt 0,1, das heißt, der Geruch darf höchstens in 10 % der Zeit im Jahresmittel wahrgenommen werden. Das gelegentliche Grillen oder ein Kaminfeuer in der Nachbarschaft wird damit nicht erfasst. Klar ist, dass mit zunehmender Entfernung von Emissionsquellen die Luftqualität besser wird, bei stark befahrenen Straßen klingt die Emission erst nach etwa 100 m ab.

Der erwähnte Anhang 7 der TA Luft wird in den Ländern in eine Geruchsimmissions-Richtlinie umgesetzt, beispielsweise in Mecklenburg-Vorpommern, die auch Anweisungen zum Durchführen olfaktorischer Messungen mithilfe von Testsubstanzen enthält (GIRL-M-V 2022).

Der menschliche Geruchssinn ist als Warnorgan vor Schadstoffen wenig verlässlich. In Aufenthaltsräumen entstehen Ausdünstungen von Menschen wie Ammoniak, Methan, Fettsäuren. Die Schwellwerte für die Wahrnehmung von Geruchsstoffen schwanken im Bereich mehrerer Größenordnungen. Für Ammoniak liegt der Wahrnehmungsbereich zwischen 0,013 und 50 mg/m^3 Luft, sein Arbeitsplatzgrenzwert beträgt 14 mg/m^3. Der Gewöhnungseffekt senkt die Wahrnehmung jedoch drastisch. Auf den Geruch allein als Warnsignal für Gefahrstoffe kann man sich nicht verlassen, und für den Schlaf gilt: Der Geruch schläft mit.

Hohe Konzentrationen von Humangeruchsstoffen führen zu flacher Atmung und Ermüdungserscheinungen. Wird eine Kohlendioxidkonzentration von 1000 ppm nicht überschritten, kommt es in der Regel gar nicht erst zu Geruchsbelästigungen in Aufenthaltsräumen (Hörner, Casties 2015).

Ein weiterer Immissionswert nach TA Luft ist der belästigende, aber nicht gefährdende tägliche Staubniederschlag, der den Wert von 0,35 g/m^2 nicht überschreiten darf. Der deponierte Staub war vor dem Absetzen auf dem Boden auch Teil der Staubimmission in Form der beiden Staubfraktionen PM_{10} und $PM_{2,5}$. Am Staubniederschlag sind bevorzugt große Staubpartikel beteiligt, weil sie die höchste Sinkgeschwindigkeit aufweisen.

Schutz vor weiteren Schadstoffen
Die vielen in Tab. 2.3 nicht genannten, aber real emittierten Schadstoffe können unter erheblichen Einschränkungen über einen Kamin in die frei strömende Luft abgeleitet werden, in der sie sich bis zu unbedenklicher Konzentration verdünnen. Ihnen gilt die besondere Vorsorge vor schädlichen Umwelteinwirkungen auf Menschen und Vegetation. In der Praxis

werden dazu die Schadstoffe in Abgasleitungen gefasst und nach Durchlaufen von Reinigungsstufen dem Schornstein zugeleitet. Dabei sind mehrere Anforderungen einzuhalten.

Der Mengenstrom eines Schadstoffes ist je nach Gefährlichkeit mengenmäßig begrenzt. Beispielsweise beträgt er für NO_2 1,8 kg/h, für das kanzerogene Benzol dagegen nur 0,1 kg/h.

Auch die Konzentration eines Schadstoffes im Abgasstrom ist begrenzt. Für NO_2 beträgt sie 20 mg/m^3. Die Konzentrationen im Abgasstrom dürfen etwa um den Faktor 1000 über den Immissionswerten nach TA Luft liegen.

Der Schornstein muss so hoch sein, dass in seinem Einflussbereich die Immissionswerte eingehalten werden. Das Einflussgebiet erstreckt sich auf eine Kreisfläche mit dem Radius von 50 Schornsteinhöhen. Dabei sind 10 m die Mindesthöhe eines Schornsteins. In einer Ausbreitungsrechnung muss iterativ die Schornsteinhöhe ermittelt werden, bis die Emission zum Immissionsgrenzwert passt. Die Durchführung der Ausbreitungsrechnung erfordert Expertise und ist für Laien weniger geeignet, auch wenn das Umweltbundesamt eine Referenzimplementierung zur Verfügung stellt (TA Luft, Anhang 2. 2021). Wichtige Eingabedaten in einer Zeitreihe sind Windrichtung, Windstärke, Bodenrauigkeit und Wetterschichtung.

Kanzerogene Luftschadstoffe

Der Länderausschuss für Immissionsschutz hat Immissionshöchstwerte für krebserzeugende Luftschadstoffe beschlossen (LAI 2005). Das gesellschaftspolitisch zu lösende Problem besteht darin, dass für gentoxische, krebserzeugende Schadstoffe keine Wirkschwelle für die Auslösung der Krankheit angegeben werden kann. Mit der Dosis steigt die Wahrscheinlichkeit der Krebserkrankung. Zu der Krebs auslösenden Stoffgruppe gehören Cadmium, Arsen, Benzo(a)pyren, Benzol, Dieselruß, Dioxin, Asbest. Jeder Stoff hat ein eigenes Krebserzeugungspotenzial. Befinden sich mehrere Stoffe in der Luft, was die Regel ist, erhöht sich das Potenzial entsprechend. Als Zielwert für das Risiko eines Menschen, im Laufe von 70 Jahren an Krebs zu erkranken, sieht die EU-Kommission für den Einzelstoff ein Risiko von 1:1.000.000 an. Ein Mensch aus einer Menge von einer Million erkrankt an Krebs. Für die Gegenwart müssen zwischenzeitlich höhere „Beurteilungswerte" mit entsprechend höheren Risiken beschlossen werden.

Basis für die Beurteilung ist das Unit Risk. Dieser Parameter beziffert das Risiko, an Krebs zu erkranken, wenn ein Mensch 70 Jahre lang einer Dosis von 1 μg/m^3 ausgesetzt wird. Für Benzol ist diese Dosis mit einem Risiko von 9:1.000.000 verbunden. Bei dieser Dosis erkranken neun von einer Million Menschen an Krebs. Das Risiko liegt über der Zielmarke der EG.

Um den Zielwert der EU zu erreichen, müsste der Beurteilungswert auf 1/9 abgesenkt werden. Der Grenzwert für Benzol liegt laut Tab. 2.3 bei 5 µg/m³. Die Wahrscheinlichkeit, an Krebs zu erkranken, liegt entsprechend höher bei $5 \times 9 \cdot 10^{-6} = 45 \times 10^{-6}$. Das tatsächliche Risiko ist also 45-mal höher als der Zielwert der EU.

Eine nach TA Luft zu beurteilende Anlage darf in Summe nur die Menge an krebserzeugenden Schadstoffen ausstoßen, die das Krebsrisiko eines in der Nachbarschaft wohnenden Menschen um höchstens 1:1.000.000 erhöht. Die Vorbelastung an krebserzeugenden Stoffen wird durch die Anlagenemission hinnehmbar erhöht.

2.3 Innenraumluft

2.3.1 Behaglichkeit des Innenraumklimas

Die Qualität von Innenraumluft wird stark von internen Quellen bestimmt. Im feuchten Keller riecht es muffig, Schimmel hat sich ausgebreitet. Betreten Sie Wohnräume, in denen sich viele Menschen aufhalten, empfinden Sie die verbrauchte Luft als drückend. In der Küche ist die Luft dampfgeschwängert, der Dachboden ist trocken, weshalb er sich besonders zum Wäschetrocknen eignet. Nach § 13 des Grundgesetzes ist der Wohnraum ein geschützter Bereich, in dem jeder selbst die Verantwortung für die Prägung der Innenraumluft trägt. Nach der Bauordnung müssen Gebäude über bauliche Einrichtungen zur hygienisch einwandfreien Luftversorgung verfügen. Das gilt für Wohngebäude, aber auch besonders für Nichtwohngebäude wie Bürogebäude, Theater, Kinos, Schulen. Im Wohnungsbau dominiert die Fensterlüftung, im Geschosswohnungsbau oder bei Niedrigenergiehäusern übernimmt die mechanische Lüftung die Luftversorgung der Innenräume mit der Möglichkeit, Luftfilter, Heizung/Kühlung und Energierückgewinnung zu integrieren. Fenster haben nach Baugesetzbuch in erster Linie die Aufgabe, die Innenräume mit natürlichem Licht zu versorgen, die Lüftung könnte auch über anderweitige Öffnungen gewährleistet werden.

Grundlage für die lufthygienische Auslegung von Gebäuden ist die Europäische Norm über die Eingangsparameter für das Innenraumklima (DIN EN 16798-1. 2017). In der Norm wird die Außenluftzufuhr auf der Basis der gewünschten CO_2-Konzentration im Innenraum festgelegt, wobei eine Außenluftkonzentration von 400 ppm unterlegt ist. Die Luftversorgung eines Gebäudes erfolgt mit Außenluft. Der Begriff ist in der VDI-Richtlinie

„Begriffe der Bau- und Gebäudetechnik" (VDI-Richtlinie 4700-1 2015) festgelegt worden. Die Bezeichnung „Frischluft" wurde bewusst vermieden.

In Tab. 2.4 ist die erforderliche Außenluftzufuhr abhängig von der gewählten Luftkategorie dargestellt. Die CO_2-Konzentration hat sich als Führungsgröße für andere Luftschadstoffe einschließlich Humangeruchsstoffen bewährt. Mit zunehmendem Qualitätsanspruch nimmt die erforderliche Zuluftmenge stark zu, was sich entsprechend auf den Energieverbrauch auswirkt. Die Zunahme des CO_2-Gehaltes der Außenluft durch den Klimawandel wirkt in die gleiche Richtung. Bemerkenswert ist die Notwendigkeit der Gebäudelüftung auch bei Abwesenheit von Personen.

Die Auslegung der Lüftungsanlagen basiert auf grundlegenden Untersuchungen zum Wärmehaushalt des Menschen nach Fanger und den daraus abgeleiteten Bedingungen für das Behaglichkeitsgefühl des Menschen (Abb. 1.6).

2.3.2 Begrenzung für luftfremde Stoffe

Für Innenräume legt der Ausschuss für Innenraumrichtwerte Grenzwerte für physiologisch relevante Einzelstoffe fest (UBA AIR 2022), die fortlaufend überprüft werden. Die Ergebnisse des Ausschusses werden im Bundesgesundheitsblatt bekannt gemacht. In Innenräumen verbringen wir 90 % unseres Lebens, deshalb ist zu fragen, wer für hygienische Innenraumluft zuständig ist. Als Innenräume gelten dabei alle Räume in Wohnungen, aber auch Arbeitsräume in Gebäuden, in denen mit keinen gefährlichen Stoffen gearbeitet wird, wie Büros. Zu Innenräumen zählen ebenfalls Innenräume öffentlicher Gebäude wie Krankenhäuser, Schulen, Kindertagesstätten, Sporthallen, Gaststätten, Theater sowie das Innere von Kraftfahrzeugen und öffentlichen Verkehrsmitteln. Eine Auswahl der vom Ausschuss für Innenraumrichtwerte mit Grenzwerten eingestuften Stoffe zeigt Tab. 2.5.

Tab. 2.4 Außenluftzufuhr für Innenräume nach DIN EN 16798-1 und Vorgängernorm DIN EN 15251

Kategorie der Luftgüte	CO_2-Konzentration im Innenraum (ppm)	Luftbedarf je Person (m³/h)	Luftbedarf je m² (m³/h)	Luftbedarf Gebäude, ohne Personen (m³/m²h)
I	750	72	7,2	
II	900	45	4,5	0,95
III	1200	28,8	2,8	
IV	> 1200	19,8	1,9	

Tab. 2.5 Grenzwerte für Innenraumluft (UBA AIR 2022; BfS Radon 2022)

Stoff	Art des Grenzwertes	Oberer Grenzwert (Gefahrengrenzwert)	unterer Grenzwert (Vorsorgegrenzwert)	Bemerkungen	
Stickstoffdioxid, NO_2	Richtwert	250 µg/m³ 60 Min-Wert	80 µg/m³ 60 Min-Wert	Empfehlung 40 µg/m³ WHO-Leitwert (WHO 2010)	
Feinstaub $PM_{2,5}$/m³	Leitwert		25 µg/m³	Ohne raumspezifische Quellen	
Benzol	Leitwert*		4,5 µg/m³	Krebserregend, Leukämie	
Kohlenmonoxid, CO	Leitwert	1/4 h 100 mg/m³	1 h 35 mg/m³	8 h 10 mg/m³	24 h 4 mg/m³
Kohlendioxid, CO_2	Leitwert	2000 ppm	1000 ppm	Außenluft 400 ppm	
Formaldehyd	Richtwert		100 µg/m³	Spanplatten in Möbeln	
Tetrachlorethen	Richtwert	1 mg	100 µg/m³	Reinigungsmittel P	
Radon	Referenzwert	300 Bq/m³	(Zerfallsreignisse/m3 s)	Gas aus dem Zerfall von Uran	

*risikobezogener Leitwert

Die abgeleiteten Grenzwerte allein sind im rechtlichen Sinne zwar nicht verbindlich, haben aber für die Praxis eine große Bedeutung erlangt. Die Grenzwerte erhalten gesetzlichen Rang dann, wenn in Verordnungen oder Gesetzen auf sie verwiesen wird. Werden die Grenzwerte überschritten, so zeigt dies Handlungsbedarf an (UBA 2005).

Die ausgewählten Stoffe nach Tab. 2.5 haben besonderen Bezug zu Wohnräumen. Außer den darin aufgeführten Stoffen hat der AIR Innenraumgrenzwerte für etwa 50 weitere Stoffe veröffentlicht. Viele Chemikalien aus der Liste werden in Privatwohnungen in der Regel nicht auftreten. Für Arbeitsräume muss der Arbeitgeber für die Einhaltung der Grenzwerte Sorge tragen, das sollte auch für die verstärkte Nutzung von Wohnraum als Homeoffice gelten. Bei den übrigen als Innenraum definierten Räumen sind die Betreiber in der Pflicht, für hygienische Luftverhältnisse zu sorgen.

Die Qualität der Innenraumluft wird von zwei Einflüssen bestimmt: von der zuströmenden Außenluft und von den innenraumspezifischen Quellen. Die Außenluft wird flächendeckend von den Messstationen der Umweltämter der Länder überwacht. Durch Ausbreitungsrechnungen lässt sich die Belastung beliebig kleiner Gebiete und somit die einem Innenraum zugeführte Luftqualität bestimmen. Für Innenräume ist die Prüfung auf Einhaltung der festgelegten Grenzwerte flächendeckend nicht zu leisten. Für Wohnungen gilt die Unverletzlichkeit nach § 13 GG. Der Bewohner ist für das Luftmanagement seiner Innenräume selbst verantwortlich. Der Gesetzgeber, hier die Bauaufsicht, trägt lediglich dafür Sorge, dass die Wohnungen so errichtet worden sind, dass durch Fenster oder Lüftungseinrichtung Außenluft in ausreichender Menge zugeführt werden kann. Seit dem Erlass des Bauproduktengesetzes (BauPG) kommen zunehmend weniger ausgasende Produkte für Bau und Ausbau in den Handel. Zum Ausbau gehören besonders Putz-, Anstrich- und Tapezierarbeiten. Als praxisgerechte Maßnahme bietet sich die Aufstellung eines CO_2-Messgerätes an, mit dem eine summarische Kontrolle der Innenraumluft erfolgen kann.

Die Aussage von Tab. 2.5 soll anhand von Stoffbeispielen erläutert werden.

Stickstoffdioxid gehört zur Gruppe der Stoffe, für die toxikologisch begründete Richtwerte ermittelt werden können. Unterhalb eines Vorsorgerichtwertes sind bei lebenslanger Exposition keine gesundheitlichen Beeinträchtigungen zu erwarten. Oberhalb dieses Vorsorgerichtwertes sollten Maßnahmen ergriffen werden mit dem Ziel, die Konzentration auf den Vorsorgewert abzusenken. Bei Erreichen oder Überschreiten des Gefahrenrichtwertes sind Schäden an der menschlichen Gesundheit bei lebenslanger Exposition wahrscheinlich. Maßnahmen zur Verminderung der Exposition sind erforderlich. Beide Gefahrenwerte sind als Kurzzeitwerte für die Einwirkdauer von 1 h angegeben. Es hat sich nämlich gezeigt, dass kurzeitige hohe NO_2-Konzentrationen das Lungengewebe stärker entzünden als niedrige Konzentrationen über lange Zeit (UBA NO_2 2019). Als Langzeitrichtwert wird ein Wert der World Health Organisation von 40 µg/m^3 übernommen, der als Leitwert während des Kochens mit Gas angesehen wird.

Die Gefahrenrichtwerte fließen in die Bauordnungen der Länder ein. Sie sind bindend für die Ausführung baulicher Anlagen. In dieser Eigenschaft sind sie mit DIN-Normen zu vergleichen, die erst durch Aufnahme in Gesetze rechtsverbindlich werden.

Feinstaub gehört zu den Stoffen, für die noch keine toxikologisch begründeten Richtwerte abgeleitet werden konnten. Beschwerden und gesundheitliche Auswirkungen nehmen mit der Konzentration gleichwohl zu. Aushilfsweise werden für diese Stoffe hygienische Leitwerte festgelegt.

Benzol gilt als krebserregend, befindet sich aber aufgrund seiner Verwendung in Kraftstoffen und wegen seiner hohen Flüchtigkeit mit einer Hintergrundkonzentration von etwa 1 µg/m^3 in der Außenluft sowie durch den Luftwechsel auch in Innenräumen (LAI 2005), wo die Konzentration in der Regel sogar höher ist. Benzol ist auch Zerfallsprodukt bei allen natürlicherweise nicht vollständigen Verbrennungen, auch beim Kochen mit Gas. Bei krebserzeugenden Stoffen kann keine Konzentration in der Luft angegeben werden, bei der mit Sicherheit kein Krebs ausgelöst wird. Aus vielen Studien wurde ein risikobezogener, aber politisch motivierter Leitwert von 4,5 µg/m^3 abgeleitet (UBA Benzol 2020). In Wohnungen dürften die Konzentrationen meist niedriger liegen. Von dem angestrebten Risiko 1:1.000.000, d. h., nur eine von einer Million Personen erkrankt im Laufe ihres Lebens wegen Benzol in Innenräumen an Krebs, sind wir meilenweit entfernt. Die „Verbrenner" fordern ihren Preis.

Kohlenmonoxid ist mit einem moderat erscheinenden Leitwert gelistet. Das darf nicht darüber hinwegtäuschen, dass CO ein starkes Atemgift ist. Der zulässige 1 h-Wert beträgt 35 mg/m^3. Die tödliche Dosis während einer Einwirkzeit von 1 h beträgt 1750 mg/m^3. Diese Dosis ist bei einem Kaminfeuer im Innenraum ohne funktionierende Verbrennungsluftführung schnell erreicht (Gestis CO 2022).

Kohlendioxid hat in der Außenluft einen Gehalt von 400 ppm, das entspricht 720 mg/m^3 Luft. Der untere Leitwert für Kohlendioxid liegt bei 1000 ppm. Oberhalb dieser Konzentration ist im Gehirn mit Konzentrationsbeeinträchtigungen zu rechnen. In nicht belüfteten Schlafzimmern ist der Wert nachts in 1–2 h erreicht. Bei Einhaltung des unteren CO_2-Leitwertes in Innenräumen durch angepasste Lüftung bleiben in der Regel auch andere Spurenstoffe der Innenraumluft unter der Störgrenze. Dieser Zusammenhang wurde vom ersten Professor für Hygiene in Deutschland, dem Arzt Max von Pettenkofer, herausgefunden. Er hat den Grenzwert für CO_2 auf 1500 ppm gesetzt, genau zwischen die beiden heutigen Leitwerten 1000 ppm und 2000 ppm. In diesem Bereich können sich bereits Kopfschmerz, ein Konzentrationsdefizit und Pulsbeschleunigung einstellen. Ein Wert über 2000 ppm ist inakzeptabel.

Radon, das Edelgas ist ein Zerfallsprodukt von Uran mit einer Halbwertszeit von 3,8 Tagen. Endprodukt der Zerfallskette ist Blei. Als Alphastrahler wirkt Radon im Lungengewebe kanzerogen. Eine untere Wirkschwelle kann nicht angegeben werden. Uran kommt in allen Gesteinen vor, besonders in den Granitformationen von Schwarzwald und Erzgebirge. Das Gas tritt über den Kellerboden in Innenräume ein, die höchsten Konzentrationen sind im Keller zu erwarten. Den besten Schutz bietet eine gute Feuchtigkeitsabdichtung der Kellersohle (BfS Radon 2022). Das Gas zerfällt unter der Folie. Die durchschnittliche Belastung in Wohnungen beträgt landesweit 50 Bq/m^3. Im Strahlenschutzgesetz wird für

Aufenthaltsräume ein Referenzwert von 300 Bq/m³ angegeben; es ist kein Grenzwert, da auch für Alphastrahlen kein Grenzwert angegeben werden kann, unterhalb dem der Stoff nicht gesundheitsschädlich ist. Oberhalb des angegebenen Referenzwertes sind Schutzmaßnahmen erforderlich.

Eine ausführliche Analyse der Innenraumschadstoffe nach Tab. 2.5 hat WHO Europe veröffentlicht. Dort wird besonders auf die wissenschaftlichen Studien zu den Krankheitsverläufen eingegangen (WHO Indoor 2010).

In Innenräumen kann es zu gravierenden Verschiebungen in der Luftzusammensetzung kommen, die lebensbedrohlich sein können. So kann der Sauerstoffgehalt durch Verbrauch oder Verdrängung so weit abnehmen, bis kein Überleben mehr möglich ist. Dieser Zustand wird unterhalb einer Sauerstoffkonzentration zwischen 13 % und 11 % erreicht mit dem Ergebnis: Tod durch Ersticken.

2.4   Die Luft am Arbeitsplatz

2.4.1   Maximale Arbeitsplatzkonzentration (MAK)

Die Gefährlichkeit von eingeatmetem Staub, besonders bei der körperlich schweren Arbeit des Bergbaus, ist schon recht lange bekannt. Erste Publikationen über krebserzeugende Wirkung von Ruß stammen aus dem Jahr 1775. Viel später, im Jahr 1932, wird über Krebs durch Zigarettenrauchen berichtet (Hartwig 2016). In der Aufbruchstimmung des technischen Zeitalters und unter dem Schutz der verbrieften Gewerbefreiheit seit 1810 blühte die Industrieproduktion auf, aber saubere Luft am Arbeitsplatz war kein Thema der Politik. Auch unter den Beschränkungen der beiden Weltkriege im vorigen Jahrhundert lagen die Prioritäten der Gesellschaft auf anderen Gebieten.

Als Beginn der Luftüberwachung am Arbeitsplatz kann das Jahr 1941 angesehen werden. In diesem Jahr, während des Zweiten Weltkrieges, gründete die American Conference of Governmental Industrial Hygienists (ACGIH), das Komitee „Threshold Limit Values for Chemical Substances" (ACGIH 1941). Nach Kriegsende, im Jahr 1946, folgte die erste Liste mit 148 Grenzwerten, sie wurden „Maximum Allowable Concentrations" genannt, seit 1956 dann „Threshold Limit Values (TLV)".

Mit dem Wirtschaftsboom nach dem Zweiten Weltkrieg wuchs auch die chemische Industrie in Deutschland schnell an und die Zeit war reif für die Kontrolle der Luft am Arbeitsplatz. Im Jahr 1955 gründete die Deutsche

Forschungsgemeinschaft nach dem Vorbild der ACGIH in den USA die Kommission zur Prüfung gesundheitsschädlicher Arbeitsstoffe, kurz MAK-Kommission. Der Schutz der Arbeitnehmer vor schädlichen Luftverunreinigungen am Arbeitsplatz weitete sich danach zu einem eigenen Rechtsgebiet aus. Abb. 2.1 gibt einen Überblick über das Zusammenwirken der Gesetze.

Erstes Arbeitsergebnis der MAK-Kommission war die Herausgabe einer Liste mit MAK-Werten (MAK 50, 2007). In der ersten Mitteilung im Jahr 1958 sind 266 Grenzwerte angegeben, von denen etwa die Hälfte aus der TLV-Liste der amerikanischen Gesellschaft ACGIH übernommen und auch als solche gekennzeichnet wurde. Die erste MAK-Werte-Liste bedeutet den Start in die amtlich gestützte Luftüberwachung am Arbeitsplatz in Deutschland. Sie kam als bestellbares Heft heraus und wurde gleichzeitig in der Zeitschrift „Arbeitsschutz" des Bundesministers für Arbeit und Sozialordnung als Herausgeber veröffentlicht und bekam dadurch Gesetzeskraft (MAK-Werte (1958)). Wegen seiner Bedeutung, quasi als Meilenstein der Luftüberwachung am Arbeitsplatz, ist das schlichte Deckblatt der Mitteilung I der DFG in Abb. 2.2 wiedergegeben. Bemerkenswert ist, dass die Mitteilung I noch keinen Hinweis auf ihre gleichzeitige Veröffentlichung in der Publikation „Arbeitsschutz" enthält, wohl aber in den folgenden Mitteilungen II und III.

Von den zwölf Mitgliedern der MAK-Kommission waren sechs Mitarbeiter chemischer Großbetriebe. Bei ihnen bündelten sich besondere Kenntnisse über Stoffe, Gesundheitsrisiken und Analysemethoden. Die MAK-Listen erscheinen seither in jährlicher Folge als amtliche Mitteilung des Arbeitsministeriums im Bundesarbeitsblatt, Fachteil Arbeitsschutz. Ende 2006 wurde dieser „Bundesanzeiger" eingestellt. Das Arbeitsministerium musste sich einen neuen Verlag suchen, die Wahl fiel auf das Gemeinsame Ministerialblatt (GMBl), das vom Innenministerium herausgegeben wird. Dort konnten die Mitteilungen der MAK-Kommission jedoch nicht veröffentlicht werden, da die DFG kein Ministerium ist. So wechselte die DFG zum Bundesanzeiger des Justizministeriums, amtlicher Teil, Arbeitsschutz. Im Bundesanzeiger werden jährlich separat geplante Veränderungen und Neufestlegungen veröffentlicht und erhalten damit Rechtsverbindlichkeit im Arbeitsschutz. Die aktuellen MAK- und BAT-Wertlisten werden jährlich im Online-Publikationsportal PUBLISSO der Allgemeinheit zugänglich gemacht (PUBLISSO ZB MED 2022). Im Jahr 2022 erfolgte die 58. Mitteilung.

Die Maximale Arbeitsplatzkonzentration definiert die Deutsche Forschungsgemeinschaft wie folgt: Der MAK-Wert ist die höchstzulässige Konzentration eines Arbeitsstoffes als Gas, Dampf oder Schwebstoff in

DEUTSCHE FORSCHUNGSGEMEINSCHAFT

Kommission
zur Prüfung gesundheitsschädlicher Arbeitsstoffe

MITTEILUNG I

Dezember 1958

Sekretariat der Deutschen Forschungsgemeinschaft
Bad Godesberg, Frankengraben 40

Abb. 2.2 Mitteilung I der Deutschen Forschungsgemeinschaft (DFG 1958)

der Luft am Arbeitsplatz, die nach dem gegenwärtigen Stand der Kenntnis auch bei wiederholter und langfristiger, in der Regel täglich 8-stündiger
Exposition, jedoch bei Einhaltung einer durchschnittlichen Wochenarbeits-
zeit von 40 h im Allgemeinen die Gesundheit der Beschäftigten nicht beeinträchtigt und diese nicht unangemessen belästigt (z. B. durch ekelerregenden
Geruch). Der MAK-Wert ist kein „einklagbare Wert", sondern hängt von
speziellen Begleitumständen ab, auch von der persönlichen Konstitution wie
Lebensalter, Geschlecht, Ernährungszustand, Klima. Stoffe mit besonderer
Wirkung sind in die Kategorien krebserzeugend, sensibilisierend und
resorbierend gesondert eingestuft. Als Belastungsnachweis für Luftschadstoffe dient der Biologische Arbeitsstoff-Toleranzwert. Diese BA-Werte sind
im Körper nachweisbare Konzentrationen von aufgenommenen Schadstoffen oder ihren Abbauprodukten. Die Relevanz der MAK-Werte wird
auch durch die hohe Zahl von Todesfällen infolge einer Berufserkrankung
unterstrichen (Todesfälle 2021).

Beim Begriff „Arbeitsplatz" stellt sich die Frage nach der Umgebung,
gearbeitet wird in Räumen und im Freien. In der Mitteilung I wird
darüber nichts ausgesagt. Erstmals wird in der Mitteilung IV von 1966
der Arbeitsplatz als Raum definiert. Es heißt dort: „Als Maximale Arbeitsplatzkonzentration eines gas-, dampf- oder staubförmigen Arbeitsstoffes
bezeichnet die Kommission diejenige Konzentration in der Luft eines
Arbeitsraumes – gemessen in der Atemhöhe – selbst bei täglich achtstündiger Einwirkung im Allgemeinen die Gesundheit, der im Arbeitsraum
Beschäftigten nicht schädigt." Seit der Mitteilung IV konzentriert sich die
Kommission mit ihrer Arbeit auf den Arbeitsraum. Die MAK-Werte sind
auch nicht auf die Außenluft übertragbar. Für Arbeitsplätze im Freien ist
die Ermittlung von Schadstoffkonzentrationen wegen wechselnder Winde
schwer möglich. Hier sind individuelle Schutzmaßnahmen erforderlich,
z. B. das Befeuchten von Schüttgut.

Die Mitteilung I der Kommission zur Prüfung gesundheitsschädlicher
Arbeitsstoffe der Deutschen Forschungsgemeinschaft von 1958 gliedert
sich in zwei Teile. Ein vorgeschalteter, konzeptioneller erster Teil bezieht
sich eher auf das eigene Arbeitsprogramm und ein zweiter sachlicher Teil
enthält die MAK-Werte-Liste mit Vorbemerkungen zur Interpretation der
Werte. Im konzeptionellen Teil wird die Bearbeitung folgender Themen
angekündigt (DFG 1958):

a) Grenzwerte für den durchschnittlichen Gehalt an Luftverunreinigungen am Arbeitsplatz (MAK-Wert)
b) Grenzwerte für den durchschnittlichen Gehalt an Luftverunreinigungen in der freien Atmosphäre (Maximale Immissionskonzentration, MIK)
c) Grenzwerte für Einwirkungsdauer und Gehalt an Luftverunreinigungen, die vorübergehend am Arbeitsplatz und in der freien Atmosphäre auftreten.

Und weiter heißt es: „Zu den Punkten unter b) und c) fallenden Fragen wird die Kommission später Stellung nehmen". Bezüglich der Verunreinigungen der freien Atmosphäre besteht enge Zusammenarbeit mit einer Kommission des Vereins Deutscher Ingenieure. Diese arbeitet eigenständig, auch heute noch, unter dem Namen VDI/DIN-Kommission Reinhaltung der Luft (KRdL) – Normenausschuss. Die Grenzwerte nach den Punkten b) und c) in der freien Atmosphäre werden heute in der 39. BImSchV als Immissionshöchstwerte für die Außenluft verbindlich geregelt. Sie haben die MIK-Werte weitgehend abgelöst.

Der zweite Teil der Mitteilung I, die Vorbemerkungen und die MAK-Werte, wurde in der Zeitschrift „Arbeitsschutz" im gleichen Jahr 1958 veröffentlicht (MAK-Werte 1958).

Die Kommission führt heute den Namen „Ständige Senatskommission zur Prüfung gesundheitsschädlicher Arbeitsstoffe". Sie ist auf etwa 40 Mitglieder einschließlich ständiger Gäste angewachsen, die Vertreter der chemischen Industrie sind in der Minderheit, stark vertreten sind Forschungseinrichtungen. Dabei ist das Wissen über gesundheitsschädliche Arbeitsstoffe wegen ihres Vorhandenseins als Hintergrundbelastung in der Außenluft von großer Bedeutung (DFG 2022).

Anzumerken wäre, dass in der Regel anthropogene Schadstoffe untersucht werden. Einige untersuchte Schadstoffe können gleichzeitig natürlichen und anthropogenen Ursprungs sein, beispielsweise Kohlenmonoxid oder Kohlendioxid und Waldbrandrauche. Interessant wäre dagegen die spezielle Atmosphäre in Wäldern, z. B. die Wirkung von Pinenen beim Waldbaden, zu untersuchen.

Aus den Vorbemerkungen der Mitteilung I lohnt es sich, auf vier weitere wegweisende Punkte einzugehen:

1. „Für drei Geschwulst erzeugende Stoffe kann keine als unbedenklich anzusehende Konzentration genannt werden: Benzidin, Beryllium und β-Naphthyamin". Die Zahl der untersuchten krebserzeugenden Stoffe hat sich inzwischen stark erhöht. Die Bewertung erfolgt heute durch den Ausschuss für Gefahrstoffe, vgl. Abb. 2.1. Die Senatskommission ordnet

heute die krebserzeugende Wirkung solcher Stoffe in fünf Kategorien ein, ohne Angabe eines MAK-Wertes.

2. „Von 266 aufgelisteten MAK-Werten sind 235 als *threshold limit values* der American Conference of Governmental Industrial Hygienists gekennzeichnet". Ab Mitteilung IV (1966) wird auf den Einzelhinweis zur etwaigen TLV-Herkunft verzichtet. Als Quelle für Begründungen zu den Einstufungen wird auf die ACGIH verwiesen.

3. „Mit den verfügbaren Analysegeräten kann nicht ausreichend gemessen werden". Die Entwicklung von Bestimmungsverfahren ist eine Vorbedingung für wirksamen Gesundheitsschutz.

4. „Die Einteilung der Schadstoffe in die Rubriken Gase und Dämpfe sowie Schwebstoffe ist von der ACGIH übernommen. Unter Schwebstoffen sind Rauche, Staub und Nebel zu verstehen". Auf die Trennung wird ab Mitteilung IV verzichtet.

Die Einstufung von Staub

Die jährlich von der Kommission beschlossenen MAK-Werte wurden durch die Veröffentlichung in der Zeitschrift „Arbeitsschutz" verbindlich. Die Grenzwerte konnten im Verlauf der Jahre abgesenkt werden, wie in Abb. 2.3 am Beispiel von Staub dargestellt ist. Die Ursachen dafür sind

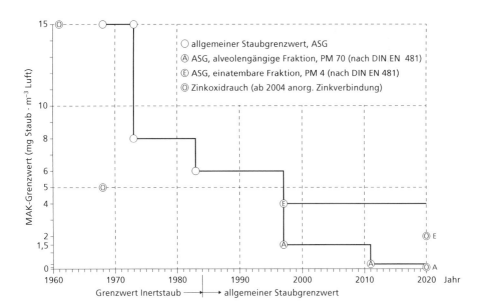

Abb. 2.3 Downscaling des allgemeinen Staubgrenzwertes durch die MAK-Werte-Kommission der Deutschen Forschungsgemeinschaft

vielseitig. So wurden neue Erkenntnisse über die Gefährlichkeit der Stoffe berücksichtigt, der Stand der Technik eingearbeitet oder krebserregende Stoffe ganz aus der Bewertung genommen. In der Mitteilung I ist unter der Rubrik Schwebstoffe der Zinkoxidrauch vermerkt mit einem MAK-Wert von 15 mg/m^3 Luft. Zink wird häufig bei der Heißverzinkung von Stahl eingesetzt. Zehn Jahre später, im Jahr 1968 in der Mitteilung V, ist ein MAK-Wert von 5 mg/m^3 verzeichnet. Heute werden zwei MAK-Werte angegeben, die sich auf verschiedene Staubgrößenbereiche beziehen. Feinstaub der Größe PM$_4$ dringt definitionsgemäß bis in die Alveolen vor, sein MAK-Wert liegt bei 0,1 mg/m^3 Luft. Der einatembare Staub, entsprechend Größe PM$_{70}$, hat einen MAK-Wert von 2 mg/m^3 Luft. Die Reduzierung der Schadstoffbelastung in der Luft ist das Ergebnis des gesellschaftlichen Zusammenwirkens von Gesetzgebung, technischem Fortschritt und Verhaltensanpassung der Menschen, auch in Zeiträumen von Generationen.

Die Aufnahme von Inertstaub in die MAK-Liste beginnt nach Abb. 2.3 im Jahr 1968 mit einem MAK-Wert von 15 mg/m^3. Im Jahr 1983 wurde der Wert auf 6 mg/m^3 abgesenkt. Ein Jahr danach wurde der MAK-Wert für Inertstaub in den allgemeinen Staubgrenzwert für granulare biobeständige Stäube überführt. Für einatembaren Staub liegt der MAK-Wert jetzt bei 4 mg/m^3, für den alveolengängigen Staub bei 0,3 mg/m^3. Inzwischen wird dem alveolengängigen Anteil ein Krebspotenzial zugeschrieben, was die Einstufung als krebserzeugender Arbeitsstoff der Kategorie 4 zur Folge hat. In diese Kategorie werden Stoffe eingeordnet, für die ein MAK-Wert abgeleitet werden kann. Das Krebsrisiko beruht hier nicht auf einem gentoxischen Mechanismus, sondern einer allgemeinen Geschwulstbildung (PUBLISSO ZB MED 2022). Vom Geltungsbereich des Staubgrenzwertes sind Millionen Arbeitsplätze betroffen (Blome 2005).

Zu Änderungen von MAK-Werten werden von der Kommission Begründungen geliefert, die das weite Wirkungsspektrum eines Schadstoffes erläutern. Die Begründungen werden ebenfalls auf der Plattform der Zentralbibliothek für Medizin PUBLISSO veröffentlicht (PUBLISSO BuM 2022).

Richtwert für Asbest im Jahre 1973

Die krebserzeugenden Luftschadstoffe stellten die MAK-Werte-Kommission vor das Problem, die Gesundheit der Arbeiter zu schützen, ohne vom Umgang mit dem Stoff abzuraten. Ein Ausweg wurde in der Formulierung von Richtwerten gesehen. So wurde 1973 in Mitteilung VII für Chrysotilasbest-Feinstaub ein Richtwert von 0,15 mg/m^3 genannt (MAK-Werte 1973). Durch diese Festlegung konnten passende Schutzmaßnahmen und messtechnische Überwachung am Arbeitsplatz veranlasst werden. Die Richtwerte zielten auf die fibrogene Wirkung, das heißt eine Vernarbung der Lunge durch Asbestfasern ab. Die Einhaltung des Richtwertes schließt das Krebsrisiko nicht aus, die Inkubationszeit für Asbest reicht bis 30 Jahre. Nach dem Erlass der Arbeitsstoffverordnung 1970 übernahm bald der Ausschuss für gefährliche Arbeitsstoffe die Grenzwertsetzung für krebserregender Stoffe.

Modus der Bekanntmachungen

Die kompletten MAK- und BAT-Werte-Listen werden heute in PUBLISSO, dem ZB MED-Publikationsportal Lebenswissenschaften, veröffentlicht. Im Jahr 2022 erfolgte die 58. Mitteilung. Im Bundesanzeiger werden die Änderungen an neu ausgewählten Stoffen bekannt gegeben, im Januar das bevorstehende Ende der Überprüfungen, im Juli der Abschluss. Einen geschlossenen Überblick über die Arbeit der Senatskommission vermittelt ihre Homepage (SK-Portal 2022).

2.4.2 Arbeitsplatzgrenzwerte (AGW)

Wegen der politischen Bedeutung des Arbeitsschutzes wurde im Jahr 1972 die Verordnung über gefährliche Arbeitsstoffe verabschiedet. In § 28 wird die Einrichtung eines Ausschusses für gefährliche Arbeitsstoffe (AgA) bestimmt, der sich im gleichen Jahr konstituiert (Blome 2005). Seit dieser Zeit arbeiten die beiden „Institutionen" selbstständig und in gegenseitiger Abstimmung an der Verbesserung der Luft am Arbeitsplatz. Die Ständige Senatskommission zur Prüfung gesundheitsschädlicher Arbeitsstoffe der Deutschen Forschungsgemeinschaft erstellt jährlich eine rein auf die Gesundheit der Beschäftigten abgestellte MAK- und BAT-Werte-Liste. Der Ausschuss Gefahrstoffe (AGS) als Beratungsgremium des Bundesministeriums für Arbeit und Soziales entscheidet aus politischer Verantwortung über Grenzwerte am Arbeitsplatz. Rechtsgrundlage ist heute die 1986 erlassene Gefahrstoffverordnung (der AgA ist 1986 in den AGS übergegangen). Dem Ausschuss gehören Vertreter der Arbeitgeber, der Arbeitnehmer, der gesetzlichen Unfallversicherung, der Länderbehörden sowie weitere Sachverständige an, die sicherstellen, dass bei der Festlegung von Schadstoffgrenzwerten in der Luft der Sachverstand vieler gesellschaftlicher Gruppen berücksichtigt wird.

Die Bundesanstalt für Arbeitsschutz und Arbeitsmedizin (BAuA) führt die Geschäfte des AGS. Für hinnehmbare Luft am Arbeitsplatz formuliert der Ausschuss die Technischen Regeln für Gefahrstoffe (TRGS), die im Gemeinsamen Ministerialblatt (GMBl) und auf der sehr informativen Homepage der Bundesanstalt bekannt gemacht werden (baua AGS 2022). Meilensteine aus der Arbeit beider Institutionen sind in Tab. 2.6 zusammengestellt.

Das Regelwerk der TRGS hat seit Bestehen des Ausschusses einen erheblichen Umfang angenommen. Hier sollen bevorzugt die Regeln mit Bezug auf einen konkreten Schadstoffgrenzwert in der Luft herangezogen werden. Viele Regelbestandteile haben ihren Ursprung in Europäischen Richtlinien. Einen guten Überblick stellt das BAuA ins Netz (BAuA net 2022).

Technische Richtkonzentration (TRK) mit dem ersten Stoff Benzol, 1974
Der neue Ausschuss für gefährliche Arbeitsstoffe beschäftigt sich zunächst mit dem drängenden Problem der krebserzeugenden Stoffe. Benzol ist der erste Stoff, der bearbeitet und über den entschieden wird. Im Frühjahr des Jahres 1974 wird die TRK für Benzol auf 10 ppm festgesetzt (entsprechend 32,5 mg/m³ Luft), im Herbst beschließt der AgA das Verwendungsverbot für Benzol, z. B. als Waschflüssigkeit (AgA 1974-5.1974; AgA 1974-12.1974). Mit den beiden Bekanntmachungen im „Arbeitsschutz" wird das entschiedene Vorgehen des AgA für die Gesundheit der Beschäftigten deutlich.

Weitere Kanzerogene werden seit 1976 in der TRgA 102 „Technische Richtkonzentration für gefährliche Arbeitsstoffe" veröffentlicht; zugeordnet ist die TRgA 101 „Begriffsbestimmungen" (AgA 1976).

Technisches Regelwerk für gefährliche Arbeitsstoffe (TRgA 900), 1981
Die Verflechtung der beiden Regelwerke tritt im Jahr 1981 in eine neue Phase. Der AgA teilt im Bundesarbeitsblatt erstmals mit, dass die Mitteilung XVII der MAK-Kommission als Ganzes in das Technische Regelwerk für gefährliche Arbeitsstoffe (TRgA 900) einbezogen wird. Hier zeigt sich augenfällig die Verflechtung der beiden Bewertungssysteme. Die Kontinuität wird hergestellt durch den Bezug auf die vorgängige Veröffentlichung: „Die TRgA 900 ersetzt die MAK-Werte-Liste 1980" (AgA 1981). Seither veröffentlicht der Ausschuss für gefährliche Arbeitsstoffe auch selbst abgeleitete Grenzwerte, die von der MAK-Kommission übernommenen Werte werden als solche gekennzeichnet.

Gefahrstoffverordnung 1986
Die Gefahrstoffverordnung löst die Verordnung über gefährliche Arbeitsstoffe ab. Der Ausschuss für gefährliche Arbeitsstoffe geht in den Ausschuss für Gefahrstoffe über. Bemerkenswert ist die Verwendung des eher plakativ

wirkenden Begriffs „Gefahrstoff" anstelle des bisherigen inhaltsstarken Begriffs „gefährlicher Arbeitsstoff".

Die Namen der einzelnen Regelwerte werden angepasst. Aus „Technische Regeln gefährliche Arbeitsstoffe" (TRgA 900) wird „Technische Regeln für Gefahrstoffe" (TRGS 900). Die MAK-Listen der DFG werden weiter als Ganzes in die neue TRGS 900 übernommen (AGS 1986). Der neue Ausschuss ist in § 20 der Gefahrstoffverordnung legitimiert. Einen Überblick über den Gesamtzusammenhang gibt die Tab. 2.6.

Tab. 2.6 Meilensteine der Luftverbesserung am Arbeitsplatz. Maximale Arbeitsplatzkonzentration (MAK) der Forschung und Arbeitsplatzgrenzwerte (AGW) der Politik in tabellarischer Gegenüberstellung

Jahr	Deutsche Forschungsgemeinschaft/Ständige Senatskommission zur Prüfung gesundheitsschädlicher Arbeitsstoffe **Maximale Arbeitsplatzkonzentration**	Bundesministerium für Arbeit und Soziales/Ausschuss für Gefahrstoffe (AGS) **Arbeitsplatzgrenzwerte**
1941	Gründung des ACGIH-Committee „Threshold Limit Values for Chemical Substances TLV-CS" (USA)	
1946	Erste Liste mit 148 MAC-Werten (USA)	
1955	Gründung der MAK-Kommission der DFG	
1956	ACGIH führt die Bezeichnung TLV anstelle von MAC ein	
1958	Mitteilung I der Kommission zur Prüfung gesundheitsschädlicher Arbeitsstoffe. Teilweise Übernahme von TLV-Werten bis einschl. Mitteilung III (1964)	Veröffentlichung der Mitteilung I in der Zeitschrift „Arbeitsschutz", die folgenden Mitteilungen ebenso
1970 1972 1973 1974 1976 1981	Mitteilung VIII: Begründungen zu MAK-Werten erscheinen im Verlag Chemie (1972) Technischer Richtwert Asbest (1973) Mitteilung XVII (1981)	Erlass der Arbeitsstoffverordnung (1970) Konstituierung des Ausschusses für gefährliche Arbeitsstoffe (AgA), (1972) Technische Richtkonzentration Benzol (1974) TRgA 102 Technische Richtkonzentration für gefährliche Arbeitsstoffe: Vinylchlorid, Benzol (1976) Die MAK-Liste der DFG wird in das Regelwerk für gefährliche Arbeitsstoffe TRgA 900 einbezogen (1981).

(Fortsetzung)

Tab. 2.6 (Fortsetzung)

Jahr	Deutsche Forschungsgemeinschaft/Ständige Senatskommission zur Prüfung gesundheitsschädlicher Arbeitsstoffe **Maximale Arbeitsplatzkonzentration**	Bundesministerium für Arbeit und Soziales/Ausschuss für Gefahrstoffe (AGS) **Arbeitsplatzgrenzwerte**
1986	Mitteilung XXII: Der Verlag Chemie geht in den Verlag Wiley CHV auf.	Erlass der Gefahrstoffverordnung Der AgA wird zum AGS (Ausschuss für Gefahrstoffe). Übernahme der MAK-Werte in das umbenannte Regelwerk für Gefahrstoffe TRGS 900
2005	Die Überprüfungen der DFG werden ab 2007 im Bundesanzeiger/„Arbeitsschutz" veröffentlicht.	Neue Gefahrstoffverordnung · Der AGS stellt eigene Arbeitsplatzgrenzwerte auf. · Integration von TRK-Werten in die TRGS 900 · Erarbeitung einer Einwirkung-Risiko-Beziehung (ERB) für krebserzeugende Stoffe in Stufen bis 2008: TRGS 910 „Risikobezogenes Maßnahmenkonzept für Tätigkeiten mit krebserzeugenden Stoffen"
2020	Veröffentlichung der MAK- und BAT-Listen bei ZB MED-PUBLISSO	
Internetzugang	Der Zugang zu Bundesanzeiger und PUBLISSO ist barrierefrei möglich.	Freier Zugang zu den TRGS über BAuA Der Zugang zum GMBl ist nicht barrierefrei.

Die Bezeichnung „Gefahrstoff" weist auch darauf hin, dass die Stoffe bei der Handhabung leicht in die Luft gelangen und beim Einatmen schädigend auf die Gesundheit einwirken. Auch die gleichzeitige Deposition auf die Haut birgt Gefahren. Für den Umgang mit Gefahrstoffen am Arbeitsplatz werden in der Regel höhere Grenzwerte eingeräumt als in den Luftqualitätsstandards für die Außenluft nach der 39. BImSchV. Erklärungen für die gesellschaftliche Akzeptanz dieser Risiken gibt es zahlreiche, naturbedingte Notwendigkeiten für ihre Akzeptanz weniger. Zumindest gilt ein fortwährendes Minimierungsgebot durch Überprüfung und Einführung von Arbeitsbedingungen, die dem Stand der Technik entsprechen. Der Schutz vor Gefahrstoffen ist eine Frage des Aufwandes und möglicherweise mit der Folge der Produktverteuerung verbunden. Die oft zögerliche gesellschaftliche Akzeptanz solcher Maßnahmen setzen dem Bestreben des Gesetzgebers Grenzen, die Belastungen weit unter die Wirkschwelle zur Schadensauslösung zu senken. Der Gesetzgeber muss dennoch den Verbesserungskreislauf in Gang setzen.

Technische Regeln für Gefahrstoffe (TRGS 900)

Die TRGS 900 enthält heute für über 500 Stoffe Arbeitsplatzgrenzwerte, die angeben, bei welcher Konzentration des jeweiligen Stoffes akute oder chronisch schädliche Auswirkungen auf die Gesundheit des Menschen im Allgemeinen nicht zu erwarten sind. Die Arbeitsplatzgrenzwerte sind Schichtmittelwerte bei in der Regel täglich achtstündiger Exposition an fünf Tagen pro Woche (mit zulässigen Überschreitungen) während der Lebensarbeitszeit (TRGS 900 2006). Die Werte betreffen in der Regel chemische Stoffe, eine Auswahl ist in Tab. 2.7 zusammengestellt. Aus den

Tab. 2.7 Arbeitsplatzgrenzwerte nach TRGS 900

Gefahrstoff	Arbeitsplatzgrenzwert	Bemerkungen
Allgemeiner Staubgrenzwert	$10\ mg/m^3$	Entspricht Schwebstaub PM_{70}
Arbeitsplatzstaub: einatembarer Anteil alveolengängiger Anteil	$1{,}25\ mg/m^3$	Entspricht Feinstaub PM_4
Chlorgas CL_2	$1{,}5\ mg/m^3$	
Ethanol C_2H_5OH	$380\ mg/m^3$	
Formaldehyd CH_3OH	$370\ \mu m/m^3$	Innenraumrichtwert $100\ \mu g/m^3$
Kohlenstoffdioxid CO_2	$5000\ ppm$	Innenraumgrenzwert $1000\ ppm$ Außenluft $400\ ppm$
Kohlenstoffmonoxid CO	$30\ ppm\ (35\ mg/m^3)$	Immissionsgrenzwert $10\ \mu g/m^3$ Blutblockade
Schwefeldioxid SO_2	$2{,}7\ mg/m^3$	Immissionsgrenzwert/Jahr $50\ \mu g/m^3$ Schleimhautreizung
Stickstoffdioxid NO_2	$950\ \mu g/m^3$	Innenraumrichtwert $40\ \mu g/m^3$
Dieselmotoremission (inkl. Dieselrußpartikel), gemessen als elementarer Kohlenstoff, alveolengängiger Anteil	$50\ \mu g/m^3$	Unterhalb der Schwelle zur Kanzerogenität
Tetrachlorethen C_2Cl_4	$69\ mg/m^3$	Unterer Innenraumrichtwert $0{,}1\ mg/m^3$ Reinigungsmittel P

Werten erkennen Sie, dass die AGW in erster Annäherung um einen Faktor 3–50 über denen der zulässigen Immissionswerte für die Außenluft liegen. Die Gründe sind stoffspezifisch. Allgemein ist anzumerken, dass die Werte für gesunde Menschen gelten, die ihre arbeitsfreie Zeit in sauberer Luft verbringen können.

Angemerkt sei auch, dass in der Gesetzgebung mit der neuen Gefahrstoffverordnung im Jahr 2005 die bis dahin übernommenen MAK-Werte der Deutschen Forschungsgemeinschaft jetzt Arbeitsplatzgrenzwerte genannt werden.

Allgemeiner Staubgrenzwert

Der Arbeitsplatzgrenzwert für Staub ist gesplittet. Der einatembare Anteil wird vorwiegend in den oberen Atemwegen abgefangen und von deren Reinigungssystem in Richtung Kehldeckel gefördert und verschluckt. Der hier gemeinte Schwebstaub entspricht etwa PM_{70}. Die Menge des einatembaren Staubes hängt wesentlich von der Stellung zur Windrichtung ab. Zudem erfasst der Saugstrom der Lunge keine schweren Partikel. Interessant ist ein Blick auf die Korngrößen von Dünen: der feinste Sand dort hat eine Körnung von 70 μm.

Der zulässige, alveolengängige Anteil des Staubes beträgt 1250 μg/m^3 Atemluft, er entspricht PM_4. Der Wert erscheint sehr hoch, verglichen mit den zulässigen 40 μg/m^3 in der Außenluft nach 39. BImSchV. Außer den bereits gegebenen Begründungen ist zu berücksichtigen, dass der Wert nicht für Stäube mit erbgutverändernder, krebserzeugender, fibrogener oder sensibilisierender Wirkungen gilt, das heißt, der Staub muss auch frei sein von Dieselruß. Beispielhaft gehören zu dieser Gruppe Stäube von Aluminium, Grafit, Magnesia. Beim Vergleich der zulässigen Belastungen am Arbeitsplatz und in der Außenluft muss berücksichtigt werden, dass es sich jeweils um Stäube verschiedener chemischer Zusammensetzung handelt mit verschiedenen Anteilen an Ruß, in der Außenluft stammen sie aus Verbrennungsvorgängen.

Die Zuordnung der Staubfraktionen in den Atemwegen ist in DIN EN 281 festgelegt (DIN EN 281 1993).

Kohlenstoffdioxid

Beim Kohlenstoffdioxid gilt ein Arbeitsplatzgrenzwert von 5000 ppm. Der untere Innenraumleitwert liegt bei 1000 ppm. Die Hintergrundbelastung der Luft beträgt 400 ppm. CO_2 ist das Schlüsselgas der Treibhausgase. Sein Gehalt in der Luft ist innerhalb der letzten 70 Jahre um 100 ppm von 300 ppm auf 400 ppm angestiegen – mit weiter steigender Tendenz. Wenn der Anstieg im bisherigen Tempo weitergeht, wären wir in 400 Jahren bei 1000 ppm CO_2 in der Außenluft angekommen: eine Konzentration, die die Denkleistung beeinträchtigt. Die Lüftung von Innenräumen wäre in der heutigen Form nicht mehr möglich. Die verfügbaren nichterneuerbaren Energieressourcen der Welt würden beim heutigen Verbrauch noch 800 Jahre reichen, wobei die Kohle der verbreitetste Energieträger mit dem relativ höchsten CO_2-Ausstoß ist (BGR 2020).

Unter Ressourcen werden nachgewiesene und geologisch vermutete Energierohstoffmengen verstanden unter der Annahme wirtschaftlicher Zugänglichkeit. Da die Gasvorräte bereits nach 150 Jahren und die Ölvorräte nach 110 Jahren jedoch schneller zur Neige gehen als die Kohlevorräte, wird der Grenzwert von 1000 ppm in weit weniger als 400 Jahren erreicht. Die Qualität des Lebensmittels Luft kommt an eine planetarische Grenze, wenn wir die Verbrennung fossiler Brennstoffe nicht auf einen stabilen, gesundheitlich zuträglichen Wert zurückfahren. Ein lebenswerter CO_2-Wert in der Außenluft sollte sich als Nebeneffekt beim Erreichen des Klimazieles < 2 °C Temperaturerhöhung einstellen.

Stickstoffdioxid

Bei Stickstoffdioxid steht einem Arbeitsplatzgrenzwert von 950 μg/m^3 ein Grenzwert für die Außenluft von 40 μg/m^3 gegenüber. NO_2 entsteht bei der Verbrennung fossiler Brennstoffe, wirkt stark schleimhautreizend, besonders in Verbindung mit dem gleichzeitig entstehenden Ruß.

Dieselruß, gemessen als Dieselmotoremission

Dieselruß ist ein epidemiologisch gut untersuchtes Abgasaerosol von Dieselmotoren, meist von Fahrzeugen. Mit der Verbesserung der Dieselmotortechnik über viele Jahre hat sich die Zusammensetzung des Rußes wenig verändert. Während der nie ganz vollständigen Verbrennung im Motor entstehen Kerne aus elementarem Kohlenstoff mit der Struktur von Grafit. Bei der Umwandlung von Diesel in Grafit bleiben polyzyklische Kohlenwasserstoffe als Zwischenstufen zurück. Diese Stoffgruppe ist krebsauslösend. Schlüsselkomponente dafür ist Benzo(a)pyren (BaP), ein besonders starkes Kanzerogen.

Normalerweise kann für krebserzeugende Stoffe kein Arbeitsplatzgrenzwert angegeben werden. Schon kleinste Konzentrationen in der Luft bergen ein statistisches Risiko, an Krebs vorzeitig zu sterben. Es wird deshalb mit einer Exposition-Risiko-Beziehung gearbeitet, die im Folgekapitel vorgestellt wird.

Im Fall von Dieselruß hat sich gezeigt, dass sich die kanzerogene Wirkung von BaP erst dann entfalten kann, wenn genügend Kohlenstoffkerne das

Lungengewebe chronisch entzündet haben. Dieser Schwellenwert liegt bei einer Dieselrußkonzentration von 50 µg/m³ Luft. Er wird nach dieser Argumentationskette als Arbeitsplatzgrenzwert für Dieselruß angegeben.

Sensibilisierung der Atemwege
Biologische Arbeitsstoffe mit sensibilisierender Wirkung sind in der Regel Schimmelpilze, seltener Bakterien. Sie können allergische Erkrankungen wie Bindehautentzündung (Konjunktivitis), Heuschnupfen (Rhinitis allergica) oder Bronchialasthma (Asthma bronchiale) auslösen. In der TRGS 900 sind sie mit „Sa" gekennzeichnet. Die Einhaltung von Arbeitsplatzgrenzwerten schützt nicht zuverlässig vor sensibilisierender Wirkung. Hinweise auf den Umgang mit sensibilisierenden Stoffen für die Atemwege geben die Technischen Regeln für biologische Arbeitsstoffe und Gefahrstoffe (TRBA/TRGS 406. 2008).

Belastung der Außenluft
Arbeitsplätze finden sich in offenen und geschlossenen Räumen oder als stationäre oder wechselnde Arbeitsplätze. Zum Schutz der unbeteiligten Nachbarschaft gibt es zwei Barrieren: Die erste stellt die Begrenzung des Schadstoffes in der Atemluft am Arbeitsplatz dar, gewährleistet durch das Regelwerk der TRGS. Die zweite Barriere ergibt sich aus der Absaugung belasteter Luft und Abgabe über einen Schornstein in den frei strömenden Wind nach den Vorgaben der TA Luft. Wo bleibt der Schadstoff? Zunächst geht er auf das Konto der Hintergrundbelastung. Dort ist die 39. BImSchV zuständig.

Tierversuche
Die Ableitung von Arbeitsplatzgrenzwerten stützt sich auf Tierversuche. Die Umrechnung der Ergebnisse auf den Menschen ist gut möglich. Die am Menschen in der Vergangenheit gewonnenen Erfahrungen werden berücksichtigt, sind aber hinsichtlich der Dosis-Wirkung-Beziehung oft nicht eindeutig, auch deshalb nicht, weil sich die Gefährlichkeit der Stoffe erst im Laufe der Zeit herausstellte. Kriterien zur Ableitung der Arbeitsplatzgrenzwerte finden sich in den Bekanntmachungen zu Gefahrstoffen (BekGS 901 2010).

Luftqualität nach Arbeitsstättenverordnung
Die Arbeitsstättenverordnung schreibt Bedingungen für die angemessene Gestaltung von Arbeitsplätzen vor, § 3.6 etwa zur Lüftung von Arbeits- und Pausenräumen. Der Ausschuss für Arbeitsstätten hat dazu die Technische

Regel für Arbeitsstätten ASR A3.6 „Lüftung" verfasst. Besonders interessant darin ist die Beschreibung der Leistungsermittlung der Fensterlüftung (ASR A3.6 2018).

2.4.3 Grenzwerte krebserzeugender Arbeitsstoffe

Krebsgefahr

Die Senatskommission der Deutschen Forschungsgemeinschaft stuft krebserzeugende Arbeitsstoffe in fünf Kategorien ein. In die Kategorien 1 und 2 fallen Stoffe, die sich beim Menschen (1) und im Tierversuch (2) nachweislich als krebserzeugend erwiesen haben. Diese Stoffe erhalten keinen MAK-Wert. In Kategorie 3 werden Stoffe mit Verdacht auf krebserzeugende Wirkung eingestuft. Sie können einen MAK-Wert erhalten, wenn der Stoff oder seine Metaboliten nicht gentoxisch wirken bzw. seine gentoxische Wirkung nicht im Vordergrund steht. In die Kategorien 4 und 5 werden Stoffe mit krebserzeugender Eigenschaft, aber überschaubarer Wirkung, eingestuft. Bei Stoffen der Kategorie 4 steht der nichtgentoxische Wirkmechanismus im Vordergrund, Stoffe der Kategorie 5 sind gentoxisch mit geringer Wirkungsstärke (PUBLISSO ZB MED 2022).

Auf dem Verantwortungsgebiet der Politik wird die Kanzerogenität in drei Kategorien eingeteilt. Stoffe der Kategorie 1A sind beim Menschen erwiesenermaßen kanzerogen. Stoffe der Kategorie 1B sind im Tierversuch kanzerogen und mit hoher Wahrscheinlichkeit auch beim Menschen. Bei Stoffen der Kategorie 2 besteht aufgrund von Tierversuchen der Verdacht auf kanzerogene Wirkung. Die Daten reichen für eine Einstufung in Kategorie 1 aber nicht aus. Die Einteilung in die drei Kategorien gibt die CLP-Verordnung der EG verbindlich vor (CLP 2008). Die Einteilung muss dem aktuellen Stand der Gefahrstoffverordnung entsprechen und in das Technische Regelwerk für Gefahrstoffe übernommen werden.

Exposition-Risiko-Beziehung (ERB)

Die Gefahrstoffverordnung wurde im Jahr 2005 neu gefasst. Eine wichtige Änderung betraf die Einstufung krebserzeugender Arbeitsstoffe nach dem Modell der Exposition-Risiko-Beziehung (ERB). Das Konzept musste erst entwickelt werden und trat 2008 als TRGS 910 (Risikobezogenes Maßnahmenkonzept für Tätigkeiten mit krebserzeugenden Gefahrstoffen) in Kraft. Die Einstufung von drei ausgewählten Stoffen nach dem neuen ERB-Modell ist in Tab. 2.8 zusammenfassend dargestellt.

Tab. 2.8 Risikobezogene Grenzwerte für krebserzeugende Stoffe am Arbeitsplatz (TRGS 910. 2014)

Risiko	Toleranzrisiko 4:1000	Akzeptanzrisiko 4:10.000	Fernziel 4:100.000
Stoff	Toleranz-konzentration	Akzeptanz-konzentration	Bemerkungen
Asbest, Fasern Anzahl F	100.000 F/m³	10.000 F/m³	Fasern: Länge > 5µm, Durchmesser < 3µm
Benzol	1900 μ g/m³	200 µg/m³	Innenraumleitwert: 4,5 µg/m³ nach 39. BImSchV 5 µg/m³
Benzo(a)pyren	700 ng/m³	70 ng/m³	Schlüssel-komponente im Dieselruß, dieser ist Teilmenge von PM_{10}

Die bis dahin in der Liste „Technische Richtkonzentrationen für gefährliche Arbeitsstoffe" (TRgA 102) geführten krebserregenden Stoffe werden nach TRGS 901 überprüft. Lässt sich ein Arbeitsplatzgrenzwert ableiten, erfolgt eine Aufnahme in die TRGS 900, wenn nicht, wird der Stoff in die neue TRGS 910 überführt.

Die zwei Zäsurpunkte der ERB

Das gesundheitliche Risiko durch Einwirkung von Gefahrstoffen ist ein Kontinuum, das in der Regel mit der Gefahrstoffkonzentration zunimmt. Die TRGS 900 nennen für jeden Gefahrstoff nur einen Wert auf der Exposition-Risiko-Kurve, den Arbeitsplatzgrenzwert. In der TRGS 910 werden auf der Kurve zwei Zäsurpunkte festgelegt, das Akzeptanzrisiko und das Toleranzrisiko. Das untere Akzeptanzrisiko liegt bei $4 \cdot 10^{-4}$, das obere Toleranzrisiko bei $4 \cdot 10^{-2}$. Das Krebsrisiko nimmt mit der Konzentration in der Luft linear längs einer Geraden zu. Im Bereich sehr geringer Konzentrationen könnte das Risiko möglicherweise nicht weiter absinken. Abb. 2.4 verdeutlicht das Prinzip am Beispiel von Asbest. Die Höhe der Risiken ist nicht stoffgebunden.

Die Luft am Arbeitsplatz wird von den beiden Zäsurpunkten in drei Kategorien eingeteilt. Unterhalb der Konzentration des Akzeptanzrisikos wird das Risiko als hinnehmbar (akzeptabel) bewertet. Für Konzentrationen, die zwischen denen der Zäsurpunkte liegen, wird das damit verbundene Risiko

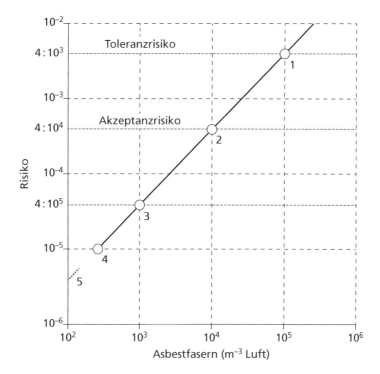

Abb. 2.4 Risiko des Menschen, im Laufe seines Lebens durch Asbest an Lungenkrebs zu sterben.
1 = Toleranzrisiko nach TRGS 910; 2 = Akzeptanzrisiko nach TRGS 910; 3 = Ziel-Akzeptanzrisiko nach TRGS 910; 4 = Risikovorschlag für die Allgemeinbevölkerung (TRGS 910 .2014, S. 26); 5 = Hintergrundbelastung 100–150 Fasern/m³ (Asbest 2018)

als unerwünscht bewertet. Zusätzliche Schutzmaßnahmen für den Arbeitnehmer sind erforderlich. Oberhalb des Toleranzrisikos ist ein Gesundheitsschaden wahrscheinlich.

Bei Arbeiten mit Gefahrstoffen unter der Akzeptanzkonzentration schreibt der Gesetzgeber keine besonderen Schutzmaßnahmen vor. Bei Überschreiten der Akzeptanzkonzentration muss der Arbeitgeber zusätzliche Maßnahmen zum Schutz der Arbeiter veranlassen, z. B. Absaugungen des Schadstoffes oder Tragen von Gesichtsmasken. Das Gesundheitsrisiko steigt mit steigender Schadstoffkonzentration in der Luft. Der Umgang mit dem Gefahrstoff ist weiter erlaubt, aber unter zusätzlichen Schutzmaßnahmen. Beim Toleranzrisiko endet die Erlaubnis zum Umgang mit dem Gefahrstoff, abgesehen von kurzzeitigen Überschreitungen.

Für gentoxische Luftschadstoffe kann keine Konzentration angegeben werden, unterhalb der eine Krebserkrankung auszuschließen ist. Die Lösung des Problems liegt im Vergleich mit den Risiken, denen jeder Mensch ohnehin durch die ubiquitären krebserzeugenden Luftschadstoffe in der Außenluft ausgesetzt ist. Unter „Risiko" wird in der TRGS 910 die statistische Wahrscheinlichkeit des Eintritts eines Gesundheitsschadens bei Tätigkeiten mit krebserzeugenden Gefahrstoffen verstanden (TRGS 910.2014).

Festlegung der Risiken
Wie kommt es zu diesen Werten? Das Risiko eines Nichtrauchers, während seines Lebens an Lungenkrebs zu erkranken, ist erschreckend hoch und liegt im Bereich zwischen 1 von 100 bis 5 von 1000 (gleichbedeutend mit 1:100 bis 1:200 oder kurz 10^{-2} bis $2 \cdot 10^{-2}$). Jeder hundertste bis zweihundertste Bürger stirbt also im Laufe seines Lebens an Krebs der Atmungsorgane. Denn jeder krebserregende Schadstoff in der Luft leistet einen Beitrag zum Krebsrisiko eines Menschen.

Die Bund/Länder-Arbeitsgemeinschaft für Immissionsschutz der Umweltministerkonferenz bewertet Exposition-Risiko-Beziehungen und verfolgt auch die Hintergrundbelastung luftgetragener krebserregenden Stoffe. Für acht luftgetragene Umweltkanzerogene wurde das Hintergrundrisiko in Ballungsgebieten für die Jahre 1992 und 2001 ermittelt. Die untersuchten Kanzerogene sind Asbest, Benzol, Benzo(a)pyren, Arsen, Cadmium, Nickel, Ruß, Chrom. Innerhalb von zehn Jahren halbierte sich das Gesamtrisiko dieser acht Stoffe von 1:1250 auf 1:2500. Diesem Summenrisiko entspricht das derzeitige Akzeptanzrisiko für einen kanzerogenen Arbeitsstoff (LAI 2005). Das Risiko eines Nichtrauchers, an Lungenkrebs zu erkranken, liegt bei 5:1000, in der Tendenz sogar höher. Als Toleranzrisiko wurde der Wert 4:1000 gewählt, der unter dem allgemeinen Nichtraucherrisiko liegt, wenn auch nur geringfügig. Um die Abstände der beiden Risiken in der Praxis gut unterscheidbar zu halten, wurde dafür der Faktor 10 festgelegt.

Der Risikoanteil einzelner Kanzerogene in der genannten Gruppe am Hintergrundrisiko ist sehr unterschiedlich. Rußpartikel mit Benzo(a)pyren als Leitkomponente beanspruchen allein einen Anteil von über 75 % des Risikos. Hauptquelle ist Ruß aus dem Straßenverkehr. Dabei ist wiederum die Hintergrundbelastung in Ballungsgebieten höher als im ländlichen Raum. Im Jahr 2001 betrug das Risiko, an Rußpartikeln in der Luft vorzeitig an Krebs zu sterben, $30 \cdot 10^{-5}$. Das heißt, drei von 10.000 Menschen sind vorzeitig an Krebs gestorben. Ein gewisses Grundrisiko, an Krebs zu sterben, muss einkalkuliert werden. Allgemein wird ein Zusatzrisiko von 1:1.000.000 pro Lebenszeit als hinzunehmend eingestuft (LAI 2005).

Perspektivisch sollte im Zuge des Minimierungsgebotes das Akzeptanzrisiko nach der Empfehlung des Ausschusses für Gefahrstoffe um einen weiteren Faktor 10 abgesenkt werden, also auf 4:100.000. Als spätester Termin war 2018 vorgesehen, der musste jedoch stoffspezifisch verschoben werden (AGS Info 2021).

Für alle luftgetragenen kanzerogenen Arbeitsstoffe existieren Datenblätter über die Relation von Einwirkung und daraus folgendem Risiko für den Menschen, vorzeitig an Krebs zu sterben (AGS ERB 2021).

Krebsstatistik

Krebs in den Atmungsorganen, in den Bronchien und der Lunge, bedeutet auch, dass die Lebenserwartung der davon Betroffenen dadurch sehr begrenzt wird. Statistisch gesehen stimmen Erkrankungs- und Todesjahr überein. Im Jahr 2020 verstarben in Deutschland 46.550 Personen an bösartiger Neubildung in den Bronchien und der Lunge, erfasst in der WHO-Klassifikation ICD-10, C30-C39. Gestorben sind im gleichen Jahr 985.500 Personen. Das bedeutet, fast fünf von 100 Personen verstarben 2020 an Krebs der Atmungsorgane, das Sterberisiko der Gesamtbevölkerung lag 5-mal höher als das des Nichtrauchers. Da sich mit Statistik trefflich jonglieren lässt, könnte man die Raucher mit der Feststellung beruhigen, dass sie nur für ein Fünftel der an Krebs der Atemorgane vorzeitig Verstorbenen verantwortlich seien (GeBeBu 2020).

Am Arbeitsplatz wird für den Umgang mit einem krebserzeugenden Gefahrstoff ein zusätzliches Risiko von 4:10.000 akzeptiert (gleichbedeutend mit 1:2500). Das akzeptierte Zusatzrisiko für den Umgang mit einem krebserzeugenden Gefahrstoff am Arbeitsplatz liegt damit mindestens um den Faktor 10 niedriger als das ohnehin vorhandene Hintergrundrisiko eines Nichtrauchers.

Fazit für den Bürger

Die Systematik in der Risikoabschätzung von Schadstoffen hilft auch bei der Beurteilung von Schadstoffen im persönlichen Umfeld. Die Wahrscheinlichkeit, an Krebs zu erkranken, nimmt mit der Konzentration an Schadstoffen in der Luft zu. Aber nicht jeder erkrankt. Offenbar sind die biologischen Schutz- und Reparaturmechanismen unterschiedlich auf die Menschen verteilt. Das bedeutet auch, dass manche Menschen empfindlicher auf Schadstoffe reagieren als erwartet. Eine vertiefte Beschreibung der Exposition-Risiko-Beziehungen enthält Anlage 3 der TRGS 910, einschließlich eines hilfreichen Glossars der notwendigen Fachbegriffe. Beim Umgang mit Schadstoffen gilt der berühmte Satz von Paracelsus: „Nur die Dosis macht das Gift." Besonders bei gentoxischen, krebserregenden Stoffen muss dieser Satz um den Faktor Einwirkungsdauer ergänzt werden. Nach der neueren Regel von Druckrey wirken Konzentration und Einwirkdauer zusammen (Wunderlich 2019).

Im privaten Bereich kann die Exposition gegenüber einem Gefahrstoff auch unterschätzt werden. Ein Beispiel, wenn auch ein Extremfall, ist der Tod einer Hausfrau, die an durch Asbest verursachtem Krebs gestorben ist, weil sie die Arbeitskleidung ihres Ehemannes gewaschen hat.

Asbest

Am Beispiel für Asbest sind in Abb. 2.4 die Risikopunkte 1 und 2 eingetragen. Das Akzeptanzrisiko von $4 \cdot 10^{-4}$ entspricht für Asbest einer Akzeptanzkonzentration von 10.000 Asbestfasern/m^3 Luft. Das Toleranzrisiko von $4 \cdot 10^{-2}$ ist bei einer Toleranzkonzentration von 100.000 Fasern/m^3 Luft erreicht. Asbest löst sich bei mechanischer Beanspruchung in feine Fasern auf, die Krebs auslösen. Diese Fasern sind $> 5\,\mu m$ lang, $< 3\,\mu m$ im Durchmesser mit einem Verhältnis Länge/Durchmesser von > 3. Aus medizinischer Sicht sind lange Fasern besonders gefährlich. Sie wandern ins Rippenfell und lösen durch mechanischen Stress Krebs aus. Die kurzen Fasern können vom Mukus (Schleimauskleidung der Atemwege) oder von den etwa $15\,\mu m$ großen Makrophagen der Lungenbläschen aufgenommen und in Richtung unterer Rachenraum transportiert werden, von wo aus sie in den Magen verschluckt werden.

In Abb. 2.4 sind weitere Risikopunkte eingezeichnet. In Punkt 3 ist die geplante Absenkung des Akzeptanzrisikos auf $4 \cdot 10^{-5}$ eingetragen. Die Faserkonzentration läge dann bei 1000 Fasern/m^3 Luft. In Punkt 4 ist ein vom Sachverständigenrat für Umweltfragen empfohlenes und von der Gesundheitsministerkonferenz akzeptiertes, auf die Lebenszeit bezogenes Einzelsubstanzrisiko für die Allgemeinbevölkerung von 1:100.000 eingetragen, entsprechend einer Faserkonzentration von ca. 400 Fasern/m^3 (TRGS 910 A2. 2014). Die Risiken nach den Punkten 3 und 4 sind Zielvorgaben für alle krebserzeugenden Stoffe. Zur Erreichung sind oft einschneidende Strukturänderungen der Arbeitssicherheitskonzepte erforderlich, wie das Verbot der Herstellung und Verwendung von Asbest im Jahr 1993.

Die Hintergrundkonzentration für Asbest in der Außenluft wird mit 100–150 Fasern pro m^3 angegeben (Asbest 2018). Dieser Bereich wird markiert durch Ziffer 5 in Abb. 2.4. Als Risiko liest man Werte in einem Bereich zwischen 4:100.000 bis 6:100.000 ab, das heißt, vier bis sechs von

100.000 Menschen sterben vorzeitig an Krebs durch Asbest in der Umwelt. Möglicherweise liegt das Risiko bei den niedrigen Konzentrationen geringfügig höher als das, was man von einer Geraden abliest. Aus diesem Grund wurde dieses Stück gestrichelt gezeichnet.

Durch Verwitterung von natürlichen Lagerstätten werden kontinuierlich Asbestfasern freigesetzt und in entfernte Gebiete verfrachtet, wo sie zur Hintergrundbelastung beitragen. Im Fall von Asbest liegt der Hintergrundwert bereits unter der Vorgabe. Mit größeren örtlichen und zeitlichen Schwankungen der Hintergrundkonzentrationen muss gerechnet werden, auch bei anderen Schadstoffen.

Asbestverbot

Die Verwendung von lose gebundenem Asbest als nicht brennbarer Bau- und Isolierstoff, und das auch im Innenraumbereich, führte zu einer hohen Zahl an Krebserkrankungen. Das Verbot von Asbest war unausweichlich. Seit 1993 gilt laut Gefahrstoffverordnung ein generelles Verbot für die Herstellung und Verwendung von Asbest. Ausgenommen sind nur Abbruch-, Sanierungs- und Instandhaltungsarbeiten an asbesthaltigen Gebäuden. Seit 2005 gilt ein europaweites Asbestverbot.

Das Thema Asbest ist damit aber nicht erledigt. In Gebäude eingebauter Asbest muss wieder entfernt werden. Für den Schutz der damit Beauftragten gibt die TRGS 519 „Asbest: Abbruch-, Sanierungs- oder Instandhaltungsarbeiten" spezielle Arbeitsweisen vor. Übergeordnet ist die TRGS 910, besonders mit den Akzeptanz- und Toleranzgrenzen. Zum Schutz der Nutzer der sanierten Innenräume schreibt die spezielle Regel vor, dass in Innenräumen nach Abschluss aller Arbeiten nachzuweisen ist, dass eine Konzentration von 500 Fasern/m^3 in der Raumluft unterschritten wird (TRGS 519 2022).

Wenn man bedenkt, dass bei der Entstehung vieler Gesteine Asbest faserförmig auskristallisiert und im Steinbruch bei der Erzeugung, Verarbeitung von Gestein und dem späteren Rückbau Asbestfasern freigesetzt werden, so erkennen wir, dass Asbest auch ein typisches Kulturfolger-Problem mit eigenem Gefahrenpotenzial darstellt. Beispiele für asbesthaltiges Gestein sind Basalt, bestimmte Schieferarten oder Talkum, das als Füll- und Gleitmittel in Elektrokabeln eingesetzt wird. Für Asbest ist deshalb mit einer Hintergrundbelastung zu rechnen, die durchschnittlich bei 1 % der Akzeptanzkonzentration (LAI 2005) liegt (vgl. Abb. 2.4, Punkt 4).

In deutschen Steinbrüchen liegt der Asbestgehalt in der Regel unter 1 %, bezogen auf die Masse der Gesteine – und damit unterhalb des Herstellungs- und Verwendungsverbotes gemäß Gefahrstoffverordnung

(§ 16 Abs. 2). Die Bearbeitung solcher asbesthaltigen Gesteine unterliegt der TRGS 517 „Tätigkeiten mit potenziell asbesthaltigen Rohstoffen". Die Regel greift ab einem messbaren Asbestgehalt oberhalb von 0,008 %. Der Bereich so überwachter Gesteine liegt zwischen 0,008 % und 0,1 %, was einer Asbestmenge von 80 g bis maximal 1000 g pro Tonne Gestein entspricht. Wichtige Anwendungen sind Tunnelbau, Steinfräsarbeiten, Schotter- und Feinsplittherstellung.

Benzol

Benzol ist Bestandteil von Benzin für Kraftfahrzeuge. Beim Tanken und als Bestandteil der Motorenabgase gelangt Benzol in die Luft. Über die Außenluft und beim Kochen mit Gas gelangt Benzol auch in Innenräume. Über die Lunge und die Haut tritt es in den Körper ein und kann in der Kette der Abbaureaktionen Blutkrebs erzeugen. Die Akzeptanzkonzentration von 200 $\mu g/m^3$ liegt deutlich über dem Grenzwert von 5 $\mu g/m^3$ nach TA Luft. Bemerkenswert ist, dass in der TA Luft überhaupt ein Grenzwert für den kanzerogenen Gefahrstoff angegeben wird, da für diese Stoffe die Anwendung der Exposition-Risiko-Beziehung mit gestuften Schutzvorkehrungen vorgesehen ist. Initiiert wurde dieses Vorgehen durch die auch für Deutschland verbindliche Europäische Richtlinie 2000/69/EG. Das bei Einhaltung des Immissionsgrenzwertes von 5 μg Benzol/m^3 verbleibende Krebsrisiko wird rechtlich als hinzunehmendes Risiko, besonders in Ballungsräumen, festgeschrieben (LAI 2005). In die gesundheitliche Risikobewertung sind zusätzlich wirtschaftliche Überlegungen und die technische Machbarkeit von Minderungsmöglichkeiten eingeflossen, andererseits schreibt die Richtlinie perspektivisch eine Reduzierung des Benzol-Grenzwertes vor.

Benzo(a)pyren (BaP) und andere polyzyklische aromatische Kohlenwasserstoffe (PAK)

Benzo(a)pyren ist chemisch ein polyzyklischer aromatischer Kohlenwasserstoff, bestehend aus sechs Benzolringen, Festpunkt 178 °C, Siedepunkt 496 °C. Der Stoff ist Teerbestandteil und entsteht regelmäßig bei jeder unvollständigen Verbrennung. Dabei muss man wissen, dass eine vollständige Verbrennung zwar oft gewünscht, aber schwer zu erreichen ist. Teer seinerseits besteht aus einem Gemisch vieler verschiedener polyzyklischer aromatischer Kohlenwasserstoffe (PAK), aus denen Benzo(a)pyren nach TRGS 906 mit dem höchsten kanzerogenen Potenzial herausragt. PAK-Gemische entstehen bei der Pyrolyse, das heißt dem Erhitzen von Kohle oder Ölprodukten unter Sauerstoffmangel und niedriger Verbrennungstemperatur, auch als Schwelen bekannt. Charakteristisch dabei ist auch die behinderte Sauerstoffzufuhr durch Asche. Aber nicht allein die Asche behindert die Luftzufuhr zur Flammenfront, auch der Stickstoff der Luft bremst die Geschwindigkeit der Verbrennung.

Bei den notwendig hohen Verarbeitungstemperaturen von Teer (Straßenbau) gelangen die Teerbestandteile zunächst als Dampf in die Luft, kühlen ab und kondensieren je nach ihrem Festpunkt als feines Aerosol. Betroffen sind beispielsweise Kokereien, Stahlgießereien, die Asphaltverarbeitung und auch die Schornsteinfeger bei ihrer Arbeit. Die Akzeptanzkonzentration beträgt, nach TRGS 910, 70 ng/m^3.

In einem Verbrennungsmotor durchlaufen die eingespritzten Kohlenwasserstoffe Pyrolysebedingungen, wobei auch PAK-Gemische, einschließlich Benzo(a)pyren, entstehen. Wegen der besonderen BaP-Verteilung in den Rußpartikeln von Dieselmotoremissionen konnte der Arbeitsplatzgrenzwert für Dieselabgase auf 50 µg/m^3 festgesetzt werden. Ein Überschreiten dieser Konzentration kann das kanzerogene Potenzial von Dieselruß wecken. .

Bei der Verbrennung fossiler Brennstoffe wie Kohle, Erdöl, Diesel, Benzin, Torf oder Erdgas finden sich im Verbrennungsgas mehr oder weniger unverbrannte Bestandteile wie Ruß und teerartige Bestandteile mit BaP als Leitkomponente. Die Endprodukte vollständiger Verbrennung sind Kohlendioxid und Wasser, letzteres als Wasserdampf. Beide sind heute unerwünschte Klimagase. Vollständige Verbrennung findet sich in Großfeuerungsanlagen wie Kraftwerken, weil dort den Verbrennungsgasen, den sog. Rauchgasen, genügend Verweilzeit im Ofen verordnet wird, um im umschlossenen Raum vollständig ausbrennen zu können. Die Größenordnung für die Verweilzeit der Brenngase im Ofen liegt bei 1 s. Bei den Verbrennungsmotoren von Kraftfahrzeugen liegt die Verweilzeit im Brennraum bei 1/100 s. Die vollständige Verbrennung stößt hier an eine physikalische Grenze.

Die vielen häuslichen Kleinfeuerungsanlagen enthalten auch unverbrannte Bestandteile. Durch höhere Kamine für Kaminöfen und Pelletheizungen wird die Immission von PAK in der unmittelbaren Nachbarschaft gemindert (§ 19 der 1. BImSchV). Die Ausführung wird vom Schornsteinfeger auf die Einhaltung der gesetzlichen Vorgaben überprüft und bei Abweichungen der Behörde gemeldet.

Das Gebäudeenergiegesetz schreibt ein Verbot von Ölheizungen ab dem Jahr 2026 vor, mit wenigen Sonderausnahmen (§ 97 GEG). Die Überwachung übernimmt ebenfalls der Schornsteinfeger. Mit dem Verbot wird die Emission von PAK deutlich reduziert.

Bei offenem Feuer wie bei Kerzen, Gasherden, Fackeln oder Buschbränden in der Natur wird vollständige Verbrennung nur zu einem Bruchteil erreicht. Die Rauchgase solcher „Feuerstellen" enthalten besonders viel mit Teerbestandteilen beladenen Ruß.

Neben Ruß entstehen im Umfeld der Verbrennung Stickoxide, besonders NO_2, das sich beim Einatmen leicht auf der feuchten Schleimhaut niederschlägt. Es wirkt in doppelter Weise schädlich: erstens unmittelbar für die Gesundheit und zweitens fürs Klima.

Ruß baut sich aus plättchenförmig kristallisiertem Kohlenstoff auf, als Carbon Black wird er großtechnisch hergestellt (Hirschberg HG (1999).

Besondere krebserzeugende Stoffe

Mit manchen krebserzeugenden Stoffen kommt der Bürger in Kontakt, ohne sich dabei Gedanken über mögliche Auswirkungen auf die Gesundheit zu machen. In der Regel sind die Kontakte zeitlich begrenzt, sodass die Risiken gering bleiben. Die TRGS 906 „Verzeichnis krebserzeugender Tätigkeiten oder Verfahren nach § 3 Abs. 2 Nr. 3 GefStoffV" listet die Stoffe auf. In den Erfahrungsbereich des Bürgers können fallen: Destillationsvorgänge polyzyklischer aromatischer Kohlenwasserstoffe beim Straßenbau, Holzverarbeitung im Sägewerk, Autowerkstätten, bei denen Dieselmotoremissionen freigesetzt werden. Nachfolgend die zugehörigen Technischen Regeln:

TRGS 551, Teer und andere Pyrolyseprodukte aus organischem Material (Schlüsselsubstanz Benzo(a)pyren)
TRGS 553, Holzstaub
TRGS 554, Abgase von Dieselmotoren

Stoffdaten der IFA

Das Institut für Arbeitsschutz der Deutschen Gesetzlichen Unfallversicherung verbessert fortlaufend durch Forschung und Beratung die Arbeitsbedingungen beim Umgang mit Gefahrstoffen. Hier soll besonders auf die Stoffdatenbank GESTIS hingewiesen werden, ein Gefahrstoff-Informationssystem, aus dem Informationen über 8000 Stoffe abrufbar sind (IFA GESTIS 2022).

Das Institut führt auch eine Liste der krebserzeugenden, keimzellmutagenen und reproduktionstoxischen Stoffe, die KMR-Liste. In dieser Liste sind alle krebserregenden Stoffe gelistet mit Hinweisen auf spezielle Technische Regeln des Ausschusses für Gefahrstoffe und auf MAK-Werte der Senatskommission der Deutschen Forschungsgemeinschaft (IFA-KMR 2022).

Literatur

ACGIH 1941 Threshold Limit Values for Chemical Substances (TLV®-CS) Committee, American Conference of Governmental Industrial Hygienists (ACGIH). https://www.acgih.org/about/about-us/history/

AgA 1974–5. 1974. Ausschuss für gefährliche Arbeitsstoffe, Beschlüsse. 3. Technische Richtkonzentration Benzol. Arbeitsschutz Nr.5/1974 S 169–170

AgA 1974–12. 1974. Ausschuss für gefährliche Arbeitsstoffe, Beschlüsse Verwendungsverbot für Benzol. Arbeitsschutz Nr.12/1974 S 378

AgA 1976 Ausschuss für gefährliche Arbeitsstoffe. Technische Regeln für gefährliche Arbeitsstoffe TRgA 101 Begriffsbestimmungen und TRgA 102 Blatt 1 TRK für Vinylchlorid, Arbeitsschutz 1976 Nr.7/8 S 267–270

AgA 1981 Ausschuss für gefährliche Arbeitsstoffe. Technische Regeln für gefährliche Arbeitsstoffe TRgA 900, MAK-Werte 1981, Bundesarbeitsblatt 10/1981 S 65

AGS 1986 Ausschuss für Gefahrstoffe. Technische Regeln für Gefahrstoffe, Bundesarbeitsblatt 1986, Heft 11 S 37

Asbest (2018) Asbest in UmweltWissen – Abfall, Asbest. Bayerisches Landesamt für Umwelt 2014 S. 7, Überarbeitung 2018. https://www.lfu.bayern.de/buerger/doc/uw_9_asbest.pdf. Zugegriffen: 21. Apr 2022

ASR A3.6 (2018) Technische Regeln für Arbeitsstätten, Lüftung 2012. Fassung GMBI 2018:474, abrufbar: https://www.baua.de/DE/Angebote/Rechtstexte-und-Technische-Regeln/Regelwerk/ASR/ASR-A3-6.html

baua AGS 2022 Ausschuss für Gefahrstoffe, Organisation und Aufgaben, Homepage https://www.baua.de/DE/Aufgaben/Geschaeftsfuehrung-von-Ausschuessen/AGS/AGS_node.html

BAuA net 2022. Bundesanstalt für Arbeitsschutz und Arbeitsmedizin. Technische Regeln für Gefahrstoffe, Übersicht über die Bekanntmachung zu Technischen Regeln und Beschlüssen. Startseite>Angebote> Rechtstexte und Technische Regeln>Technischer Arbeitsschutz (inkl. Technische Regeln)>Technische Regeln für Gefahrstoffe (TRGS) https://www.baua.de/DE/Angebote/Rechtstexte-und-Technische-Regeln/Regelwerk/TRGS/TRGS.html

AGS ERB 2021. Ausschuss für Gefahrstoffe. Begründung zu Exposition-Risiko-Beziehung für alle krebserregenden Gefahrstoffe nach TRGS 910 https://www.baua.de/DE/Angebote/Rechtstexte-und-Technische-Regeln/Regelwerk/TRGS/Begruendungen-910.html

BekGS 901 (2010) Kriterien zur Ableitung von Arbeitsplatzgrenzwerten, Bekanntmachung von Gefahrstoffen, BekGS 901, GMBL 2010 Nr32, S691–696. https://www.baua.de/DE/Angebote/Rechtstexte-und-Technische-Regeln/Regelwerk/TRGS/Bekanntmachung-901.html

BfS Radon 2019. Bundesamt für Strahlenschutz, Radon-Handbuch. Verantwortung für Mensch und Umwelt, 2019, nur als Download verfügbar: https://www.bfs.de/DE/mediathek/broschueren/ion/ion_node.html?cms_gtp=6171834_list%253D2

BGR (2020) Bundesanstalt für Geowissenschaften und Rohstoffe, Energiestudie 2019 – Daten und Entwicklungen der deutschen und globalen Energieversorgung Nr.23 S 42. Hannover https://www.bgr.bund.de/DE/Themen/Energie/energie_node.html

Blome (2005) H. Blome, W. Pflaumbaum, M. Berges Von den Technischen Richtkonzentrationen zu den Arbeitsplatzgrenzwerten der neuen Gefahrstoffverordnung. Gefahrstoffe – Reinhaltung der Luft, 65 (2005) Nr.1/2 S.23–30, abrufbar als PDF beim Institut für Arbeitsschutz der DGUV (IFA)

43. BImSchV 2022. Verordnung über nationale Verpflichtungen zur Reduktion der Emissionen bestimmter Luftschadstoffe http://www.gesetze-im-internet.de/bimschv_43/BJNR122210018.html

DFG (1958) Deutsche Forschungsgemeinschaft. Ständige Senatskommission zur Prüfung gesundheitsschädlicher Arbeitsstoffe der Deutschen Forschungsgemeinschaft. Mitteilung I, 1958. https://www.dfg.de/dfg_profil/gremien/senat/arbeitsstoffe/Die Abbildung wurde freundlichst von der DFG-Geschäftsstelle zur Verfügung gestellt

DFG (2022) MAK- und BAT-Werte-Liste 2021, Deutsche Forschungsgemeinschaft, Ständige Senatskommission zur Prüfung gesundheitsschädlicher Arbeitsstoffe, Aktuelle Mitteilung, https://mak-dfg.publisso.de/

DIN EN 481. 1993 Arbeitsplatzatmosphäre; Festlegung der Teilchengrößenverteilung zur Messung luftgetragener Partikel, Beuth Berlin

DIN EN 16798-1 2017 Energetische Bewertung von Gebäuden – Lüftung von Gebäuden – Teil 1: Eingangsparameter für das Innenraumklima zur Auslegung und Bewertung der Energieeffizienz von Gebäuden bezüglich Raumluftqualität, Temperatur, Licht und Akustik, Beuth Berlin

Durdina L. et al (2012) Reduction of Nonvolatile Particulate Matter Emissions of a Commercial Turbofan Engine at the Ground Level from the Use of a Sustainable Aviation Fuel Blend. Environ Sci Technol 2021. 55(21):14576–14585 https://doi.org/10.1021/acs.est.1c04744

CLP 2008. European Parliament, CLP-Verordnung 1272/2008/EG: classification, labelling and packaging of substances and mixtures. https://eur-lex.europa.eu/legal-content/EN/ALL/?uri=CELEX:32008R1272

GeBeBu (2020) Gesundheitsberichterstattung des Bundes, Gesundheitliche Lage, Sterblichkeit, Mortalität und Todesursachen, Tabelle Sterbefälle, Sterbeziffern nach ICD-10, C30-C39 Bösartige Neubildungen der Atmungsorgane und sonstiger intrathorakaler Organe. http://www.gbe-bund.de

Gestis CO 2022. Institut für Arbeitsschutz der Deutschen Gesetzlichen Unfallversicherung, GESTIS-Stoffdatenbank, Kohlenmonoxid. https://gestis.dguv.de/data?name=001110

GIRL M-V 2022. Landesamt für Umwelt, Naturschutz und Geologie M-P, Fachinformationen/Luft und Klima/Geruchsimmissionsrichtlinie https://www.lung.mv-regierung.de/insite/cms/umwelt/luft/luft_geruch.htm

Hartwig (2016) 60 Jahre MAK-Kommission der DFG in **DFG** MAGAZIN, Gremien & Politikberatung, Gesundheitsschutz am Arbeitsplatz, Arbeit und Geschichte. Geschichte des Gesundheitsschutzes am Arbeitsplatz und zur Arbeit der Kommission. https://www.dfg.de/dfg_magazin/aus_gremien_politikberatung/gesundheitsschutz_arbeitsplatz/arbeit_und_geschichte/index.html

Hörner, Casties (2015) Hrsg. Handbuch der Klimatechnik, Band 1 Grundlagen, 6.Aufl. VDE Verlag

IFA GESTIS 2022. Institut für Arbeitsschutz der Deutschen Gesetzlichen Unfallversicherung, Gefahrstoffinformationssystem der Deutschen Gesetzlichen Unfallversicherung, GESTIS Stoffdatenbank. https://gestis.dguv.de

IFA-KMR 2022. Institut für Arbeitsschutz der Deutschen Gesetzlichen Unfallversicherung, Liste der krebserzeugenden, keimzellmutagenen und reproduktionstoxischen Stoffe, KMR-Liste https://www.dguv.de/ifa%3B/fachinfos/kmr-liste/index.jsp

AGS Info 2021. AGS, Informationen des AGS zur Absenkung der Akzeptanzkonzentration gemäß TRGS 910 im Jahr 2018. https://www.baua.de/DE/Aufgaben/Geschaeftsfuehrung-von-Ausschuessen/AGS/pdf/AGS-TRGS-910.html. Zugegriffen: 21. Apr 2022

LAI (2005) Länderausschuss für Immissionsschutz „Bewertung von Schadstoffen, für die keine Immissionswerte festgelegt sind – Orientierungswerte für die Sonderfallprüfung und für die Anlagenüberwachung sowie Zielwerte für die langfristige Luftreinhalteplanung unter besonderer Berücksichtigung der Beurteilung krebserzeugender Luftschadstoffe", 9.2004, S.1861.0–06, RDERL. MUNLV v. 18.03.2005. Der Erlass ist nicht mehr gültig, aber abrufbar als Erkenntnisquelle unter dem Link https://www.lanuv.nrw.de/fileadmin/lanuv/gesundheit/pdf/LAI2004.pdf

MAK-50, 2007. Deutsche Forschungsgemeinschaft, Senatskommission zur Prüfung gesundheitsschädlicher Arbeitsstoffe: Erfolgreiche Konzepte der Gefahrstoffbewertung – 50 Jahre MAK-Kommission. Wiley-VCH Verlag, Weinheim 2007. https://www.dfg.de/download/pdf/dfg_magazin/gremien_politikberatung/gesundheitsschutz/50_jahre_mak.pdf

MAK-Werte (1958) Bek. des BMA vom 1. Dezember 1958 IIIc 5/6813/58. Maximale Arbeitsplatzkonzentration gesundheitsschädlicher Stoffe 1958 (MAK-Werte). Bundesarbeitsblatt – Amtliche Bekanntmachungen – Arbeitsschutz, S.233–235. Verlag Kohlhammer, Forkel, Stuttgart 1958. Originalhinweis: Sonderdrucke im Format DIN A 5 können beim Bundesinstitut für Arbeitsschutz, Koblenz, Casinostraße 48–54, bezogen werden

MAK-Werte (1973) Kommission zur Prüfung gesundheitsschädlicher Arbeitsstoffe, Bek. des BMA vom 15. August 1973, Maximale Arbeitsplatzkonzentrationen 1973, Bundesarbeitsblatt, Fachteil Arbeitsschutz, Arbeitsschutz Nr. 9/1973 S 366–373

NRW-Abstand 2022. Landesrecht NRW, Abstanderlass, Immissionsschutz in der Bauleitplanung https://recht.nrw.de/lmi/owa/br_text_anzeigen?v_id=10000000000000000301

PUBLISSO BuM 2022. ZB MED Publikationsportal Lebenswissenschaften. Begründungen und Methoden https://series.publisso.de/en/pgseries/overview/mak/dam

PUBLISSO ZB MED 2022. Publication Portal for Life Sciences. List of MAK and BAT Values, Current Issue https://series.publisso.de/de/pgseries/overview/mak/lmbv/curIssue

SK-Portal (2022) Ständige Senatskommission zur Prüfung gesundheitsschädlicher Arbeitsstoffe. DFG/DFG im Profil/Gremien/Senat/SK Prüfung gesundheitsschädlicher Arbeitsstoffe. https://www.dfg.de/dfg_profil/gremien/senat/arbeitsstoffe/index.html

TA Luft, Anhang 2. 2021.Die Bundesregierung, Technische Anleitung zur Reinhaltung der Luft, Anhang 2, Ausbreitungsrechnung GMBl 2021 Nr. 48–54, S 1050, http://www.verwaltungsvorschriften-im-internet.de/bsvwvbund_18082021_IGI25025005.htm

Todesfälle (2021) Deutsche Gesetzliche Unfallversicherung, https://www.dguv.de/de/index.jsp Zahlen und Fakten, BK-Geschehen, BK-Todesfälle. Zugegriffen: 3. Jan 2023

TRBA/TRGS 406. 2008. Ausschuss für Gefahrstoffe. Technische Regeln für biologische Arbeitsstoffe und Gefahrstoffe. Sensibilisierende Stoffe für die Atemwege. https://www.baua.de/DE/Angebote/Rechtstexte-und-Technische-Regeln/Regelwerk/TRGS/TRGS-TRBA-406.html

TRGS 519 2014. Ausschuss für Gefahrstoffe. Technische Regeln für Gefahrstoffe: Asbest – Abbruch-, Sanierungs- oder Instandhaltungsarbeiten, Kapitel 14.5 Freigabe

TRGS 900 2006. Ausschuss für Gefahrstoffe (AGS), Technische Regeln für Gefahrstoffe, Arbeitsplatzgrenzwerte. *BArBl. Heft 1/2006 S. 41–55. Zuletzt geändert und ergänzt: GMBl 2022, S. 161–162 [Nr. 7] (vom 25.02.2022).* https://www.baua.de/DE/Angebote/Rechtstexte-und-Technische-Regeln/Regelwerk/TRGS/TRGS-900.html

TRGS 910 (2014). Ausschuss für Gefahrstoffe (AGS), Technische Regeln für Gefahrstoffe, Risikobezogenes Maßnahmenkonzept für Tätigkeiten mit krebserzeugenden Gefahrstoffen. GMBl 2014 S. 258–270 vom 02.04.2014 [Nr. 12]. Zuletzt geändert und ergänzt: GMBl 2022, S. 162 [Nr. 7]. *abgerufen am 21.04.2022* https://www.baua.de/DE/Angebote/Rechtstexte-und-Technische-Regeln/Regelwerk/TRGS/TRGS-910.html. *Zugegriffen: 25. Febr 2022*

TRGS 910 A2 2014. Ausschuss für Gefahrstoffe (AGS) Technische Regeln für Gefahrstoffe, TRGS 910, Anlage 2, Punkt 2.2 Risikogrenzen in bestehenden Regelungen für den Arbeitsplatz und für die Allgemeinbevölkerung. GMBl 2014 S. 258–270 vom 02.04.2014 [Nr. 12]

UBA 2005. Umweltbundesamt, Hrsg. Umwelt und Gesundheit GESÜNDER WOHNEN – ABER WIE, „Aktionsprogramm Umwelt und Gesundheit" S 48. www.apug.de (Rechtswirksamkeit der AIR-Richtwerte)

UBA AIR 2022. Ausschuss für Innenraumrichtwerte, Umwelt Bundesamt, ›Themen‹ Gesundheit› Kommissionen und Arbeitsgruppen› https://www. umweltbundesamt.de/themen/gesundheit/kommissionen-arbeitsgruppen/ ausschuss-fuer-innenraumrichtwerte#ausschuss-fur-innenraumrichtwerte-air

UBA Benzol 2020. Bekanntmachung des Umweltbundesamtes, Vorläufiger Leitwert für Benzol in der Innenraumluft. Bundesgesundheitsbl 2020 · 63:361–367. https://doi.org/10.1007/s00103-019-03089-4

UBA Lufthistorie 2022. Umweltbundesamt, Themen, Luft, Luftschadstoffe https:// www.umweltbundesamt.de/themen/luft/luftschadstoffe-im-ueberblick

UBA III, 2022. Umweltbundesamt, Fachgebiet III 2.4 Abfalltechnik Abfalltechnik-transfer, persönliche Mitteilung 2022

UBA Ländernetze 2022. Umweltbundesamt, Luftmessnetze der Bundesländer https://www.umweltbundesamt.de/themen/luft/messenbeobachtenueberwachen/ luftmessnetze-der-bundeslaender

UBA Netz 2022. Umweltbundesamt. Luftmessnetz des Umweltbundesamtes https://www.umweltbundesamt.de/themen/luft/messenbeobachtenueberwachen/ luftmessnetz-des-umweltbundesamtes

UBA NO_2 2019. Umweltbundesamt, Richtwerte für Stickstoffdioxid (NO2) in der Innenraumluft. Bundesgesundheitsbl. 62:664–676 (2019), https://doi. org/10.1007/s00103-019-02891-4

VDI-Richtlinie 4700–1 2015. Verein Deutscher Ingenieure, Begriffe der Bau- und Gebäudetechnik Blatt 1 2015, Beuth Berlin

WHO 2005 World Health Organization Europe, Air Quality Guidelines Global Update 2005, S 278

WHO 2021 global air quality guidelines: particulate matter (PM2.5 and PM10), ozone, nitrogen dioxide, sulfur dioxide and carbon monoxide, 2021. https:// apps.who.int/iris/handle/10665/345329

WHO Indoor 2010. WHO Regional Office for Europe. WHO guidelines for indoor air quality: selected pollutants 2010. https://www.who.int/publications/i/ item/9789289002134

Wunderlich (2019) Dosis und Wirkung in der Toxikologie: die Haber'sche Regel und Ableitungen. Biospektrum 05.19/25. Jahrgang. Springer, S 584–585

Brandschutz 2022, Satzung der Stadt Leverkusen §12 Brandschutz

dguv-gestis 2022. Deutsche Gesetzliche Unfallversicherung, Institut für Arbeitsschutz, GESTIS-Stoffdatenbank https://gestis.dguv.de/ und GESTIS-Biostoffdatenbank https://biostoffe.dguv.de/list

Hirschberg HG (1999) Handbuch Verfahrenstechnik und Anlagenbau, Kap.3.8.3 Ruß S 221-223. Springer Berlin

3

Das Verhalten von Luft

Zusammenfassung Die Luft ist ein Stoff mit faszinierenden Eigenschaften. Die freie Beweglichkeit der Moleküle, ihre kleine Masse, die Fluideigenschaft des Mediums werden ebenso beleuchtet wie die daraus abgeleiteten Gesetze der Strömungsmechanik und Thermodynamik. Eine zentrale Eigenschaft der Luft, die Ausdehnung bei Wärmezufuhr, lernen wir als Motor des Wettergeschehens kennen. Der Energieeintrag der Sonne wird mit dem Energiebedarf des Menschen und seiner Kulturgüter verglichen.Die Luftbestandteile Sauerstoff, Kohlendioxid, Stickstoff, Wasserdampf und Aerosol haben jeweils eigene Wirkungen auf die Atemwege. Wir sehen, wie bei jedem Atemzug die Luft aufbereitet werden muss, ehe die roten Blutkörperchen sich den Sauerstoff herausfiltern können. Der Transport der Sauerstoffmoleküle endet in den abnehmenden Körpergeweben. Für eine ausreichende Sauerstoffversorgung muss unsere Atempumpe am Limit arbeiten. Der thermische Antrieb der globalen Zirkulation startet in der äquatorialen Tiefdruckrinne und reicht bis zu den Jetstreams der 60. Breitengrade. Auf lokaler Ebene können wir beobachten, wie örtliche Winde durch tageszeitlich wechselnden Energieeintrag der Sonne ausgelöst werden. Die Zirkulationsströme garantieren uns durch großräumige Vermischung überall auf der Welt gleiche Luftzusammensetzung und damit volle Beweglichkeit auf der Erde.

© Springer-Verlag GmbH Deutschland, ein Teil von Springer Nature 2023
C. Rüger, *Luft und Gesundheit,* https://doi.org/10.1007/978-3-662-66767-5_3

3.1 Physikalische Eigenschaften

3.1.1 Atome, Moleküle, Aerosole

Die Luftmoleküle sind kleine energiegeladene Teilchen, die wir uns als fliegende Tennisbälle vorstellen können, die auf ihrem Flug durch den Raum mit Nachbarbällen zusammenstoßen, dabei zurückprallen oder nur aus ihrer Flugbahn abgelenkt werden. Alle Stoßkombinationen sind möglich mit der Folge, dass auch die Moleküle ein breites Spektrum unterschiedlicher Geschwindigkeiten aufweisen, wobei der Energieinhalt der Moleküle mit steigender Temperatur zunimmt, vor allem die Energie der Bewegung, aber auch die der Schwingung. Der Moleküldurchmesser von Sauerstoff beträgt etwa 0,35 nm. Die mittlere Weglänge eines Sauerstoffmoleküls bis zu seinem nächsten Zusammenstoß mit einem Nachbarmolekül beträgt 68 nm, ein verhältnismäßig langer Weg durch einen ansonsten leeren Raum. Dabei drängeln sich in 1 μm^3 25 Mio. Gasmoleküle. Ihre mittlere Geschwindigkeit bei Raumtemperatur liegt bei etwa 500 m/s. Die Moleküle stoßen nicht nur gegeneinander, sondern prallen auch auf Wände und werden reflektiert. Die Summe der dabei auf die Wandfläche ausgeübten Kräfte nehmen wir als Druck wahr.

Bei nanogroßen Staubpartikeln ist das Bewegungsmuster in der Luft ein anderes. Die kleinen Partikel bewegen sich eher passiv durch zufällig gleichgerichtete Treffer von Gasmolekülen durch den Raum, bekannt als Brownsche Bewegung. Wenn Nanopartikel in der Luft aneinanderstoßen, dann haften sie durch die Wirkung von Van-der-Waals-Kräften fest zusammen und bilden in der Folge kettenförmige Agglomerate. Wenn solche Agglomerate auf die Größe von 200–300 nm angewachsen sind, gewinnt die Schwerkraft Einfluss auf ihre Bewegung und die Partikel sinken zu Boden, allerdings sehr langsam, in der Größenordnung von 1 $\mu m/s$. Partikel unterhalb der Größe 200–300 nm haben keine lange Lebensdauer in der Atmosphäre, sie haften beim Zusammenstoßen aneinander und verschwinden als Einzelteilchen (Friedlander 2000; Rüger 2016).

3.1.2 Die Fluideigenschaft der Luft

Wir unterscheiden drei klassische Aggregatzustände: fest, flüssig, gasförmig. In einem Gas haften die Moleküle nicht aneinander, sondern ihre Bewegungsenergie hält sie untereinander auf Abstand. Statistisch beträgt ihr mittlerer Abstand 3,3 nm, etwa das Zehnfache des Moleküldurchmessers.

Bei diesen Dimensionen ist es verständlich, dass die Luft durch die kleinsten Ritzen in alle Räume eindringen und uns mit Sauerstoff versorgen kann. Die Eigenschaft der Luftmoleküle zur freien Beweglichkeit ermöglicht uns Menschen an allen Standorten der Erde zu leben. Unsere Lungen haben sich auf verlässliche Sauerstoffzufuhr für den Stoffwechsel eingestellt. Körpereigene Bevorratung hat die Evolution nicht vorgesehen, ein ökonomisches Entwicklungsprinzip.

Bei aller Winzigkeit besitzt jedes Molekül eine Masse, auf die die Erdanziehung wirkt. Auf ein Molekül wirkt diese als eine zur Erde gerichtete Kraft. Mit ihrem Gewicht üben alle Teilchen der Atmosphäre auf der Erdoberfläche zusammen einen Druck von 1013 mPa aus. Durch die Fluideigenschaft der Luft überträgt sich die Kraft in alle Richtungen und wirkt als Systemdruck sowohl auf die Oberflächen als auch im Inneren aller Gegenstände, den Menschen eingeschlossen. Der Druck wird von uns nicht wahrgenommen, weil er nicht nur von außen, sondern auch im Innern des Menschen wirkt. Für das Atmen im Bereich der Blut-Luft-Schranke hat der Druck des Sauerstoffs im Gewebe besondere Bedeutung.

Die Masseeigenschaft der Luft macht sich nicht nur beim Gewicht, sondern auch bei Beschleunigungs- und Verzögerungsvorgängen bemerkbar. Bewegungsvorgänge gehören zum Fachgebiet der Strömungsmechanik. Wärmezufuhr oder Wärmeentzug hat gravierenden Einfluss auf die Dichte der Luft. Diese Vorgänge zählen zum Fachgebiet Thermodynamik.

Die Grundgleichung der Strömungsmechanik ist der Energieerhaltungssatz nach Bernoulli, vgl. Tab. 3.1 Zeile 1. Die Gleichung verknüpft die Zustandsgrößen Druck, Geschwindigkeit, geodätische Höhe und Dichte mit der Aussage, dass sich die Energieformen eines Volumenelements, das sich längs einer Stromröhre bewegt, ineinander umwandeln können. In der Praxis muss die Luftreibung berücksichtigt werden, die gegenüber einer überströmten Fläche oder zwischen sich kreuzenden Luftmassen auftritt. Bei niedriger Geschwindigkeit ist die Strömung laminar, je nach geometrischer Konstellation schlägt die Strömung ab einer bestimmten Geschwindigkeit in eine turbulente um.

Bei der Reibung wird Bewegungsenergie in Wärme umgewandelt, wenn sich beispielsweise Turbulenzballen in Wärme auflösen.

Energieumwandlung findet auch bei der Atmung statt. Beim Einatmen wird zuerst durch die Muskeln des Brustkorbs ein Saugdruck erzeugt, der auf die einzuatmende, zunächst ruhende Luft einwirkt. Vom Energieinhalt dieser Luft wird ein Teil in Energie der Geschwindigkeit umgewandelt mit der Folge, dass ihr Druck sich dem Saugdruck im Brustraum angleicht. So weit der Blick auf die Strömungsmechanik der Atmung.

Tab. 3.1 Energieformen eines Luftelements

Zeile	Größe	Zeichen	Formel	Einheit
1	Bernoulli-Gleichung		$P + \frac{1}{2}$ $\rho \cdot u^2 + g \cdot \rho \cdot z = P_{ges}$	$\frac{J}{m^3}$
2	Luftdruck	p		$P = \frac{N}{m^2} = \frac{J}{m^3}$
3	Dichte	ρ		$\frac{kg}{m^3}$
4	Luftgeschwindigkeit	u		$\frac{m}{s}$
5	Erdbeschleunigung	g	$g = 9{,}81$	$\frac{m}{s^2}$
6	Höhe über Meeresspiegel	z		m
7	Gesamtenergie (als Druck definiert)	P_{ges}	$P_{ges} = $ konstant	$\frac{J}{m^3}$
8	Allgemeine Gasgleichung		$p = \rho \cdot R \cdot T$	$\frac{J}{m^3}$
9	Allgemeine Gaskonstante	R	$R = 8314$	$\frac{J}{mol \cdot K}$
10	Temperatur	T		K
11	Wärmemenge	Q	$Q = \Delta U - W$	$\frac{J}{m^3}$
12	Innere Energie, Änderung	ΔU	$\Delta U = c \cdot \Delta T$	$\frac{J}{m^3}$
13	Spezifische Wärmekapazität	c		$\frac{J}{kg \cdot K}$
14	Mechanische Gasarbeit	W	$W = p \cdot \Delta V$	$\frac{J}{m^3}$
15	Volumenänderung	ΔV		m^3

Die Beziehung zwischen Druck, Dichte und Temperatur beschreibt die allgemeine Gasgleichung (vgl. Zeile 8 in Tab. 3.1). Sie sagt zunächst einmal aus, dass der Luftdruck berechnet werden kann, wenn Dichte und Temperatur gegeben sind. Interessant wird der Fall, wenn Wärme in die Luft eingetragen wird, dargestellt in Zeile 11. Die Wärmemenge Q erhöht die Lufttemperatur und damit die innere Energie der Luft U, Zeile 12. Gleichzeitig dehnt sich die Luft aus und verrichtet dabei mechanische Arbeit W, Zeile 14. Das Minuszeichen in der Formel deutet darauf hin, dass der Luft Energie entzogen wird. Die Zustandsänderungen gelten auch für den Fall des Wärmeentzuges, der Abkühlung der Luft. Die Hintergründigkeit der Zusammenhänge könnte auch erklären, warum in den Wetterberichten des Fernsehens nicht auf solche Zusammenhänge eingegangen wird.

Hier soll sich darauf beschränkt werden, einige thermodynamische Phänomene zu benennen. In erwärmter Luft bildet sich gegenüber der Umgebung ein Drucktief, das von dort kalte Luft ansaugt und nach oben transportiert – zu beobachten etwa über einem Zimmerheizkörper oder über einem im Raum sitzenden Menschen. Beispiele aus der Natur sind tageszeitlich auftretende See-, Berg- und städtische Flurwinde. Zu nennen sind auch Thermiken, das heißt Aufwinde, die von Zugvögeln und Segelfliegern gern genutzt werden. Im globalen Maßstab gehören hierzu die äquatorialen Konvergenzzonenwinde oder die Gesteinsstaub transportierenden Wüstenwinde. Kalte Gebiete sind dagegen mit Hochdruck verbunden. Denken Sie an die Kaltlufteinströmungen aus den Regionen der Pole.

An Bergflanken aufsteigende Luft verrichtet mechanische Ausdehnungsarbeit und entzieht dabei der Luft Wärmeenergie. Die Luft kühlt ab, Wasserdampf kondensiert unter Wolkenbildung aus. Umgekehrt ist die Lage bei Föhn. Abwärts strömende Luft wird verdichtet, die Kompressionsarbeit führt der Luft Wärme zu, die Wolken verschwinden. Wissenschaftlich gesehen gehören diese Phänomene in das Fachgebiet Thermodynamik. Das Ineinandergreifen der Fachgebiete Strömungslehre und Thermodynamik ist offensichtlich und soll auch wegen der vielen sich gegenseitig beeinflussenden Parameter hier nicht vertieft werden.

3.1.3 Strahlungseigenschaften

Den laufenden Energiebedarf zum Erhalt des Lebens auf der Erde liefert die Sonnenstrahlung. Die Energie wird nicht wie in der Thermodynamik durch Moleküle transportiert, sondern durch elektromagnetische Strahlung. Das Spektrum der an der Energieeinstrahlung beteiligten Wellenlängen reicht von 0,22 μm bis 5 μm. Die Strahlung dieses Wellenlängenbereichs überträgt 99 % der Sonnenergie, davon entfallen 45 % auf das sichtbare Licht und 47 % auf infrarotes Licht. Der Bereich des sichtbaren Lichts spannt sich von Rot mit der Wellenlänge von 0,64 μm bis Violett mit 0,38 μm. Unterhalb der Wellenlänge von 0,38 μm bis 0,10 μm liegt der tödliche Bereich der ultravioletten Strahlung mit den Unterbereichen A bis C.

Mit Licht tasten unsere Augen die Gegenstände unserer Umwelt ab. Die Lichtwellenlänge begrenzt die Erkennbarkeit feinerer Strukturen, die Sichtbarkeitsgrenze des Auges liegt bei 20 μm. Viren sind mit maximal 0,1 μm Größe zu klein, um einzeln vom Auge erkannt zu werden. Große Bakterien können so gerade gesehen werden, ebenso Pflanzenpollen. Oft treten unsichtbare Partikel in so großer Konzentration auf, dass sie eine sichtbare Wolke bilden, die nach turbulenter Ausbreitung verschwindet, wie einst der Ruß aus Auspuffanlagen von Verbrennungsmotoren.

Ultrarote Strahlung spielt eine wichtige Rolle bei der Klimaerwärmung. Die Moleküle der Klimagase Wasserdampf, Kohlendioxid und Methan absorbieren langwellige Infrarotstrahlung und tragen zur Erwärmung der Luft bei. Auch absorbieren sie einen Teil der vom Boden in den Weltraum abgestrahlten Wärmestrahlung. In Gegensatz dazu lassen die Moleküle von Sauerstoff und Stickstoff in der Troposphäre jede Strahlung passieren.

Der Energieverbrauch der Menschheit ist verglichen mit dem globalen Eintrag von Strahlungsenergie gering. Er beträgt 1/1000 % der auf den Kontinenten eingetragenen Strahlung. Der Anteil der in Windenergie umgewandelten Sonnenstrahlung beträgt etwa 0,01 %, insgesamt 2000 TW. Der anthropogene Energiebedarf des Menschen beträgt rund 20 TW (Möller 2003). Er wird heute im Wesentlichen durch fossile Energie gedeckt.

Aus den Zahlen ist zu erkennen, dass die photovoltaische Energieerzeugung auf Dauer unverzichtbar sein wird. Die besten Voraussetzungen dafür bieten die Gebiete der Sahelzone mit ihrem durch Fallwinde bedingten wolkenlosen Himmel. Die Fremdabhängigkeit der Energieversorgung von entfernt liegenden Energiequellen wird uns Europäern erhalten bleiben. Die Energiegewinnungsanlagen haben in ihrem Endstadium hohen Flächenbedarf, für die weltweite Umstellung wird etwa 1 % der globalen Landfläche benötigt.

In der Erdgeschichte konnte sich organisches Leben nur mit einem Kniff entwickeln, nämlich etwa 10 m unter der Wasseroberfläche in einer Zone, über der die „harte" Strahlung der Sonne absorbiert ist, geschehen vor etwa 4 Mrd. Jahren. Zu dieser Zeit war die Atmosphäre ohne Sauerstoff. Durch photochemische Reaktionen bildete sich Sauerstoff im Wasser, der allmählich in die Gashülle der Atmosphäre aufstieg. Die Schutzwirkung in der Atmosphäre geht vom Zerfall der Sauerstoffatome durch Absorption kurwelliger UV-C-Strahlen aus. Der atomare Sauerstoff bildet eine konstante Konzentration des Moleküls Ozon, das die tödlichen UV-Strahlen abfängt. Der Reaktionsmechanismus ist hier vereinfacht dargestellt (Möller 2003). Die schützende Ozonschicht ermöglichte vor 400 Mio. Jahren zunächst pflanzliches Leben auf dem Lande, wodurch der Sauerstoffgehalt beschleunigt zunahm.

Sauerstoff, Stickstoff und Edelgase werden von sichtbarem Licht nicht zu Schwingungen angeregt, die Strahlen passieren das Medium Luft. Aus verschiedenen Atomen aufgebaute Moleküle lassen sich durch Licht zu Schwingungen anregen und nehmen dadurch Energie auf. Solche Gase zählen zu den Treibhausgasen mit der Eigenschaft, Licht und Infrarotstrahlen in einen höheren Bewegungszustand, das heißt in Wärme umzusetzen.

3.2 Physiologische Wirkung der Luftbestandteile

3.2.1 Sauerstoff

In der Atemluft beträgt der Sauerstoffgehalt 20,9 %, ein Absinken auf einen Gehalt von 19–17 % wird als gesundheitlich unbedenklich angesehen. Unterhalb eines Gehaltes von 13–11 % können nichtreversible Schäden und Todesfälle auftreten. Durch natürliche Undichtigkeiten in Aufenthaltsräumen kann der Sauerstoffgehalt in der Luft erfahrungsgemäß nicht unter 19 % absinken. Anders ist die Gefahrenlage, wenn die Luft durch ein Fremdgas verdrängt wird, vor allem dann, wenn das verdrängende Gas schwerer als Luft ist. Beispiele sind Kohlendioxid, Biogase, Stadtgas, Lösungsmitteldämpfe. Für Arbeitsplätze gibt die ACGIH in ihren TLV-Mitteilungen eine Mindestkonzentration für Sauerstoff von 18 % an und weist darauf hin, dass viele erstickende Gase geruchlos und fallweise explosiv sind (TLV 1970). Besondere Gefahren bestehen beim sogenannten Befahren von Behältern oder Gruben, in denen Fremdgase dominieren. Solche Räume dürfen nur mit Fremdbeatmung betreten werden. Ohne diese Ausrüstung wird ein Mensch schnell ohnmächtig und kippt um, ein hinzueilender Helfer ohne Fremdbeatmung ebenfalls.

In Bodennähe ist Sauerstoff der Ausgangsstoff für Ozon. Ein Ozonmolekül baut sich aus drei Sauerstoffatomen auf, deren räumliche Anordnung an einen Bumerang erinnert. An ihrer Entstehung ist eine Reihe von Vorläufersubstanzen beteiligt, von denen man es eigentlich nicht erwartet hätte: flüchtige Kohlenwasserstoffe, dazu kommen Nitrosegase und Wasserdampf. Flüchtige Kohlenwasserstoffe sind eindeutig anthropogenen Ursprungs. Notwendig für die Reaktion sind Sonnenstrahlen, weshalb der Ozongehalt der Luft besonders tagsüber ansteigt. Außerdem nimmt seine Konzentration mit der Höhe zu, Bergsteiger bewegen sich deshalb in ozonreicher Luft.

Sauerstoff ist nicht nur am Unterhalt von Lebensvorgängen beteiligt. Auch abgestorbenes Biomaterial wird von Mikroorganismen unter Beteiligung von Sauerstoff abgebaut, der Fachbegriff dafür lautet Verwesung. Erfolgt der Abbau dagegen unter Ausschluss von Sauerstoff, handelt es sich um Fäulnis. In Sickergruben bilden sich unter Sauerstoffabschluss Faulgase und Schadstoffe, die das Grundwasser vergiften können. Vergiftete Brunnen waren bis ins 19. Jahrhundert häufig die unerkannten Ausgangsorte für Cholera.

In unserem Körper liefert die Verbrennung von Kohlehydraten und Fett bei 37 °C die Energie für den Stoffwechsel. Es ist erstaunlich, dass die Verbrennung mit Sauerstoff bei Körpertemperatur so kontrolliert ablaufen kann. In reinem Sauerstoffgas können sich brennbare Stoffe leicht entzünden und danach explosionsartig abbrennen. Ein Beispiel dafür sind Staubexplosionen in Zuckerfabriken: Ein Zündfunke genügt, um die Explosion zu starten.

Die Gefährlichkeit von reinem Sauerstoff soll an einem populären Beispiel gezeigt werden. Beim Apollo-Mondlandeprogramm zu Beginn der Raumfahrtgeschichte musste Gewicht eingespart werden. Eine Maßnahme war die Verwendung von reinem Sauerstoff bei vermindertem Druck anstelle von Luft als Atemgas für die drei Astronauten an Bord der Kapsel. Das Atmen reinen Sauerstoffs ist für kurze Zeit möglich, Sicherheitsbedenken hinsichtlich der Brandgefahr wurden vorgetragen, nach Abwägung aber zurückgestellt. Im Rahmen der Vorversuche sollte am 27. Januar 1967 das Abkoppeln der Versorgungsleitungen von der bemannten Kapsel und der Saturn-Trägerrakete von ihrem gemeinsamen Versorgungsturm getestet werden. Der Atmosphärendruck in der Kapsel wurde, wie für den Flug vorgesehen, nicht reduziert, sondern betrug 1 Atmosphäre Sauerstoff. Etwa 5 h nach Testbeginn gab es offensichtlich einen Kurzschluss mit anschließendem Feuer. Das Überwachungssystem lieferte verhängnisvollerweise den durch den Brand verbrauchten Sauerstoff nach. Nach 15 s riss die Kapsel auf, nach 30 s waren die Astronauten nicht mehr am Leben. Zu Ehren der drei Astronauten wird dieser Bodentest als Mission Apollo 1 im Mondlandeprogramm der USA geführt. Der erste bemannte Flug einer Apollo-Kapsel erfolgte danach im Oktober 1968 mit Apollo 7. Der Umgang mit reinem Sauerstoff birgt generell hohe Brand- wenn nicht sogar Explosionsgefahr.

3.2.2 Stickstoff

Stickstoff ist wie Sauerstoff ein ideales Gas, d. h., seine Temperatur in der Atmosphäre liegt weit über seinem Siedepunkt. Ideale Gase kondensieren nicht bei normaler Umgebungstemperatur, sind aber mit ihrem jeweiligen Teildruck auf der Haut und im Körper präsent. Bei Umgebungstemperatur verhält sich Stickstoff neutral, er ist reaktionsträge. Bei hohen Temperaturen wie in Verbrennungsvorgängen verbindet sich Stickstoff mit Sauerstoff zu Stickoxiden, die bei höheren Konzentrationen die Atemwege angreifen. Hauptbestandteile solcher Oxidationsprodukte sind NO und NO_2, beide Spezies bilden im Gemisch das berüchtigte NO_x. Die Verbrennungsräume in Kraftwerken oder die Kolbenräume von Verbrennungsmotoren sind Quellorte großer Mengen NO_x. Auch Blitze in Gewittern erzeugen NO_x. Bei hoher Temperatur entsteht zunächst NO, das anschließend mit Sauerstoff zu NO_2 weiterreagiert, bis es wieder verschwindet. NO_2 ist das Gas, dessen Konzentration in den Messstationen der Ballungsgebiete aufgezeichnet wird. NO_2 bildet, wie bereits erwähnt, unter dem Einfluss von Sonnenlicht Ozon, dessen Konzentration im Tagesverlauf dadurch ansteigt.

Eine Besonderheit des NO ist seine Fähigkeit, das durch NO_2 und Licht gebildete Ozon wieder in seine Ausgangsstoffe zurückzuspalten. In den Städten steigt tagsüber der NO-Gehalt der Luft durch Verbrennungsmotoren an mit der Folge, dass sich zwei Reaktionen die Waage halten: die Ozonbildung aus NO_2 und die Rückspaltung durch NO. Das NO_2 bleibt so in der Luft erhalten und driftet mit dem Wind in ländliche Gebiete. Dort gibt es kein anthropogen erzeugtes NO aus „Verbrennerfahrzeugen", und aus dem dorthin verfrachteten NO_2 entsteht Ozon. Im Wald ist deshalb die Ozonkonzentration höher als an einer verkehrsreichen Stadt. Wie reagiert die menschliche Gesundheit auf diese Noxen? Die Mischung aus NO_x und Ozon wirkt stärker reizend auf die Schleimhaut, als es die jeweiligen Einzelstoffe vermögen.

3.2.3 Wasserdampf

Der Wasserdampf ist ein unverzichtbares Lebenselixier. Er transportiert Wasser aus den Ozeanen in Wolken über Land, regnet ab und ermöglicht dort unser Leben. Luftfeuchtigkeit schützt die Vegetation vor dem Austrocknen. In den Anden gibt es Pflanzen, die ihr Wasser allein aus der Luftfeuchtigkeit beziehen. Auch der Mensch ist auf Luftfeuchtigkeit angewiesen. Die Atemwege von Mund und Nase können ihre Funktion nur erfüllen, wenn sie feucht gehalten werden. Das bedeutet, dass die Feuchte der Schleimhaut bei 37 °C Körpertemperatur maximal einen Wasserdampfdruck von 62,8 hPa entwickeln könnte, wenn die Schleimhaut aus reinem Wasser bestünde. In Wirklichkeit dürfte der Wasserdampfdruck über der Schleimhaut wegen ihres Gehaltes an Elektrolyten etwas niedriger liegen. Genau genommen liegt über der Schleimhaut eine dünne Schleimschicht, deren Verdunstungsverlust aus dem Blutkreislauf, unterstützt von Schleimdrüsen, ständig ergänzt wird, so wie auch die Tränenflüssigkeit des Auges die Nasenschleimhaut versorgt.

In Abb. 3.1 soll der Feuchtebedarf der Atemluft veranschaulicht werden. Dazu sind Linien gleicher relativer Luftfeuchtigkeit φ über der Lufttemperatur aufgetragen. Luftsättigung ist bei φ = 100 % erreicht. Bei

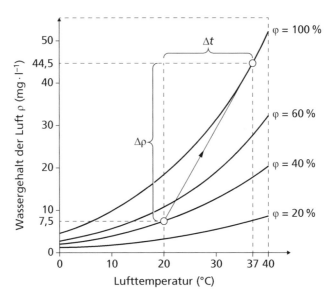

Abb. 3.1 Wasseraufnahme der Luft beim Atmen. (ρ = Wassergehalt der Luft; φ = relative Sättigung der Luft; $\Delta\rho$ = Wasseraufnahme beim Atmen)

einer Körpertemperatur von 37 °C beträgt der Wassergehalt gesättigter Luft ca. 44,5 g/m^3 (44,5 mg/L). Der relative Luftfeuchtigkeitsgehalt der Umgebungsluft schwankt meist zwischen 40 % und 60 %, ein solcher Wert wird auch von den Klimatechnikern für Innenräume angestrebt.

Die Luft in den Atemwegen von Nase, Luftröhre und Bronchien sowie, weniger effektiv, von denen im Mund und Rachenraum werden von Schleimhäuten erwärmt und mit Wasserdampf gesättigt. Das dazu notwendige Wasser wird der Schleimschicht entnommen. In Abb. 3.1 ist die Anreicherung für den Fall eingetragen, dass die eingeatmete Luft 20 °C und eine relative Sättigung von $\varphi = 40$ % aufweist. Den Schleimhäuten werden dabei $\Delta x = 44,5 - 7,5 = 37$ mg/L Wasser entzogen. In körperlicher Ruhe atmen wir 300 L Luft pro Stunde, das bedeutet eine stündliche Feuchtigkeitsabgabe in die Atemluft von 11 g. Die Flüssigkeitsabgabe durch die Haut ist im Ruhezustand auch vorhanden, aber dem Betrag nach geringer als durch das Atmen. Bei hoher körperlicher Belastung steigt die Wasserabgabe auf das Dreifache. Dabei ist zu bedenken, dass die Speicheldrüsen durch die körperliche Belastung stark angeregt werden und den Wasserverlust physiologisch mit Abstand besser ausgleichen als bei körperlicher Ruhe. Das Austrocknen der Schleimhäute bei körperlicher Ruhe behindert sowohl den mechanischen als auch den enzymatischen Schutz der Atmungsorgane vor eingetragenem Staub und Mikroorganismen. Der Effekt wird vor allem beim Atmen durch den Mund im Schlaf verstärkt.

Sie erkennen im Diagramm der Abb. 3.1 auch, dass der Wasserentzug der Schleimhäute weniger von der Feuchtigkeit der eingeatmeten Luft abhängt als vom Feuchtigkeitsbedarf beim Anwärmen der Luft. Bei einer relativen Luftfeuchtigkeit von $\varphi = 60\,\%$ ist der Wasserentzug etwa 10 % geringer, bei $\varphi = 20\,\%$ etwa 10 % höher als im obigen Beispiel der 40 %-Sättigung. Das Empfinden der Trockenheit in klimatisierten Räumen wird oft vom erhöhten Staubgehalt trockener Luft hervorgerufen, der die Schleimhäute reizt, wobei klar ist, dass eine geringe Luftfeuchte zum Austrocknen der Schleimhäute beiträgt.

3.2.4 Fremdstoffe

Das Atemsystem des Menschen hat sich im Laufe seiner Entwicklung in über 300 Mio. Jahren auf die Abwehr natürlicher Luftschadstoffe eingestellt. Dabei ging es meist um die Anpassung innerhalb begrenzter Lebensräume und eher weniger um die Vorsorge gegenüber Einflüssen aus einer heute global vernetzten Welt. Höhere Lebewesen werden ständig von Mikroorganismen und Parasiten attackiert, die auf der Suche nach einem an Nährstoffen reichen Lebensraum sind. Viele von ihnen werden mit der Luft eingeatmet, wobei sie sich auf den feuchten Schleimhäuten der Atemwege niederschlagen. Zur Abwehr finden sich in den Schleimhäuten Immunabwehrzellen wie Lymphozyten oder Makrophagen. Ihre Größe liegt meist zwischen 10 μm und 15 μm. Größere Ansammlungen von Immunzellen gibt es in den Drüsen und Mandeln des Mund- und Rachenraums. Hervorzuheben sind die jeweils drei großen Mandel- und Speicheldrüsen. Die Lebensdauer der Immunzellen kann sehr kurz sein, sie schwankt zwischen Tagen und einem Jahr.

Das Immunabwehrsystem ist darauf abgestimmt, dass die Schleimhäute feucht gehalten werden. Dazu sind die zuleitenden Atemwege mit Schleim produzierenden Becherzellen besetzt, die etwa 1 μm große Schleimtröpfchen freisetzen. Um die Becherzellen gibt es ein dichtes Feld von Zilien tragenden Oberflächen-(Epithel-)Zellen, auf denen Bündel von etwa 10 μm langen und im Durchmesser 0,3–0,5 μm dicken Zilien im rhythmischen Takt schlagen und den lose aufliegenden Schleim in Richtung unterer Rachenraum fortbewegen – aus dem Nasenraum nach unten, aus den Bronchien und der Luftröhre nach oben. Der Schlagrhythmus erinnert an den Dominoeffekt. Wenn eine Zilie ihre Bewegung beendet hat, beginnt die Nachbarzilie zu schlagen. Es entsteht ein Bewegungsrhythmus, der einem vom Wind bewegten Getreidefeld gleicht. Die Zilien befördern einen Teppich aus Schleim in Richtung Kehldeckel, unter dem Schleim befindet sich eine Schicht dünnflüssigen Schleims, der die Bewegung der Zilien wenig behindert. Aerosole und gasförmige Fremdstoffe schlagen sich auf dem Schleimteppich nieder, werden samt dem Schleim in Richtung Kehldeckel transportiert und von dort durch Verschlucken in den Magen entsorgt. Bei angetrockneter Schleimhaut funktioniert das System nicht. Mikroorganismen docken an der Schleimhaut an und beginnen mit Vermehrung. Hier liegt eine verwundbare Stelle der Immunabwehr, vergleichbar der blattgroßen Stelle auf dem Rücken Siegfrieds, des Helden der Nibelungensage.

Im Nasenrachenraum wird der Transport des Schleims durch die Schwerkraft unterstützt. In der Luftröhre und in den Bronchien ist der Transport gegen die Richtung der Schwerkraft erschwert, dafür werden grobe Partikel schon im Nasen-Rachen-Raum abgeschieden oder weiter vorgedrungenes Material aus den oberen Bronchien abgehustet (DIN EN 481 1993-09). Zu den großen Partikeln gehören Pollen mit bis zu 80 µm Größe. Viren sind sehr viel kleiner, bis 80 nm, wobei Coronaviren sogar an 100 nm heranreichen. Dabei ist zu beachten, dass Viren eingebettet in Tröpfchen in die Luft gelangen. Ein von den Stimmbändern ausgehendes Aerosol besteht aus Tröpfchen im Mikrometerbereich. Es leuchtet unmittelbar ein, dass zur Abwehr solcher Tröpfchenschwärme ein lückenloser Schleimteppich die beste Vorbeugung gegen das Eindringen von Infektionskeimen in die Körperzellen darstellt.

3.3 Atemmechanik

Sie können davon ausgehen, dass bei der Evolution der Atmung alle bioökonomischen Grundsätze der Natur berücksichtigt worden sind. Natürliche Veränderungen der Umwelt und anthropogene Einflüsse bringen das Atemsystem oft an seine Grenzen.

Beim Einatmen wird durch Kontraktion von Zwerchfell- und Rippenmuskulatur ein Unterdruck von 800 Pa (80 mm Wassersäule) aufgebaut. Die Luft beginnt in die oberen Atemwege einzuströmen, wobei sie auf ihrem Weg durch die Luftröhre auf 5 m/s beschleunigt wird, weiter geht es mit etwa gleicher Geschwindigkeit durch die ersten vier Abzweigungen des Bronchialbaumes (Herman I P 2016) Der beim Einatmen erzeugte Unterdruck und die damit erzeugte Luftgeschwindigkeit sind relativ hoch und energieintensiv, wenn man dies mit Luftdruckdifferenzen in der Natur vergleicht. Der Druckunterschied zwischen zwei ausgeprägten Hoch- und Tiefdruckzentren einer Wetterfront beträgt etwa 8000 Pa. Dabei haben die beiden wandernden Druckzentren einen Abstand von 4000 km, was einem Antrieb von nur 2 Pa/km entspricht, bei einem vergleichsweise hohen Gesamtluftruck von 1013 hPa!

Der Durchmesser der Luftröhre beträgt 18 mm, der Durchmesser der Hauptbronchien nach der 4. Teilung des Bronchialbaumes noch 4,5 mm. Am Beginn des Atembereichs, nach der 16. Teilung, sind es noch 0,6 mm. In der Luftröhre strömt die Luft turbulent, in den nachgeordneten Bronchien laminar. Ein geringer Teil des durch Muskelkraft erzeugten Unterdrucks wird zur Überwindung der Reibung verbraucht. Die Luft kommt wegen der Zunahme des Gesamtquerschnitts der Bronchien fast zum Stehen. Die größten Beschränkungen im Bereich der oberen Bronchien werden von krankhaften Querschnittsverengungen ausgelöst. Dazu gehören die vermehrte Absonderung zähen Schleims, chronische Bronchitis, Bronchialasthma. Es sei noch darauf hingewiesen, dass sich die Messwerte für den Ansaugdruck im Brustkorb auf den Zwischenraum zwischen den beiden aneinanderliegenden Pleurablättern beziehen, die den Rippenraum von der Lunge trennen.

Nach 17-facher Verzweigung des Bronchialbaumes strömt die Luft noch mit 5 cm/s in das atmende Gewebe ein. In der entferntesten Alveole ist es noch 1 mm/s. Die Vermischung von Frisch- und Restluft erfolgt weitgehend durch Diffusion. Die Konzentration der Gase schwankt mit dem Atemrhythmus. Ein Prinzipschema der Atemwege zeigt Abb. 8.1.

Kritisch betrachtet arbeitet die pulsierende Atempumpe nach einem physikalisch sehr aufwendigen Prinzip. Die Lungenbläschen liegen am Ende einer Sackgasse, in der sich Zuluft und Abluft beim Einatmen vermischen mit dem Ergebnis, dass in den Alveolen der Sauerstoffgehalt niedriger und der Kohlendioxidgehalt höher ist als in normaler Luft. In Abb. 3.2 ist die Zusammensetzung der Luft in den Lungenbläschen beim Ein- und Ausatmen mit ihren jeweiligen Partialdrücken eingetragen. Die Partialdrücke stimmen mit den Volumenanteilen der Gase überein.

Die gegenläufige Wanderung von Sauerstoff und Kohlensäure hat ihr größtes Hindernis in der weniger als 1 μm dicken Blut-Luft-Gewebeschranke, die durch Diffusion überwunden wird. In einer Alveole herrscht ein mittlerer Sauerstoffpartialdruck von 133 hPa. Der Sauerstoffdruck der roten Blutkörperchen ist auch in hPa angegeben. Er erhöht sich auf dem Weg durch die aufliegenden Blutkapillare von 40 hPa auf 100 hPa. Der Partialdruck von CO_2 verläuft entsprechend gegenläufig. Die Angabe

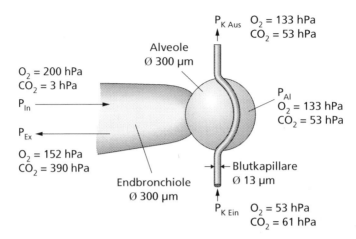

Abb. 3.2 Partialdrücke von Sauerstoff und Kohlendioxid in den Atemwegen. (P_{In} = Inspirationsluft; P_{Ex} = Exspirationsluft; P_{Al} = alveoläres Gemisch; $P_{K\ Ein}$ = Blutkapillare vor der Alveole; $P_{K\ Aus}$ = Blutkapillare nach der Alveole)

von Partialdrücken im Körperinneren ist gewöhnungsbedürftig. Der Atmosphärendruck setzt sich auch im Körper fort – denken Sie an die Probleme beim Auftauchen aus großer Meerestiefe. Bemerkenswert sind die hohen CO_2-Gehalte sowohl in den Alveolen als auch im Blutkreislauf.

Der Atembereich der Lunge wird besonders von zwei gesundheitlichen Fehlentwicklungen bedroht. Zum einen können sich die dünnen Trennwände zwischen den Bläschen auflösen, was zu größeren Hohlräumen in der Lunge führt. Die Hohlräume können nicht an der Atmung teilnehmen und vergrößern des Totvolumen der Lunge mit Einschränkung der Sauerstoffversorgung. Diagnose: Lungenemphysem. Zum anderen liegt eine weitere Bedrohung im unverhältnismäßig starken Wachstum von Bindegewebsfasern in den Alveolen durch mechanische Reize von mineralischem Staub. Kurzatmigkeit ist die Folge. Diagnose: Fibrose.

Das Atemsystem der Fische funktioniert im Vergleich zu den Lungenatmern vermeintlich rationeller, besonders wegen seiner kontinuierlichen Funktionsweise. Das Wasser tritt durch das Maul ein und durch die Kiemen wieder aus. Für die Luftatmer hat sich die Evolution für ein intermittierendes System entschieden. Der Ort des Warenumschlags liegt am Ende einer Sackgasse, die Natur hat das Beste daraus gemacht.

3.4   Die globalen Luftströmungen

3.4.1 Der thermische Antrieb der Luft: Temperatur, Dichte, Druck, Höhe

Die Sonne liefert genügend Energie für das Leben des Menschen auf der Erde. Am Äquator ist der Energieeintrag am größten und nimmt zu Polen entsprechend der Erdkrümmung ab. Ein Teil der Sonnenstrahlen wird von der Erdoberfläche reflektiert, Albedo genannt. Schnee und Wolken reflektieren ca. 80 % der auftreffenden Strahlung, Wüstensand 30 %, Wald 10 %.

Die Sonnenstrahlen selbst können reine Luft nicht erwärmen, sie passieren ungehindert die Luft. Die Erwärmung erfolgt indirekt über die angestrahlten Oberflächen, sie absorbieren die Strahlung, das Material wandelt die Strahlungsenergie in Wärme um. Auftreffende Luftmoleküle übernehmen den höheren Energiezustand der Oberflächenschicht in Form höherer Bewegung, die mit einer Ausdehnung der Luft verbunden ist. Dieser Zustand ist gleichbedeutend mit dem Auftreten vieler lokaler Hitzetiefs, verbunden mit dem Aufsteigen von Warmluftblasen wie in einem siedenden Wassertopf. Den Gesamtvorgang kennen Sie unter dem Namen Konvektion.

Die erwärmte Erdoberfläche gibt nicht nur durch Konvektion und Verdampfung von Wasser Wärme an die Luft ab, sondern auch in Form langwelliger Wärmestrahlung, die in den Weltraum abdriftet oder von den Klimagasen absorbiert wird und die Atmosphäre erwärmt. Ohne die Wirkung der Klimagase betrüge die Oberflächentemperatur der Erde −18 °C, mit Klimagasen sind es heute 15 °C. In Europa beträgt die Durchschnittstemperatur 14 °C. Die Ungleichverteilung der Oberflächentemperaturen auf dem Erdball, in den Regionen und auch in Innenräumen setzt Druckkräfte frei, die zur Durchmischung der Luft in diesen Räumen führen.

3.4.2 Globale Luftströme

Die globalen Luftströme sind in Abb. 3.3 für die Nordhalbkugel der Erde dargestellt: rechts im Bild ein Viertel der nördlichen Erdhalbkugel, links die Zirkulationsströme innerhalb der Troposphäre, deren Höhe von 16 km

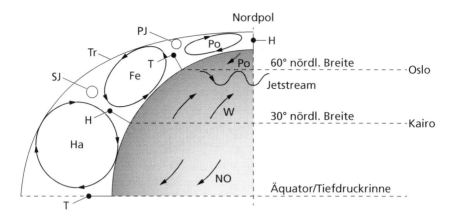

Abb. 3.3 Planetarische Zirkulation, Prinzipskizze. (Ha = Hadley-Zelle; Fe = Ferrel-Zelle; Po = Polarzelle; PJ = Polar-Jetstream; SJ = Subtropenjet; W = Westwinddrift; NO = Nordostpassat; PO = polare Ostwinde; Tr = Tropopause; H = Hochdruckgebiet; T = Tiefdruckgebiet)

am Äquator auf 8 km an den Polen abfällt. Der Maßstab für die Höhe der Troposphäre, die Wetterschicht der Erde, wurde so gestreckt, dass die Strömungen prinzipiell gut sichtbar werden (Vergleiche dazu Abb. 1.1)

Die Sonne steht über dem Äquator zu Frühlings- und Herbstanfang, mit jahreszeitlichem Pendeln zwischen den Wendekreisen. Durch den hohen Energieeintrag der senkrecht stehenden Sonne bildet sich rund um den Erdball eine Tiefdruckrinne, die Innertropische Konvergenzlinie. Das Tief saugt Luft aus dem Norden an, die Luft steigt auf und regnet ab. Die dabei frei werdende Kondensationswärme führt der Luft zusätzlich Wärme zu. In der über dem Äquator gewonnenen Höhe von 18 km steckt auch viel geometrische Energie der Höhe, die bis zu den Polen auf etwa 8 km abnimmt. Die Folge ist, dass in der Höhe die Luft auf einem Längsmeridian Richtung Pol strömt. Die Längsmeridiane laufen in Richtung der Pole aufeinander zu, das verengt den Raum für die polwärts strömende Luft. Die Luft weicht nach unten aus. In 30° nördlicher Breite, beispielsweise auf der Höhe von Kairo, sinkt die Luft nach unten und bildet einen Hochdruckgürtel um die Erde. Beim Absinken wird die Luft erwärmt, etwaige Wolken verschwinden, auf den Kontinenten bilden sich Wüstenlandschaften, beispielsweise die Sahara. Sinkt die Luft über dem Meer ab, entstehen die feuchten Passatwinde, die dem angrenzenden Festland, wie Indien, eine sommerliche Regenzeit bescheren. Ein Teil der aus dem Hoch ausströmenden Luft wird vom Äquatortief wieder angesaugt, der Luftkreislauf um das Äquatortief ist geschlossen. Der Kreislauf trägt den Namen Hadley-Zelle.

Zwischen dem 60. und dem 30. Breitengrad liegt eine weiteres Zirkulationssystem, die Ferrel-Zelle. Angetrieben wird der Kreislauf durch die Saugwirkung eines Tiefdruckgürtels im Bereich des 60. Breitengrades. In dieser Breite wird im Vergleich zur Polregion viel Wärme eingetragen, sodass die Luft aufsteigen kann. Vom Süden wird warme Luft aus dem Hoch des 30°-Gürtels angesaugt, vom Norden die kalte Polarluft. Die Raumverengung zwischen den Meridianen wird durch eine beträchtliche Luftbeschleunigung kompensiert. Nach dem Energieerhaltungssatz wird die dazu notwendige Energie der Druckenergie entnommen. Es entstehen gewaltige Luftstrahlströme, begleitet von ebensolchen Tiefdruckgebieten. In der Fachsprache heißen die schnellen Winde Ausgleichsströmungen. In unserer Breite sind sie als Polar-Jetstream bekannt, der Geschwindigkeiten über 500 km/h erreichen kann. In Abb. 3.3 ist der Ausgleichsstrom als wellenförmig verlaufende Linie in Höhe des 60. Breitengrades eingetragen. Bei den Linien handelt es sich um die Rossby-Wellen, die nach Osten ziehen – im Hochsommer auffällig langsam, denken Sie an den Siebenschläfer als Beginn der sommerlichen Wetterbeständigkeit. Der wellenförmige Verlauf der Windrichtung bildet Polarlufteinbrüche ab, die im Mehrere-Tage-Rhythmus vom Norden her einfallen und den Jet nach Süden ablenken. Der Jet weht als Westwind, weil die von Süden angesaugte Warmluft auf dem Weg nach Norden von der Corioliskraft nach rechts, also nach Osten abgelenkt wird. Der Vollständigkeit halber sei erwähnt, dass im Hochdruckgürtel des 30. Breitengrades ein schwacher, aber sehr stabiler Subtropenjet um die Erde weht. Die geringere Ausprägung dieses Jets ist der Corioliskraft geschuldet, die am Äquator noch nicht existiert und von dort aus bis zu den Polen anwächst. Die Kenntnis der bodennahen Winde, z. B. der windarmen Kalmen, war in Zeiten der Segelschifffahrt von Bedeutung. Heute hat sich das Interesse in die Höhe zum Jetstream verlagert, wo ihn Flugzeuge als Rückenwind zur Kerosineinsparung nutzen – oder ihm bei Gegenwind ausweichen.

Die globalen Windströme wehen unabhängig von der Tageszeit, auch nachts. Die Tiefs und Hochs des 60. Breitengrades wechseln sich im Abstand von 3–4 Tagen ab. Die begleitenden Kaltlufteinbrüche von Norden her brechen bis zum Mittelmeer durch, der uns bekannteste davon ist der Mistral. Kalter Polarwind strömt durch die von der Rhone markierte Schneise durch das Alpenmassiv nach Süden. Die Verengung des Strömungsfeldes durch die flankierenden Berge beschleunigt den Wind. Bei seiner Ankunft am Mittelmeer tritt er als kühler, trockener Wind in Erscheinung, ein katabatischer Wind.

In der rechten Bildhälfte von Abb. 3.3 sind die Richtungen der bodennahen Winde auf der Nordhalbkugel eingezeichnet. Durch die Corioliskraft, eine Scheinkraft als Folge der Erddrehung, wird eine sich bewegende
Masse vom Standort des ruhenden Beobachters nach rechts abgelenkt. Unter
der Hadley-Zelle weht der Wind von Nord nach Süd. Durch die Rechts-
ablenkung wird daraus ein Nordostwind. Unter der Ferrel-Zelle weht der
Wind von Süd nach Nord, wird dabei nach Osten abgelenkt so zum Süd-
westwind, die für unsere Breiten vorherrschende Windrichtung. Am Boden
der Polarzelle strömt der Wind nach Süden, durch Ablenkung nach rechts
wird er zum Nordostwind. Besonders im Winter sind Nordostwinde bei uns
mit kaltem und schönem Wetter verbunden. Wie allen Scheinkräften, so
haftet auch der in diese Kategorie fallenden Corioliskraft etwas Geheimnis-
volles an. Am besten hält man sich an ihre praktische Auswirkung: Sie lenkt
den Wind auf unserer nördlichen Erdhalbkugel nach rechts ab, an den Polen
ist die Ablenkung am größten, in Richtung Äquator nimmt sie ab, um am
Äquator ganz zu verschwinden.

Der jahreszeitliche Wechsel des Sonnenstandes hat für viele Bewohner
unter der Hadley-Zelle gravierende Auswirkungen. Mit der Verschiebung
der Tiefdruckrinne zwischen Nord und Süd wechseln auch die Überström-
gebiete der Passatwinde. Aus Regengebieten werden wüstenartige Trocken-
gebiete und umgekehrt. Besonders betroffen sind Indien und Westafrika.
In unseren Breiten beschränkt sich der Jahreszeitenwechsel auf gemäßigte
Temperaturwechsel.

Es ist klar, dass die starken Winde Schadstoffe in der Troposphäre ver-
breiten. Die vollständige Durchmischung in der Troposphäre auf einer
Halbkugel wird auf nur wenige Monate geschätzt. Thermische Zirkulationsströme und mechanische Luftbeschleunigung längs der Meridiane erzeugen
Turbulenzen, zuerst großräumig, dann in immer kleinteiligeren Wirbeln bis
in den Millimeterbereich, in dem schließlich die Diffusion für vollkommene
Durchmischung sorgt. Die Vermischung zwischen den beiden Hemisphären
dauert etwas länger, aber nicht mehr als ein Jahr. Mit der globalen Ausbreitung verdünnen sich Emissionen, auch die erlaubten, bis zur gesundheitlichen Unbedenklichkeit. Bis zur globalen Verdünnung kommt es in
der Regel nicht, denn die Deposition der Schadstoffe auf den riesigen Oberflächen von Land und Meer reinigt die Luft kontinuierlich.

3.4.3 Örtliche Winde

Die von den globalen Zirkulationsströmen angetriebenen Winde wehen unabhängig von der Tageszeit. Schwächen sich ein Tief und die damit verbundenen Winde ab, werden Winde spürbar, die von tageszeitlich unterschiedlich durch die Sonne beschienenen Flächen ausgehen. Auslöser solcher Hitzetiefs sind örtlicher Topografie geschuldet. Nachts kehren sich die Energieströme um. Anstelle des Energieeintrags durch die Sonne gibt die Erde Energie in Form von Wärmestrahlung ab. Die Erde kühlt ab, auch in unseren Breiten bis unter den Gefrierpunkt. Der Effekt ist bei wolkenverhangenem Himmel durch die Rückstrahlung der Wolken geringer. Erkalteter Boden kühlt die darüber stehende Luft durch Konvektion ab, es entsteht ein Bodenhoch, besser bekannt als Temperaturinversion. Die Lufttemperatur nimmt nicht wie normal nach oben ab, sondern bleibt konstant oder steigt sogar an, bis zur Inversionsgrenze. Über der Inversionsgrenze fällt die Temperatur wieder normal nach oben ab. Bergwanderer beobachten die Inversion morgens als Spiegel eines dunstgefüllten Sees über dem Tal. Über einsamen Bauernhäusern dehnt sich die Rauchfahne des Schornsteins zäh unter dem Dunstspiegel aus. In der Stadt stellen sich gegen Morgen Inversionen ein, vom Wetterdienst als austauscharme Wetterlagen bezeichnet. Es herrscht Windstille, unter 1 m/s Windgeschwindigkeit. Die Emissionen von Heizungen und Fahrzeugen mit Verbrennungsmotor sammeln sich in der Luft bis zu Maximalwerten gegen Morgen. In diese Zeit fällt auch die Höchstbelastung für die Atemwege. Zwei Belastungen treffen zusammen: hohe Schadstoffbelastung in der Luft und nachlassende Befeuchtung der Atemwege während der nächtlichen Ruhephase. Auf die damit verbundenen Gefahren für die Gesundheit wird im Kap. 8 „Reaktionen der Lunge", Abschn. 8.2.3 und 8.5.2, ausführlich eingegangen.

In den Smogverordnungen der Länder wird eine austauscharme Wetterlage u. a. dadurch definiert, dass die mittlere Windgeschwindigkeit über 12 h unter 1,5 m/s beträgt. Eine solch geringe Luftgeschwindigkeit kann sich an wolkenlosen Hochsommertagen einstellen. Zur Entstehung von Smog ist die katalytische Wirkung von Abgasen aus Verbrennungsmotoren erforderlich, deren Konzentration in der Luft schon spürbar zurückgegangen ist, sodass an vielen Stellen die Messung von Ozon, dem Hauptbestandteil des Sommersmog, eingestellt wurde. Die Art der Luftschichtung in verschiedenen Höhen kann an der Form der Rauchfahne von Kaminen (gut) beobachtet werden (Schirmer et al. 1993).

Die Zirkulationsströmung über zwei benachbarte Landschaften mit tageszeitlich unterschiedlichen Oberflächentemperaturen ist in Abb. 3.4 skizzenhaft dargestellt. In einer Küstenlandschaft heizt sich am Tage bei Sonneneinstrahlung die Landoberfläche schneller auf als die des Meeres. Mit der Erwärmung ist eine maßgebliche Dichteabnahme über Land verbunden. Der Ausdehnungskoeffizient der Luft beträgt 1/273. Über dem Meeresspiegel ist die Dichteänderung auch vorhanden, aber wesentlich geringer. Eine geringe Druckdifferenz zwischen See- und Landgebiet setzt die Luftmasse Richtung Küste in Bewegung, bekannt als See- oder Meerwind. In der Nacht kehrt sich die Windrichtung um. Bemerkenswert ist die Rückströmung der Luftmassen in der Höhe. Dieser Zusammenhang ergibt sich aus einer erweiterten Betrachtung der Windzirkulation (Oertel jr. 2012). Großräumige Luftströmungen können den Meerwind überlagern.

Temperaturgetriebene Zirkulationsströmungen sind wichtig für die Stadtbelüftung und werden als Flurwinde in der Städteplanung berücksichtigt. Die Anhäufung von Gebäuden und Straßen im Stadtgebiet führt zur Speicherung großer Mengen an Wärme während des Tages, begünstigt durch die mäßige Kühlung durch Pflanzen. So bildet sich bereits am Tage ein Hitzetief über der Stadt, das Luft aus dem Umland ansaugen kann, wenn geeignete Schneisen für die bodennahe Luftströmung zur Verfügung stehen. Es ist Aufgabe der Stadtplaner, entsprechende Flächen festzulegen. Dafür kommen auch stadteinwärts führende Straßen oder unbewaldete Freiflächen infrage, z. B. Wiesen mit Sportanlagen. In der

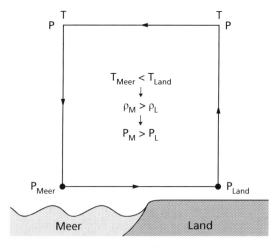

Abb. 3.4 Luftzirkulation durch örtliche Temperaturunterschiede. (Hier: Seewind am Tage (Landwind in der Nacht). Rückströmung in der Höhe)

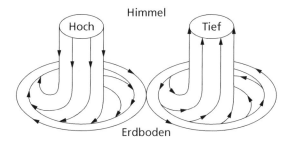

Abb. 3.5 Windrichtungen im Hochdruck- und Tiefdruckgebiet: Schrägsicht von oben

Natur treten Zirkulationsströme als Berg- oder Talwinde in Erscheinung. Die erste Silbe gibt an, woher der Wind kommt. Der „Höllentäler" etwa aus dem Schwarzwald kühlt und erfrischt Freiburg des Nachts. Das größte, thermisch bedingte Tiefdruckgebiet im globalen Maßstab ist der Äquator. Die angesaugten Luftmassen werden in Richtung der Pole umgeleitet. Zirkulationsströmungen mit vergleichbarem Antrieb finden Sie auch in Innenräumen, wenn die Luft über dem Heizkörper am Fenster aufsteigt, längs der Decke zur kühlen Innenwand strömt, da zum Boden sinkt und von dort wieder zurück zum Heizkörper.

Die Abb. 3.5 zeigt zum Schluss eine Schrägsicht auf je ein Hoch- und Tiefdruckgebiet mit den dazugehörigen Stromlinien der Luft. Aus einem Hoch strömt die Luft heraus, dabei wird sie im Urzeigersinn abgelenkt. In ein Tief strömt die Luft hinein, in Bodennähe auf gegen den Urzeigersinn gerichteten Bahnen. Über der bodennahen Reibungsschicht in etwa 1 km Höhe weht der geostrophische Wind. Hier stehen Druckgradient, das heißt die Saugwirkung des Tiefs, und die ablenkende Corioliskraft im Gleichgewicht mit der Folge, dass die Winde gegen den Uhrzeigesinn um das Tief herum strömen, ohne es merklich aufzufüllen. Das Tief kann so lange erhalten bleiben und nach Osten wandern (Schuh Angela 2007; Hantel M und Haimberger L 2016).

Literatur

DIN EN 481 1993-09 Arbeitsplatzatmosphäre; Festlegung der Teilchengrößenverteilung zur Messung luftgetragener Partikel. Beuth Berlin

Friedlander SK (2000) Smoke, dust, and haze fundamentals of aerosol dynamics, 2. Aufl. Oxford University Press, New York

Herman IP (2016) Lungs and breathing in physics of the human body. Springer International Publishing, Switzerland

Hantel M, Haimberger L (2016) Grundkurs Klima. Springer Spektrum, Berlin

Hirschberg HG (1999) Ruß, Handbuch Verfahrenstechnik und Anlagenbau. Springer, Berlin, S 221–223

Möller D (2003) Luft, Chemie Physik Biologie Reinhaltung Recht. De Gruyter, Berlin

Oertel H jr (2012) Prandtl – Führer durch die Strömungslehre. Strömungen in der Atmosphäre. Springer Vieweg, Wiesbaden, S 577–580

Rüger C (2016) Die Wege von Staub Im Umfeld des Menschen. Springer Spektrum, Berlin

Schirmer H, Kuttler W, Löbel J, Weber K (1993) Lufthygiene und Klima, Ein Handbuch zur Stadt- und Regionalplanung. VDI Verlag, Düsseldorf, S 453

Schuh A (2007) Biowetter, Wie das Wetter unsere Gesundheit beeinflusst. Beck, München

TLV (1970) ACGIH Threshold Limit Values of Airborne Contaminants and intented changes. Adopted By ACGIH For 1970

4

Räume

Zusammenfassung Am Anfang steht die Definition des Raumbegriffs. Die Atmosphäre wird als ein nach oben offener Raum verstanden, den die Strahlen der Sonne unterschiedlich erwärmen. Dabei entstehen Räume, die nach den Vorgaben der Klimaklassifikation bezeichnet werden. Eine weitere Unterteilung ergibt aus der geografischen Lage für Räume mit einheitlichem Klima, in denen sich darüber hinaus einheitliche soziale und wirtschaftliche Strukturen entwickelt haben. Bekannt ist unter diesem Gesichtspunkt das Rhein-Main-Gebiet alsr Raum Frankfurt. Der Vergleich zwischen Erholungsgebieten am Rande von Ballungsräumen und reinen Luftkurorten zeigt deren jeweilige Besonderheiten. An dieser Stelle wird auch die Frage beantwortet, warum von Bioklima und Biowetter gesprochen werden kann, nicht aber von Bioluft. Grundlage für die Gestaltung neuer Lebensräume ist das Baugesetzbuch. Es wird gezeigt, wie viele Einfluss nehmende Gesetze in die Bauleitplanung eingehen. Die Möglichkeiten zur Bürgerbeteiligung werden diskutiert. Für Innenräume zeigen praktische Beispiele den schnellen Umschlag von gesunder zu verbrauchter Innenraumluft an, beispielsweise während einer Familienfeier mit Adventskranz.

© Springer-Verlag GmbH Deutschland, ein Teil von Springer Nature 2023
C. Rüger, *Luft und Gesundheit,* https://doi.org/10.1007/978-3-662-66767-5_4

4.1   Definitionen

Der Lebensraum des Menschen erstreckt sich über die gesamte, mit Luft gefüllte Atmosphäre der Erdkugel – ein weiter, aber auch endlicher Raum. In der Sprache der Astronomen wird der Raum der Atmosphäre als endlich, aber unbegrenzt beschrieben. In der psychologischen Raumwahrnehmung ordnet der Mensch die Gegenstände der Umwelt nach Form, Farbe und Entfernung ein, die bis in die Leere des Weltraumes reicht. Mathematisch kann die Atmosphäre als ein Raum mit nach oben offenen Koordinaten gesehen werden.

Der griechische Mathematiker Euklid definiert einen abstrakten Raum mithilfe von drei Dimensionen: Höhe, Breite und Länge. Diese Definition ist uns seit dem Schulunterricht vertraut, mit ihrer Hilfe können Oberfläche und Inhalt von Körpern berechnet wurden. Der Begriff „Klassenraum" etwa stützt unsere Vorstellung, dass ein Raum von festen, geometrischen Grenzen umfasst wird. Zur Beschreibung eines Fluids wie der Luft reichen die drei Dimensionen nicht aus, hier muss die Dimension der Zeit ergänzt werden.

In ein geometrisches Element strömt die Luft mit einer bestimmten Geschwindigkeit aus einer bestimmten Richtung hinein und mit veränderter Richtung sowie Geschwindigkeit wieder heraus. Im Element kann sich der Massenstrom teilen, sodass die Luft an anderer Stelle mit anderer Geschwindigkeit und veränderter Richtung wieder austritt. Diese Betrachtungsweise ist ein Grundelement der Ausbreitungsrechnung von Luftschadstoffen.

Neben Geschwindigkeit und Richtung charakterisieren weitere Klimaelemente die Luft in einem Raumelement, so Temperatur, Feuchte, Druck und Niederschlag. Diese Klimaelemente bestimmen das augenblickliche Wetter in dem Element. Als nicht direkt dem Wetter zugehörig wird der Schadstoffgehalt in einem Luftelement betrachtet, obwohl er als Komponente des Wetters unsere Gesundheit gravierend beeinträchtigen kann.

Für Ausbreitungsrechnungen von Schadstoffen in der Luft werden Mengenbilanzen für einzelne Raumelemente erstellt. Berücksichtigt werden der Verdünnungseffekt in turbulenter Strömung und die Deposition auf Oberflächen des Bodens und seiner Aufbauten. Um die Schadstoffausbreitung für ein bestimmtes Gebiet vorhersagen zu können, müssen Windstärke und Windrichtung im Jahresverlauf bekannt sein oder vorher in einer Zeitreihe gemessen werden. Mit diesen Daten kann die Immission eines Schadstoffes zielgenau für ein ausgewähltes Element, z. B. eine Ortskoordinate, in einer Zeitreihe dargestellt werden, woraus die mittlere jährliche Belastung gemittelt wird.

4.2   Klimagebiete

4.2.1   Klimaklassifikation

In der Wetter- und Klimakunde sind die Gebietsgrenzen mit angemessenen Toleranzen zu versehen. Nach oben wird der Raum der Atemluft durch die Tropopause in 10 km Höhe begrenzt. Eine engere Grenze liegt bei 100 m, hier endet der private Luftraum. Im staatlich kontrollierten Luftraum wird jedem Flugzeug eine eigene Flugfläche zugewiesen. Flugflächen sind als Orte gleichen Luftdruckes definiert, so halten Flugzeuge in der Luft gleichen Höhenabstand. Der Luftraum über dem Gebiet eines Staates gehört zu seinem Hoheitsgebiet.

Die horizontale Einteilung der Atmosphäre im globalen Maßstab ist durch die Intensität der Sonneneinstrahlung vorgegeben. Tropen, gemäßigte und polare Zonen folgen längs der Breitengrade nacheinander mit jahreszeitlichen Verschiebungen innerhalb der Wendekreise.

Eine weitere markante Differenzierung erfolgt nach Klimatyp, beide Einteilungen sind zusammengestellt in Tab. 4.1. Die Klimazonen decken sich mit den globalen Zirkulationsströmen nach Abb. 3.3.

Eine engere räumliche Strukturierung des Klimas erfolgt in Makro-, Meso- und Mikroklima, zusammengestellt in Tab. 4.2. Am Ende der Einteilung steht das Mikroklima, in das der Mensch in seinem Wohnquartier eintaucht. Liegt sein Wohnsitz in ländlicher, pflanzenreicher Umgebung, kann er sich an ausgeglichenen Temperaturen erfreuen. In der versiegelten Straßenschlucht einer Stadt unterliegen die Temperaturen dagegen großen Schwankungen. Auf der von der Sonne beschienenen Seite liegen die Temperaturen bis 15° C höher als auf der Schattenseite. Die Staubbelastung ist für die Bewohner der unteren Etagen höher als in den darüberliegenden. Der Mangel an Pflanzen in der Stadt hat Folgen für die Luftfeuchtigkeit, die Luft ist trockener. Die Atemwege werden stärker belastet mit der Folge zunehmender Erkrankungsgefahr (Helbig et al. 1999).

Tab. 4.1   Klassifikation nach Klimazone und Klimatyp

Klimazone	Klimatyp
Tropen	Polarklima
Gemäßigte Zone	Seeklima
Polare Zone	Kontinentalklima
	Passatklima, trocken oder feucht
	Äquatorialklima

Tab. 4.2 Klassifikation nach Klimaregionen

Region	Charakteristik	Dauer
Makroklima	Globale Zirkulation, Jetstream 2000–10.000 km	1 Monat
Mesoklima	Wetterfronten, städtische Hitzeinseln Einfluss der Geländeform 1–2000 km	1 h bis 1 Woche
Mikroklima	Flora und Fauna eines Areals, Standortklima des Menschen 1 mm–1 km	Tageszeitliche Schwankungen

4.2.2 Ballungsgebiete und ländlicher Hintergrund

Eine Stadt zieht mit ihren Einrichtungen von Kultur und Arbeitswelt viele Menschen an. Durch Zuzug müssen mehr Menschen auf begrenztem Grund und Boden untergebracht werden, wobei die Wohnfläche pro Einwohner und ihre Ausstattung in der Vergangenheit stetig zugenommen haben. Heute stehen jedem Einwohner $47\,\mathrm{m}^2$ Wohnfläche zu Verfügung. Die Wohnfläche symbolisiert auch den hohen, bisher fossielen Energieeinsatz für Herstellung, Unterhalt und städtische Infrastruktur. Die Bauordnung NRW schreibt Aufzüge ab der dritten Etage vor, in hochwertig ausgestatteten Wohnhäusern fährt der Aufzug vier Ebenen an: Tiefgarage, Erdgeschoss, erstes und zweites Obergeschoss. Zur Smart City gehört, dass die Wohnungen über einen leistungsfähigen Internetanschluss verfügen, der sie mit dem Betrieb, der Behörde und der ganzen Welt verbindet. Die Wohnung soll Anschluss an Straßen und Versorgungsleitungen haben. Der Wohlstand ist mit erheblichem Energieverbrauch verbunden, zunächst bei der Herstellung und später bei der Unterhaltung.

Die Versiegelung der Städte durch Straßen und Gebäude verändert das Klima in der Stadt. Die Besonderheiten des Stadtklimas hat die Weltorganisation für Meteorologie so definiert: „Das Stadtklima ist das durch die Wechselwirkung mit der Bebauung und deren Auswirkungen, einschließlich Abwärme und Emission von luftverunreinigenden Stoffen modifizierte Klima" (Helbig A und Schirmer H 1999; WMO 1981).

Die Sonneneinstrahlung ist in der Stadt nicht höher als im ländlichen Hintergrund, der Niederschlag ebenso wenig, aber das Oberflächenwasser wird hier abgeleitet und nicht im Erdboden gespeichert. Versiegelter Boden kann keinen Beitrag zur Abkühlung und Befeuchtung der Luft leisten. In unseren Breiten fällt genug Regen, um Pflanzen ausreichendes Wachstum zu ermöglichen. Die Wurzeln sammeln das Wasser des Bodens und leiten es mit Mineralstoffen in die oberirdischen Pflanzenteile weiter. Große Pflanzen mit tief reichenden Wurzeln sind besonders erfolgreich. Büsche und Bäume verfügen mit dem Blattwerk über große Oberflächen, die gleichzeitig drei Dienste für unsere Gesundheit leisten: Kühlung, Befeuchtung und Reinigung der Luft. Die Blätter sind von der Evolution her auf das sog. Auskämmen von Staub eingerichtet, sie atmen mit ihrer Unterseite. Gasförmige Luftverunreinigungen werden allerdings an allen Oberflächen unabhängig von ihrer Ausrichtung adsorbiert und können so dem Atemsystem der Pflanzen schaden.

Ein Ballungsgebiet ist nach § 1 Nr. 4 der 39. BImSchV „ein städtisches Gebiet mit mindestens 250.000 Einwohnern und Einwohnerinnen, das aus einer oder mehreren Gemeinden besteht". Als Ballungsgebiet gilt auch ein Gebiet aus einer oder mehreren Gemeinden mit hoher Bevölkerungsdichte, das heißt 1000 Einwohner*innen je Quadratkilometer, verteilt auf eine Fläche von mindestens 100 m^2, also beispielsweise ein Gebiet mit 10×10 km Ausdehnung. Die Einteilung in Ballungsräume ist Aufgabe der Bundesländer. In ihren Händen liegt auch die Luftüberwachung. Die Schadstoffbelastung der Luft im Ballungsgebiet wird an mindestens einer verkehrsreichen Straße gemessen, parallel dazu an einem Referenzort, der den städtischen Hintergrund repräsentiert.

In den Ballungsräumen konzentrieren sich besonders viele Wärme- und Schadstoffquellen. Der Verbrauch von Öl, Gas und Strom endet nach der Nutzung fast vollständig als Wärme, die an die Luft abgegeben wird. Die größten Verbraucher fossiler Energien sind Kraftwerke, Gebäudeheizungen, der Verkehr zu Lande, auf dem Wasser und in der Luft, die Antriebe von Maschinen in Fabriken, von Geräten im Haushalt und nicht zuletzt der Hardware der Digitalisierung.

Moderne Braunkohlekraftwerke haben einen Wirkungsgrad bei der Stromerzeugung von 43 %, mit dem Rest wird sofort die Umwelt erwärmt, der größte Teil des Restes geht beim Verbraucher in Wärme auf.

Verbrennungsmotoren und Flugzeugtriebwerke sind Kleinkraftwerke mit mechanischem Wirkungsgrad von nur 20 % bis 24 %, der Rest geht ungenutzt in Wärme und gesundheitsschädliche Luftbestandteile auf. Das entstehende Klimagas CO_2 leistet mit seiner Langzeitwirkung einen wesentlichen Beitrag zur Klimaerwärmung.

Zum Schutz der Bewohner in den Städten der Ballungsgebiete wurden Umweltzonen abgegrenzt, in die nur schadstoffarme Fahrzeuge einfahren dürfen. Generell müssen bei Überschreiten der Immissionsgrenzwerte die betroffenen Gemeinden Luftreinhaltepläne nach der 35. BImSchV erstellen, vergleiche dazu Tab. 2.1.

Der Charme alternativer Energiegewinnung liegt auch in der Vermeidung von Umwandlungsverlusten. In der Photovoltaiktechnik wird von siliziumbasierten Zellen mit einem Wirkungsgrad bis zu 29 % direkt Strom erzeugt. Um diesen Betrag vermindert sich die eingestrahlte, in Wärme aufgehende Sonnenenergie – ein Kühleffekt, der die Dachbegrünung teilweise ausgleicht.

Bei der Stromerzeugung durch Windkraft ist die Mechanik der Turbine zwischengeschaltet. Trotzdem erreicht die Stromausbeute fast 50 %. bezogen auf die Windenergie.Die mechanische Festigkeit eines Windrades ist jedoch endlich . Bei Windstärke 10 nach Beaufort muss abgeschaltet werden.

Die Verbrennung fossiler Brennstoffe ist von Schadstoffemission begleitet, die beim Übergang auf alternative Energien massiv verringert würde, mit parallel verlaufender Verringerung von Atemwegserkrankungen und einem erfreulichen Gewinn an Lebensqualität.

Das Baugesetzbuch

Eine Gemeinde muss ihre Bausubstanz ständig erneuern, allein schon deshalb, weil letzterer eine endliche Lebensdauer zu eigen ist. Die notwendigen Maßnahmen bestimmen für Generationen unser städtisches Umfeld. Dazu stellen die Gemeinen in Zeitabständen Bauleitpläne für ihr innerstädtisches Gebiet auf, wobei eine Reihe von Gesetzen zu berücksichtigen ist. Die Luft wird in diesen Gesetzen manchmal nicht explizit als schutzwürdiges Gut angesprochen, aber zumindest in den Definitionen für Klima und Umwelt als darin enthalten erachtet.

Ein Bauleitplan beschreibt einen Prozess, an dessen Ende ein verbrieftes Baurecht für Grundstücke in einem umgrenzten Gebiet der Gemeinde steht. Zu Beginn wird ein Flächennutzungsplan aufgestellt, beispielsweise für Wohn-, Gewerbe- oder Mischgebiete mit entsprechendem Plan für die Infrastruktur. Das Projekt wird anschließend den Trägern öffentlicher Belange (TÖB) zugeleitet, die die Vereinbarkeit des Projektes mit anderen Gesetzen prüfen. Träger öffentlicher Belange im engeren Sinne sind obere und untere Landesbehörden, Energieversorger, Post im Sinne von Telekommunikation, Feuerwehr. Einbezogen werden auch Umweltverbände und Vereine mit Geländeinteressen.

Bürgerbeteiligung ist zwingend für die zweite Stufe eines Bauleitplanes vorgesehen, wenn die Stellungnahmen der Behörden eingearbeitet worden sind. Die Einflussmöglichkeiten des Einzelnen sind begrenzt und Einwände müssen sich auf gesetzliche Schutzgüter stützen. Die Verantwortlichen der Gemeinden sind in ihrer Entscheidung beim Abwägungsprozess der verschiedenen Interessenlagen frei, der Bebauungsplan kann verabschiedet

werden. In Tab. 4.3 sind Bundesgesetze aufgeführt, die während der Bauleitplanung zu beachten sind. Die von den Ländern oder Gemeinden
erlassenen Gesetze oder Satzungen sind besonders gekennzeichnet. Bei
den erforderlichen Prüfungen stehen heute die nach der Umweltverträglichkeit ganz im Vordergrund. Die Schutzgüter im Sinne des Gesetzes sind
Die Tab. 4.3 sollte am Ende dieses Absatzes stehen! An dieser Stelle ist der
Absatz aber nicht zu Ende, wenn es vielleicht auch so aussieht! Die Tabelle
folgt mitten im Satz! Bitte ändern!

1. Menschen, insbesondere die menschliche Gesundheit,
2. Tiere, Pflanzen und die biologische Vielfalt,
3. Fläche, Boden, Wasser, Luft, Klima und Landschaft,
4. kulturelles Erbe und sonstige Sachgüter sowie

Tab. 4.3 Gesetze, die bei der Prüfung eines Bebauungsplans zu berücksichtigen sind

Baugesetzbuch (BauGB)	Phase 1: Bauleitplan
	Phase 2: Bebauungsplan
	Bürgerbeteiligung § 3
	Behördenbeteiligung § 4
	Schutzflächen § 9 (1) 24
Bei der Prüfung vorrangig anzuwendende Gesetze	
Bundesnaturschutzgesetz (BNatSchG)	Eingriffsregelung: bereits im Bauleitplan zu prüfen, ggf. Bereitstellung von Ausgleichsflächen für die Inanspruchnahme „natürlicher" Landschaftsflächen.
	In den Landesnaturschutzgesetzen ist eine Baumsatzung der Gemeinden möglich.
Gesetz über die Umweltverträglichkeitsprüfung (UVPG)	Umweltverträglichkeitsprüfung besonders für Gewerbegebiete, auch für Neubaugebiete
	Umsetzung der Richtlinie 2011/92/EU
Baunutzungsverordnung (BauNVO)	Festlegung der Baunutzung (z. B. reine Wohngebiete, Dorfgebiete, Kerngebiete, Gewerbegebiete)
Fallweise zu berücksichtigende Gesetze	
Wasserhaushaltsgesetz (WHG)	Oberflächen- und Grundwasserflüsse
Bundeswaldgesetz (BWaldG)	Bedeutung von Bäumen in der Stadt, Luftreinigung, Tiefenwassernutzung
Raumordnungsgesetz (ROG)	Erhalt ländlicher Erholungsgebiete
Bundesfernstraßengesetz (FStrG)	Autobahnen und Bundesstraßen. Bauleitpläne klammern diese Bezirke in der Regel aus.
Bundeswasserstraßengesetz (WaStrG)	s. FStrG
Luftverkehrsgesetz (LuftVG)	s. FStrG

5. die Wechselwirkung zwischen den vorgenannten Schutzgütern.

Hier ist der Absatz zu Ende und hier kann die Tab. 4.3 eingesetzt werden!

Alle Neubauprojekte, von der Reihenhaussiedlung über den öffentlichen Parkplatz bis zur Zementfabrik, müssen dieser Prüfung unterworfen werden. Man kann sich leicht vorstellen, dass der Ausgleich der Interessen im Zuge der Prüfungen nicht einfach ist, aber im Sinne einer lebenswerten Welt muss man der Wirkung solcher Gesetze dankbar sein.

Das Baugesetzbuch ermöglicht im Zuge der Erstellung eines Bebauungsplanes für ein Wohngebiet die Ausweisung von Schutzflächen. Damit sollen die Bürger oder auch Biotope vor Immissionen geschützt werden. Unter Bestandsschutz stehen früher genehmigte Industrie und Gewerbegebiete, die aber ihre Emissionen nach dem Stand der Technik einschränken müssen. Für neue Gewerbe- oder Industriegebiete müssen Mindestabstände eingehalten werden, die zwischen 100 m (chemische Reinigungsanlage) und 1500 m (Stahlwerk) liegen. Die Abstände werden im Abstandserlass des Landes NRW in Zeitabständen aktualisiert und in der Regel von den anderen Bundesländern übernommen (Umwelt NRW 2007). An die Forderung eines Schutzabstands knüpft sich die Frage, wer die Kosten für solche Brachflächen tragen soll. Auch der Mindestabstand von Kleingewerbe ist ambitioniert. In dörflichen Gemeinschaften wohnen die Menschen in Mischgebieten rücksichtsvoll nebeneinander.

Eine Besonderheit des Naturschutzgesetzes ist die Eingriffsregelung. Sie besagt, dass nicht vermeidbare Eingriffe in die Natur, einschließlich in den Grundwasserspiegel, ausgeglichen werden müssen. Dazu kann das Biotopwertverfahren herangezogen werden, bei dem ein Teil des zu bebauenden Gebietes hinsichtlich seiner biologischen Vielfalt aufgewertet wird, z. B. durch geeignete Bepflanzung. Die Städte legen auch Ökokonten an, um an anderer Stelle auf Ausgleichflächen zurückgreifen zu können. Der Unterhalt von Ausgleichsflächen ist auf 30 Jahre angelegt. Da Ökosysteme sich im Zusammenspiel von Mikro- und Mesoklimaten erst über längere Zeiträume entwickeln, bleibt die Wirkung der Eingriffsregelung in dieser Hinsicht begrenzt. Ein Gewinn der Eingriffsregelung zeigt sich aber schon im Vorfeld der Planung an der Begrenzung des Flächenverbrauchs auf das Notwendige.

Durch Baumaßnahmen werden besonders in Ballungsgebieten die Windverhältnisse beeinflusst. Die Schneisen für Flurwinde dürfen nicht verbaut werden. Geplante hohe Gebäude und besonders Hochhäuser beeinflussen das Windfeld der Umgebung durch starke Turbulenz. Emissionen aus

Kaminen der Nachbarschaft werden zu Boden gedrückt und beeinträchtigen die Luftqualität. Ein Problem stellt auch die zu erwartende Beschattung der Nachbarschaft dar.

Der ländliche Hintergrund ist von offenen Landschaften und Wald geprägt, die unter dem Schutz von Naturschutz- und Waldgesetz stehen. Das Bundesumweltministerium betreibt in diesen Gebieten selbst sieben Messstation, verteilt über die Bundesrepublik (UBA 2022). In Waldgebieten darf nicht gebaut werden, der Wald soll aber auch mit seiner günstigen Wirkung auf die Luftqualität Teil der Stadt werden. Die Erfahrung der Waldbauern wird umfangreich genutzt. Waldboden speichert viel Wasser, auch in der Tiefe, in Waldboden versickert mehr Regenwasser als auf Wiesen. Die natürliche Entwicklung der Bodenkapillarität für den senkrechten Wasserfluss im Erdreich benötigt Zeit und muss sich in aufgeschütteten Böden erst langsam entwickeln können. Auf die Rückhaltung des Regenwassers in der Stadt sollte besonderes Augenmerk gelegt werden. Alles hat aber zwei Seiten: Bäume verwehren nämlich bodennahen Flurwinden den Zutritt, beide Systeme müssen aufeinander abgestimmt existieren können.

Der Deutsche Verein für öffentliche Gesundheitspflege (DVöG) hat in einer Resolution 1875 die Aufnahme zahlreicher Forderungen der Bauhygiene in die Berliner Bauordnung gefordert. Dabei ging es um ausreichende Belichtung, Belüftung, Brandschutz und Sozialabstand benachbarter Gebäude. Wohngebäude sollten maximal fünf Stockwerke haben, die Straßenbreite gleich der Gebäudehöhe sein. Der Gebäudeabstand sollte Lichteinfall bei 45° Sonnenstand ermöglichen. Die gute Durchlüftung war wegen der Geruchsprobleme in der Zeit vor dem Bau der Kanalisation angebracht. Eine weitere Forderung war die Trennung von Wohn- und Industriegebieten in neuen Stadtteilen (Hardy A I 2005). Die Entscheidung zum Bau der Berliner Kanalisation fiel im Jahr 1870, fertiggestellt war sie 1892.

Die Trennung von Wohn- und Gewerbeflächen bringt Lebensqualität in die Wohnquartiere, der Pendelverkehr nimmt aber entsprechend zu. Heute gibt es in der Bundesrepublik zwölf Metropolregionen, in denen die Politik die Bauleitpläne der Ballungszentren und ländlichen Erholungsgebiete aufeinander abstimmt. Die Räume der über ganz Deutschland verteilten Metropolregionen zeichnen sich nicht zufällig durch ein einheitliches Mesoklima aus. Die älteste Region ist das Rhein-Main-Gebiet, die jüngst das Rheinland.

4.2.3 Luftkurorte

Räume mit besonderen heilklimatischen Bedingungen können auf Antrag der Gemeinden zum Schutz vor unerwünschten Immissionen unter gesetzlichen Schutz gestellt werden. Nach dem Bundes-Immissionsschutzgesetz (§ 49 Abs. 3 BImSchG) sind die Landesregierungen ermächtigt, den Gemeinden den Erlass ortsrechtlicher Vorschriften zum Immissionsschutz zu erlauben. Besonders bemerkenswert ist das Waldgesetz von Mecklenburg-Vorpommern, in dem ein Waldgebiet auf Antrag zu Erholungs-, Kur- oder Heilwald erklärt werden kann, wovon ambitionierte Gemeinden Gebrauch gemacht haben, z. B. Heringsdorf auf Usedom. Als Heilanzeigen werden Atemwegserkrankungen an erster Stelle genannt (Bäderverband M-P 2022). Hier wird die heilklimatische Wirkung des Waldes in das Angebot der über 350 Heilbäder in Deutschland einbezogen. Der Deutsche Bäderverband wacht darüber, dass in heilklimatischen Kurorten der Deutsche Wetterdienst regelmäßig bioklimatologische und lufthygienische Gutachten erstellt, um die Einhaltung der Qualitätsstandards zu belegen (Deutscher Heilbäderverband 2022).

Kurorte bieten in der Regel ein Reiz- oder Schonklima an der See, im Mittelgebirge oder im Hochgebirge an. Dabei stellt das jeweilige Klima das Haupttheilmittel dar. An der See liegt ein Reizschwerpunkt auf der Luftseite, im Hochgebirge in der Sonneneinstrahlung. Bei seinem Aufenthalt im Heilklima soll sich der Mensch insgesamt regenerieren und erholen und die Luftveränderung auch genießen, wie der Verband der Heilklimatischen Kurorte Deutschlands e. V. schreibt (Heilklima 2022).

Hier soll noch kurz auf den Begriff „Waldbaden" eingegangen werden. Der ruhige Aufenthalt im Wald wird als besonders erholsam empfunden. Zum Waldbaden reicht eine Baumreihe in der Stadt nicht aus, der Wald muss uns von allen Seiten umfassen. Ins Bewusstsein wurde das Waldbaden erst 1982 gerückt, als die Japaner vonseiten ihrer Regierung zurück in die Natur gelockt werden sollten. Bäume sondern vor allem im Sommer Phytonzide ab, ein pflanzeneigenes Pathogen, das dem Eigenschutz gegenüber Krankheitserregern dient. Beim Menschen sollen sie beruhigend und blutdrucksenkend wirken. Phytogene gehören chemisch zu den Terpenen, einer sehr großen Stoffgruppe, von denen einige als nicht gesundheitsfördernd bekannt sind. Aber nach Paracelsus gilt auch hier, dass die Dosis das Gift macht, diese Stoffe also sogar positiv stimulierend wirken können.

4.2.4 Biowetter und Bioklima

Auf das Thema „Bioklima" soll hier kurz eingegangen werden. Es beschreibt nach Angabe des Deutschen Wetterdienstes die Gesamtheit aller atmosphärischen Einflussgrößen auf den menschlichen Organismus. Im gleichen Sinne wird der Begriff „Biowetter" verwendet. Der Einfluss von Klima und Wetter auf den Menschen wird so von allen weiteren Einflüssen aus der Umwelt abgegrenzt. Für die Luft selbst wäre der Ausdruck „Bioluft" denkbar, als dem Medium für Bioklima und Biowetter. Im Grunde ist Bioluft Thema dieses Buches. Doch dieser Ausdruck wird im Glossar des DWD nicht geführt. Die Qualität der Luft variiert auch wegen der unterschiedlichen Schadstoffbeimengungen zu stark, um von einer definierbaren Bioluft sprechen zu können. Bei Biowetter und Bioklima stehen die primären Klimaelemente im Vordergrund. In diesem Buch soll auch deshalb allein der Begriff „Luft" verwendet werden, gelegentlich mit passenden Präfixen versehen wie bei Außenluft oder Innenraumluft.

Das Biowetter hat auch die Wissenschaft erreicht. Frau Prof. A. Schuh forscht zu Medizinische Klimatologie und Kurortmedizin an der Ludwig-Maximilians-Universität München. In ihrem Buch „Biowetter: Wie das Wetter unsere Gesundheit beeinflusst" geht es um belastende Einflüsse des Wetters bis hin zur Nutzung seiner die Gesundheit fördernden Reize (Schuh 2007). Beispielhaft soll an dieser Stelle die Wirkung von Bioluft, also Luft im Freien, auf die Haut erwähnt werden. Im Freien strömt die Luft ab einer Geschwindigkeit von 1 m/s zuverlässig turbulent. Mindestens die gleiche Geschwindigkeit wird beim Gehen erreicht. Wie bereits beschrieben, wird bei Wind kühlere Luft aus der Höhe mit wärmerer Luft in Bodennähe vermischt. Die Haut wird dadurch in Verbindung mit wechselnder Luftgeschwindigkeit Kältereizen ausgesetzt, die nachweislich belebend auf den Organismus einwirken. Beim Gehen sollte sich ein vergleichbarer Effekt einstellen. In der gleichmäßig strömenden Luft eines klimatisierten Innenraumes fehlen diese Anreize, wenn man zudem bedenkt, dass die Luftgeschwindigkeit im Raum < 0,2 m/s betragen soll, um Zugerscheinungen zu vermeiden. Auch in der im Innenraum fast stehenden Luft liegt eine Ursache, warum sich viele Menschen in klimatisierten Räumen schnell krank fühlen.

Bleibt anzumerken, dass der Deutsche Wetterdienst viele aktuelle Daten zum Biowetter ins Netz stellt.

4.3   Innenräume

4.3.1 Natürliche Innenräume

Höhlen sind die klassischen natürlichen Innenräume. Durch Öffnungen stehen sie normalerweise mit der Außenluft in Verbindung und die Höhlenluft ist zum Atmen geeignet. In Karstgebieten sind ganze Hohlraumsysteme verwitterungsbedingt anzutreffen. Was den Aufenthalt in Höhlen gefährlich machen kann, ist eine mögliche Überkonzentration an Kohlendioxid. In der thailändischen Tham-Luang-Höhle wurde eine Gruppe Jugendlicher im Jahr 2018 durch Überflutung eingeschlossen und von der Luftzufuhr abgeschnitten. Sie litten bis zu ihrer Rettung unter einer zunehmenden Überkonzentration an Kohlendioxid. Höhlen in Vulkangestein können regelhaft hohe Konzentrationen von Kohlendioxid aufweisen.

Aus dem erkalteten Vulkangestein der Eifel tritt Kohlendioxid aus der Erde ins Freie. Ein solcher Austrittsort wird als Mofette bezeichnet. Der Laacher See könnte abschnittsweise als Mofette angesehen werden. Liegt eine Mofette in einer Senke, dann verdrängt in der Stille der Nacht das Kohlendioxid die Luft aus diesem nach oben offenen Raum. Kohlendioxid ist schwerer als Luft und bleibt am Boden. Am Morgen, wenn die nächtlichen Inversionen aufgebrochen werden, verschwindet das Gas wieder. Neben Kohlendioxid können gelegentlich auch Schwefelbindungen und Edelgase aus vulkanischem Gestein austreten.

Eine Raumwolke aus Kohlendioxid war verantwortlich für den Tod von über 1000 Menschen und zahllosen Tieren am Nyos-See in Kamerun im Jahre 1986. Der See liegt über Kohlendioxid produzierendem Vulkangestein. In den kalten Tiefenschichten des Sees kann sich so lange Kohlendioxid im Wasser lösen, bis das labile Gleichgewicht mit der warmen, wenig lösenden Oberschicht kippt und zur spontanen Freisetzung von Kohlendioxid führt. Im Kleinformat lässt sich das Phänomen beim Andernacher Kaltwassergeysir beobachten. Die aus der aufschießenden Fontäne frei werdenden CO_2-Mengen fallen hier nicht ins Gewicht.

4.3.2 Anthropogene Innenräume

Natürliche Unterkünfte stehen dem Menschen schon seit langer Zeit nicht mehr zur Verfügung. Der Bau von klimaangepassten Innenräumen hat lange Tradition. Das heute erreichte hohe Niveau hat auch Eingang in die Bauordnung gefunden. Für Errichtung und Unterhalt von Räumen muss

Raum geschlossen, keine Lüftung

Veränderung der Luftinhaltstoffe mit der Zeit

Bilanzgleichung $q_S \cdot \Delta\tau = V \cdot (c_E - c_A)$

q_S Quellstrom, m^3/h, g/h – z. B. CO_2, Ruß, H_2O, O_2 (Verbrauch, Senke)

$\Delta\tau$ Zeitspanne bis zum Erreichen einer vorgegebenen Konzentration, h

V Raumgröße, m^3

c_A Anfangskonzentration, Vol%, ppm, g/m^3, φ Sättigungsgrad der Luft, g Wasserdampf/m^3 trockene Luft

c_E Endkonzentration nach $\Delta\tau$ Stunden, Vol%, ppm, g/m^3,

     φ Sättigungsgrad der Luft, g Wasserdampf/m^3 trockene Luft

Raum belüftet mit Zu- und Abluftstrom

Mindestluftbedarf zur Einhaltung hygienischer Atemluft

Bilanzgleichung $q_{MIN} \cdot (c_G - c_U) = q_S$

q_S Schadstoffquellstrom, m^3/h, g/h

q_{MIN} Mindestluftstrom Außenluft, m^3/h

c_U Schadstoffvorbelastung der Außenluft, Vol%, ppm, g/m^3

c_G Schadstoffgrenzwert für die Innenraumluft, Vol%, ppm, g/m^3

Konzentrationsangaben: 1000 ppm = $0{,}001\,\dfrac{m^3}{m^3} = 1\dfrac{l}{m^3} = 0{,}1$ Vol%

Abb. 4.1 Bilanzgleichungen für geschlossene und für belüftete Innenräume

sehr viel Energie aufgewandt werden, ein Problem in Zeiten des Klimawandels.

Werden bewohnte Innenräume nicht gelüftet, dann verbraucht sich die Luft relativ schnell. Das liegt weniger am Mangel an Sauerstoff als an der unzureichenden Ableitung von CO_2 und der Zunahme von Humangeruchsstoffen, die im Gleichklang mit CO_2 zunehmen. Meist wird auch die notwendige Ableitung von Baustoffausdünstungen mit der CO_2-Ausschleusung gewährleistet. An zwei Beispielen soll gezeigt werden, in welcher Zeit die Schadstoffe die vorgesehenen Grenzkonzentrationen erreicht haben. In Beispiel 1 geht um einen geschlossenen Innenraum, in dem sich zwei Personen bei körperlicher Ruhe aufhalten, etwa einem Schlafraum. Die Berechnung folgt der Bilanzgleichung nach Abb 4.1. In Abb. 4.2 sind die Ausgangdaten und der Rechengang dargestellt. In einem 30 m^3-Raum wird für CO_2 der Grenzwert von 1000 ppm sehr schnell, bereits nach 45 min erreicht. Sauerstoff ist nach dieser Zeit noch genügend vorhanden, er nimmt nur um

Raumgröße 30 m³, 2 Personen, körperliche Ruhe

Kohlendioxid, CO_2

Anfangswert C_A = 400 ppm, Grenzwert c_G = 1000 ppm, Quellstrom q12l/h pro Person

$$2\,\text{Personen} \cdot 0{,}012\, \frac{m^3\ CO_2}{h\ \text{Person}} \cdot \Delta\tau\ \text{in h} = 30\ m^3\ \text{Luft} \cdot (0{,}0010\, \frac{m^3\ CO_2}{m^3\ \text{Luft}} - 0{,}0004\, \frac{m^3\ CO_2}{m^3\ \text{Luft}})$$

$\Delta\tau$ = 0,75 h oder 45 min

Nach nur 45 Minuten ist der Grenzwert von 1000 ppm CO_2 erreicht.

Sauerstoff, O_2

Anfangswert c_A = 0,2093 Vol%, Sauerstoffverbrauch (Senke) q_S= −14 l/h,

Abnahme nach 45 Minuten

$\Delta\tau$ = 0,75 h, c_E = ?

$$2\,\text{Personen} \cdot -0{,}014\, \frac{m^3\ O_2}{h\ \text{Person}} \cdot 0{,}75\ h = 30\ m^3\ \text{Luft} \cdot (c_E - 0{,}2093)\, \frac{m^3\ O_2}{m^3\ \text{Luft}}$$

$$c_E = 0{,}2086\, \frac{m^3\ O_2}{m^3\ \text{Luft}}$$

Der Sauerstoffgehalt der Raumluft nimmt in 45 Minuten um nur 0,33 % ab.

Wasserdampf, H_2O

Raumtemperatur 20 °C, Ausgangswert φ = 0,6 bedeutet

c_A = 10,3 g Wasserdampf/m³ trockene Luft.

Feuchte der ausgeatmeten Luft φ = 0,9 bei 37 °C bedeutet

c_E = 39,4 g Wasserdampf/m³ trockene Luft.

Wasserdampfgehalt der Raumluft nach 0,75 h c_E = ?, Sättigung φ = ?

$$2\,\text{Personen} \cdot 0{,}3\, \frac{m^3\ \text{Luft}}{h} \cdot (39{,}4 - 10{,}3)\, \frac{g\ \text{Wasserdampf}}{m^3\ \text{trockene Luft}} \cdot 0{,}75\ h =$$

$$= 30\ m^3 \cdot (c_E - 10{,}3)\, \frac{g\ \text{Wasserdampf}}{m^3\ \text{trockene Luft}}$$

c_E = 10,737 g Wasserdampf/m³ entsprechend einer Sättigung von φ = 0,62

Die Feuchte im Raum nimmt in 45 Minuten durch Feuchtigkeit des Atems geringfügig um ca. 3 % zu.

Abb. 4.2 Luftveränderung im geschlossenen Raum am Beispiel von Kohlendioxid, Sauerstoff, Wasserdampf

Raum $V = 50 m^3$, 4 Personen, 4 Wachskerzen
Wann sind die Grenzwerte für Kohlendioxid und Feinstaub
im geschlossenen Raum erreicht, $\Delta\tau = ?$

Kohlendioxid, CO_2
Quellstrom Mensch: geringe Aktivität q_S = 15 l CO_2/h · Person
Quellstrom Kerze: Annahme für den Abbrand: 5 g Paraffinwachs/h · Kerze
Verbrennungsgleichung $-CH_2- + 1,5\ O_2 \rightarrow CO_2 + H_2O$
Molanteile   **14 g + 48 g → 44 g + 18 g**
daraus folgt: 1 g Wachs verbrennt zu 3,14 g CO_2 mit spez. Volumen CO_2 $v = 0,51 \dfrac{l}{g\ CO_2}$

Anfangs- und Grenzwert für CO_2: c_A = 400 ppm = 0,4 $\dfrac{l}{m^3}$, C_G = 1000 ppm = 1 $\dfrac{l}{m^3}$

$$(4\ \text{Personen} \cdot 15\ \frac{l\ CO_2}{h\ \text{Person}} + 4\ \text{Kerzen} \cdot 5\ \frac{g\ \text{Wachs}}{h} \cdot 3,14\ \frac{g\ CO_2}{g\ \text{Wachs}} \cdot 0,51\ \frac{l\ CO_2}{g\ CO_2}) \cdot$$

$$\cdot\ \Delta\tau = 50\ m^3 \cdot (1,0 - 0,4) \frac{l\ CO_2}{m^3\ \text{Luft}}$$

$\Delta\tau$ = 0,326 h oder 19,6 min

Im geschlossenen Raum wird der Grenzkonzentration für CO_2 in rund 20 Minuten erreicht.

Feinstaub in Form von Ruß, $PM_{2,5}$
Quellstrom von Ruß nach Messwerten von **ECA (2007)** q_S = 273 · 10^{-6} (g Ruß)/(g Wachs)

Hintergrundbelastung C_A = 3 · $10^{-6} \dfrac{g}{m^3}$, Grenzwert nach WHO-Empfehlung c_G = 10 · $10^{-6} \dfrac{g}{m^3}$

$$4\ \text{Kerzen} \cdot 273 \cdot 10^{-6}\ \frac{g\ \text{Ruß}}{g\ \text{Wachs}} \cdot 5\ \frac{g\ \text{Wachs}}{h} \cdot \Delta\tau_{2,5} = 50\ m^3 \cdot (25 \cdot 10^{-6} - 3) \frac{g\ \text{Ruß}}{m^3\ \text{Luft}}$$

$\Delta\tau_{2,5}$ = 0,22 h oder 12 min

Der Feinstaubgrenzwert wird bereits nach rund 12 Minuten erreicht.

Abb. 4.3 Luftveränderung im geschlossenen Raum mit vier Personen und Adventskranz

0,33 % ab. In der gleichen Zeit erhöht der ausgeatmete Wasserdampf die Raumfeuchte um 3 %.

In Beispiel 2 sollen sich vier Personen in einem geschlossenen Innenraum von 50 m^3 beim Schein von vier brennenden Wachskerzen aufhalten. Produzenten von Kohlendioxid sind also jetzt vier Menschen und vier Wachskerzen, die Kerzen erzeugen außerdem Feinstaub in Form von Ruß.

Der Grenzwert für CO_2 wird nach 20 min erreicht, der Feinstaubgrenzwert bereits nach 12 min. Der Rechengang ist in Abb 4.3 gezeigt.

Bliebe die Frage: Welche Mengen Außenluft müsste den Räumen nach Beispiel 1 und 2 zugeführt werden, um die vorgegebenen Grenzwerte einhalten zu können? Beim Schlafraum wären es 68 m³/h und bei der Adventsfeier 184 m³/h. Der Rechengang ist in Abb. 4.4 dargestellt.

Die optimale Außenluftzuführung hängt von mehreren Faktoren ab (Hörner, Casties 2015). Vor allem wird mit steigender Aktivitätsstufe ein höherer Kohlendioxidgehalt im Innenraum zugestanden. Das Deutsche Institut für Normung gibt höhere Werte an als der Ausschuss für Arbeitsstätten (DIN EN 15251; ASR A 3.6). Für die allgemeine Beurteilung der Innenraumluft kann es bei den Angaben nach Tab. 2.5 „Grenzwerte der Innenraumluft des Umweltbundesamtes" bleiben.

Nicht nur der Mensch und seine Atmungsorgane müssen vor der Einwirkung durch luftfremde Stoffe geschützt werden. Für sensible Bereiche müssen Reinräume eingerichtet werden, jeweils angepasst an die branchenspezifischen Notwendigkeiten. Beispiele sind die Lebensmittelverarbeitung und Krankenhäuser. Hohe Anforderungen an die Keimfreiheit werden bei der Pharmaproduktion gestellt, besonders in Bereichen der Impfstoff-

Schlafraum

2 Personen in Ruhe (schlafend), Zuluftkonzentration $c_U = 400$ ppm, Abluftkonzentration $c_G = 750$ ppm, Mindestzuluftstrom $q_{MIN} = ?$

$$q_{MIN} = \cdot (0,75 \frac{l\ CO_2}{m^3\ Luft} - 0,4 \frac{l\ CO_2}{m^3\ Luft}) = 2 \cdot 12 \frac{l\ CO_2}{h}$$

$q_{MIN} = 68$ m³/h

Um die Konzentration von 750 ppm CO_2 in der Luft nicht zu überschreiten, muss der Raum mit 68 m³/h Außenluft versorgt werden. Bei einem Schlafraum von 50 m³ entspräche das 1 kompletter Luftwechsel alle 3/4 Stunden.

Adventsfeier

2 Personen, 4 Kerzen, Quellstrom 92 l CO_2/h (nach Tabelle 1.3)

$$q_{MIN} \cdot (0,9 \frac{l\ CO_2}{m^3\ Luft} - 0,4 \frac{l\ CO_2}{m^3\ Luft}) = 92 \frac{l\ CO_2}{h}$$

$q_{MIN} = 184$ m³/h

Abb. 4.4 Mindestaußenluftvolumenströme nach Beispiel 1 und 2

fertigung. Bei der Computerherstellung stört jedes Fremdpartikel. Hier beanspruchen die Lüftungsanlagen sowie die aufwendigen Personal- und Materialschleusen einen großen Teil des umbauten Raumes.

Auf zwei Gefahrenmomente für Innenräume muss hingewiesen werden. Offenes Feuer in unzureichend belüfteten Innenräumen ist lebensgefährlich, besonders die Ausbreitung von Schwelgasen mit hohem Gehalt an Kohlenmonoxid. Dadurch wird die Funktion der roten Blutkörperchen blockiert – mit schneller Todesfolge, leider ohne vorherige Warnsignale. Hier besteht kein Schutz wie bei einem Überangebot an Kohlendioxid, das die Atemtätigkeit des Menschen forciert. Eine weitere Gefahr lauert bei der Begehung von Gruben oder Behältern, in denen sich eine hohe Konzentration erstickender Gase befindet. Der Betroffene wird ohnmächtig und der Retter ebenfalls, wenn er ohne Sauerstoffbeatmung zu Hilfe kommen will.

4.3.3 Körperräume

Der Raumbegriff hat auch in die Physiologie Einzug gehalten. Die oberen Atemwege bestehen aus Mund- und Rachenraum. Die Bezeichnung symbolisiert die nach außen offene Verbindung des Körpers zur Umwelt, einschließlich des unausgesprochenen Hinweises auf die von dort einzutragenden Noxen.

Kleine eigenständige Räume sind auch die 300 Mio. Lungenbläschen, die über den Bronchialbaum mit Sauerstoff versorgt werden. Jedes Bläschen ist an der Atmung beteiligt, indem es beim Einatmen von der Brustmuskulatur aufgeweitet wird, um dabei Frischluft anzusaugen. Beim Entspannen wird ein Teil der verbrauchten Luft ausgestoßen. Beim Ausstoßen der Luft können Probleme auftreten. Entzündliche Vorgänge führen zum Zusammenschluss von Lungenbläschen, ein Vorgang, der als Emphysem bezeichnet wird. Der Ausstoß der verbrauchten Luft nimmt ab, geht bei Beteiligung vieler Bläschen gegen null und führt zu einer Überkonzentration von Kohlendioxid mit entsprechender Sauerstoffunterversorgung. In kritischen Fällen nützt auch die Gabe von Sauerstoff nichts mehr.

Eine weitere Gefährdung ergibt sich durch anhaltende Überbelastung der Lungenbläschen durch Staub. Hier führt der Reiz des Staubes zu einer Überproduktion von Stützgewebefasern in den Bläschenwänden. Die Lunge versteift und grenzt das Atemvolumen lebensgefährlich ein. Endstation der Krankheit ist eine lebensbedrohliche Fibrose.

Literatur

Bäderverband M-P (2022) Heilwälder und Kurwälder in Mecklenburg-Vorpommern. Qualität und Kriterien. https://www.kur-und-heilwaelder.de/Qualitaet-und-Kriterien

Deutscher Heilbäderverband (2022) Berlin. Heilbäder und Kurorte. https://www.deutscher-heilbaederverband.de/

ECA (2007) european candle association 2007 – Candle Science & Testing – Report on the Ökometric Wax and Emission Study. – This Text is only available as pdf document and is not scannable in the full text. https://www.eca-candles.com/de/2018/09/24/2007-candle-science-testing-report-on-the-oekometric-wax-and-emissions-study/ oder als pdf: file:///C:/Users/Christian%20R%C3%BCger/Documents/Springer%20Luft%20und%20Gesundheit/Literatur/Oekometric-Wax-1797_NCA_NL_42908.pdf

Hardy AI (2005) Ärzte, Ingenieure und die städtische Gesundheit. Medizinische Theorien in der Hygienebewegung des 19. Jh. Campus, Frankfurt

Helbig A, Schirmer H (1999) Wirkungsfaktoren im mikro- und mesoklimatischen Scale. In: Helbig A, Baumüller J, Kerschgens M J (Hrsg) Stadtklima und Luftreinhaltung, 2. Aufl. Springer, Berlin, S 10

Helbig A, Baumüller J, Kerschgens MJ (Hrsg) (1999) Stadtklima und Luftreinhaltung, 2. Aufl. Springer, Berlin

Heilklima (2022) Verband der Heilklimatischen Kurorte Deutschlands e. V. Bad Lippspringe. https://www.heilklima.de/

Schuh A (2007) Biowetter. Wie das Wetter unsere Gesundheit beeinflusst. Beck Wissen, Nr 2416

UBA (2022) Umweltbundesamt. Eigene Luftmessstationen. https://www.umweltbundesamt.de/das-uba/standorte-gebaeude#dessau

Umwelt NRW (2007) Ministerium für Umwelt und Naturschutz, Landwirtschaft und Verbraucherschutz des Landes Nordrhein-Westfalen. Immissionsschutz in der Bauleitplanung, Abstandserlass 2007, 230 Seiten. www.umwelt.nrw.de

WMO (1981) World Meteorological Organization. Technical regulations. Basic documents No. 2. Vol. 1. WMO-Nr 49 Geneva

Hörner, Casties (2015) Hrsg. Handbuch der Klimatechnik, Band 1 Grundlagen. 6. Aufl. VDE Verlag

5

Emission von Stoffen

Zusammenfassung Nach einem Überblick über natürliche und anthropo-gene Schadstoffquellen werden die thermischen und mechanischen Ablöse-mechanismen für Dämpfe, Staub und Flüssigkeitstropfen beschrieben. Dazu wird die Frage nach der kleinstmöglichen Partikelgröße eines primär erzeugten Aerosols beantwortet. Die Bedeutung von Trenn- und Schließvorgängen für die Staubablösung wird eingeordnet.Zum Schluss wird die Frage beantwortet, wie hoch der Schornstein eines Kraftwerkes sein muss, um die Menschen in seiner Umgebung vor Immissionen schützen zu können. Die dazu notwendige Ausbreitungsrechnung für Emissionen wird erläutert. Die Möglichkeit zur Installation einer Referenzimplementierung wird aufgezeigt.

5.1 Quellströme für luftfremde Stoffe

Was in die Luft emittiert wird, kommt in Form von trockener oder nasser Deposition wieder auf der Erde zurück. Die Verweilzeiten in der Luft können sehr lang sein. SO_2 und NO_2 haben eine mittlere Ver-weilzeit von etwa 1 h, für CO_2 und Fluorkohlenwasserstoffe sind es 100 Jahre. Emissionen, die von der Erde aufsteigen, sind definiert als

© Springer-Verlag GmbH Deutschland, ein Teil von Springer Nature 2023
C. Rüger, *Luft und Gesundheit,* https://doi.org/10.1007/978-3-662-66767-5_5

primäre Emissionen. In der Luft stößt jedes Teilchen mit jedem Nachbarteilchen zusammen, dabei können sie sich zusammenlagern oder chemisch miteinander zu neuen Stoffen reagieren. Auf diese Weise entstehen definitionsgemäß die sekundären Emissionen. Wegen der großen Zahl chemischer Reaktionen in der Luft kann die Atmosphäre als riesiger globaler Reaktionsraum verstanden werden. Zur Eindämmung hoher Konzentrationen von Luftschadstoffen wurde das Bundes-Immissionsschutzgesetz mit seinen etwa 30 Verordnungen und Verwaltungsvorschriften erlassen. Mit den darin festgeschriebenen Grenzwerten sind inzwischen viele Zwischenziele zur Luftreinhaltung erreicht worden.

Die Abmessungen der in Luft dispergierbaren luftfremden Stoffe reichen von weniger als 1 nm für Gase und Dämpfe bis zu 60 µm für große Aerosolpartikel. Der Größenbereich erstreckt sich also über fünf Zehnerpotenzen. Manche Stoffeigenschaft leitet sich allein aus der Partikelgröße ab. So dominieren bei physikalischer Betrachtungsweise bei Nanoteilchen die freie Weglänge und die Van-der-Waals-Anziehung das Stoffverhalten. Im Mikrometerbereich bestimmen Massenkräfte in Form von Schwerkraft und Trägheitskraft die Bewegung der Partikel. Dichte und Form bestimmen das Verhalten von Faserstaub.

Die chemischen Zusammensetzungen der luftfremden Stoffe sind grenzenlos. Eine systematische Darstellung ist jeweils unter einem bestimmten Blickwinkel möglich. In Tab. 5.1 wird eine Einteilung nach gesellschaftlicher Relevanz in fünf Sektoren vorgenommen. Die Klimawende erzwingt eine Reduzierung des Einsatzes fossiler Brennstoffe, sodass auch die Emission gesundheitsschädlicher Rauchgase erfreulich abnehmen wird.

Der Anteil am Energieverbrauch der einzelnen Sektoren ist vergleichbar hoch. Nach Angaben der AG Energiebilanzen hatten im Jahr 2020 Haushalt, Verkehr und Industrie einen Anteil am Energieverbrauch von jeweils etwa 28 %, das Gewerbe einen Anteil von etwa 16 % (AGEB 2020). Der Energiebedarf wird derzeit noch von fossilen Brennstoffen bestimmt, geprägt von zwei negativen Begleiterscheinungen: globaler Erderwärmung und Emission von Luftschadstoffen. Die Umstellung auf emissionsfreie Energieerzeugung in den Sektoren soll kurz beleuchtet werden.

Für die Gebäudeheizung dürfen in absehbarer Zukunft keine Ölfeuerungen mehr installiert werden. Altanlagen haben Bestandsschutz. Zunächst ist das Heizen mit Gas Standard, auch für Fernheizungen. Die Emission an Schadstoffen ist beim Heizen mit Gas geringer als bei der Ölheizung, aber nicht frei von Luftschadstoffen. Ideal sind mit grünem Strom betriebene Wärmepumpen, die für Einfamilienhäuser realisierbar sind, aber hohe Investitionen erfordern und über einen längeren Zeitraum abgeschrieben werden müssen,

Tab. 5.1 Quellen von Fremdstoffen (Emissionen), geordnet nach Sektoren

	Schadstoffquelle/Sektor	Unterteilung	Hinweise
1	Natürliche Quellen	Biogenes Material	Luft als Lebensraum
		Anorganische Quellen	Ferntransport: Staub, Löss, Meeresgischt
2	Haushalt	Wohnung, Garten	Unverletzlichkeit von Wohnung und Garten, GG § 13
	Kleinfeuerungsanlagen	Häuser, Gewerbe	Schornsteinfeger
	Abfallverbrennung		Verbot
3	Gewerbe	Nahversorgung, Handel	Diffuse Quellen
4	Stationäre	Landwirtschaft	Treibhausgase, Geruch
	genehmigungsbedürftige	Fossile Energie-	Kraftwerke, Müllver-
	Anlagen	gewinnung	brennung
		Chemische Stoff-	Stahl, Zement, seltene
		umwandlung	Erden, Kunststoffe
5	Verkehr	Straße, Schiene,	Typenzulassung
		Wasser	Globaler Güterverkehr
		Luft	Schwer regulierbar
		Weltraum	Nicht reguliert

damit in dieser Zeit den Haushalt belasten. Im Geschosswohnungsbau sind perspektivisch Fernheizkraftwerke mit Erdwärme- und Ökostromnutzung denkbar. Eine solche neue Technik benötigt langen Planungsvorlauf, ehe die nicht geringen Investitionen in die Heizkraftwerke und in die zu beheizenden Gebäude getätigt werden können. Wärmepumpen erfordern große Heizflächen, die wiederum eine Fußbodenheizung bei angepasster Außenhautisolierung nahelegen. Die Umstellung ist eine Generationenaufgabe.

Handel und Gewerbe stellen den täglichen Service für unser Leben in Stadt und Land bereit. Das Angebot von Waren und Dienstleistungen muss auf Nachhaltigkeit abgestimmt sein, um ein gesundes Miteinander zu ermöglichen. Hier wird oft klimaneutrales Wirtschaften proklamiert, das nicht unbedingt mit Schadstoffreduzierung in der Luft einhergeht.

Die Industrie greift bei ihrem Energiebedarf noch weitgehend auf fossile Energien zurück. Allein die Stromerzeugung ist schon zu großen Teilen auf die Energiequellen Wind und Sonne umgestellt, wenn auch noch nicht wettbewerbsneutral im Vergleich zu fossilen Energiequellen. Für den Bausektor werden in Stahlwerken und Zementfabriken die größten Mengen an fossiler Energie eingesetzt. Der Einsatz von grünem Wasserstoff wird vorangetrieben; um mit den fossilen Energien wettbewerbsfähig zu werden, müsste sein Einstandspreis auf weniger als die Hälfte sinken.

Über 58 Mio. mobile Fahrzeuge mit Verbrennungsmotoren sind beim Kraftfahrt-Bundesamt registriert. Im Straßenverkehr ist die Elektromobilität weltweit zum Segen gesunder Atemwege weit fortgeschritten.

In der Seefahrt sind große Schiffe in internationalen Gewässern unterwegs und der wirtschaftliche Druck in Richtung billiger Fracht ist nicht zu übersehen. Die IMO (International Maritim Organization) hat immerhin im Jahr 2020 erreicht, dass der Schwefelgehalt des als Treibstoff eingesetzten Schweröls von 3,5 % auf 0,5 % herabgesetzt wurde. Um die Schiffe während der Liegedauer mit Strom vom Land aus zu versorgen, bedarf es der entsprechenden Ausrüstung auf den Schiffen und an den Anlegeplätzen der Häfen. Bisher laufen die dieselbetriebenen Stromgeneratoren an der Anlegestelle meist weiter, auch in der Flussschiffahrt.

Die Luftfahrt hat wegen der Lufthoheit der überflogenen Länder ähnliche Probleme mit der Durchsetzung ökologischer Ziele wie die Seefahrt. Die betroffenen Länder sind in der ICAO (International Civil Aviation Organization) zusammengeschlossen, einer UN- Sonderorganisation. Die ICAO ist auf vielen Forschungsfeldern aktiv, die das Ziel haben, den Ausstoß gesundheitsschädlicher Emissionen aus den Turbinen zu minimieren, auch durch Variation der Treibstoffe (ICAD 2022).

Sonderorganisationen der Vereinten Nationen, die besonders für Emissionsminderung eintreten, sind neben den erwähnten IMO und ICAO die Weltgesundheitsorganisation (WHO) und die Weltorganisation der Meteorologie (WMO).

5.2 Physikalische Vorgänge beim Fremdstoffeintrag in die Luft

5.2.1 Thermische Ablösung

Alle flüssigen oder festen Stoffe haben einen Dampfdruck. Über dem Feststoff oder der Flüssigkeit befinden sich Einzelmoleküle als Dampf. Es sublimieren und verdampfen so viele Moleküle wie resublimieren und kondensieren, es herrscht also Gleichgewicht zwischen beiden Phasen. Der Dampfdruck einer Substanz nimmt mit steigender Temperatur schnell zu, bis der Siedepunkt erreicht ist, solange sich die Stoffe beim Erwärmen nicht vorher zersetzen. Vor dem Sieden nennt man den Phasenübergang Verdunstung. Wenn alle Substanz sublimiert oder verdampft ist und der Dampf weiter erhitzt wird, geht der Dampf in die Form eines idealen Gases über. Besonders organische Verbindungen weisen einen hohen Dampfdruck auf und treten als Schadstoffe in die Luft über. Den Umgang mit solchen Stoffen regelt die 31. BImSchV, die „Verordnung zur Begrenzung der Emissionen flüchtiger organischer Verbindungen bei der Verwendung organischer Lösungsmittel in bestimmten Anlagen". Eine organische Flüssigkeit fällt unter die Verordnung, wenn sie bei 293,15 K einen Dampfdruck von 0,01 Kilopascal (kPa) oder mehr aufweist (vgl. Tab. 2.1). Ein Druck von 10 Pa wird beispielsweise von einer Wassersäule von 10 mm Höhe ausgeübt. Und um im Bild zu bleiben: Ein Wasserdampfdruck von 10 Pa herrscht über Eis von etwa −42 °C. 10 Pa sind zwar ein kleiner Dampfdruck, aber Chemikalien können auch bei niedrigen Konzentrationen in der Luft die Gesundheit schädigen.

Besondere Formen der Verdampfung kommen bei der Energiegewinnung mit flüssigen Kraftstoffen in Motoren, Turbinen und Kraftwerken zum Einsatz. Zur Verbrennung von Benzin, Diesel und Heizöl werden die Flüssigkeiten nach Einspritzen in den Reaktionsraum in Dampf überführt, wo sie mit Luft in Berührung kommen und verbrennen. Je besser die Vermischung der Ausgangskomponenten ist, desto geringer fällt das Nebenproduktespektrum aus. Die Entwicklung schadstoffarmer Verbrennungen in Motoren und Turbinen ist eine der Kernaufgaben der Maschinenhersteller. Mit dem Rückzug aus den fossilen Energieträgern im Zuge der Klimawende wird sich auch die Luftqualität verbessern.

5.2.2 Mechanische Ablösung

Die Ablösung von Einzelmolekülen aus festen oder flüssigen Stoffen durch Verdampfung ist, wie oben beschrieben, ein thermischer Vorgang. Für das Ablösen von Partikeln aus dem festen Verband müssen mechanische Kräfte wirken, die den molekularen Zusammenhalt innerhalb eines Materials überwinden. Dafür gibt es eine Reihe von Beanspruchungsmechanismen: Druck, Druck und Schub gleichzeitig (d. h. Reibung), Prall, Schnitt. Weniger geläufig sind Scheinkräfte, die als Fliehkraft wirken und lose anhaftende Partikel in die Luft schleudern; denken Sie an das Ausschütteln eines Staubtuches. Thermische Spannungen, biologischer Abbau und chemische Verwitterung führen zum Materialzerfall. Die Bruchstücke bleiben als Staubdepot so lange liegen, bis sie durch äußere Kräfte wie Wind in die Luft gehoben werden. Staubdepots bestehen aus Grobstaub in windgeschützten Lagen. Die Bodenhaftung beruht auf der Schwerkraft.

Tab. 5.2 Beanspruchungsmechanismen bei der Erzeugung fester Partikel (Staub)

Mechanismus	Detail	Hinweise
Druck	Innere Materialspannung	Reifen, Fußauftritt
Druck- und Schubkraft	Reibung, Traktion	Reifen, Taschen-, Paketinhalt
Schnitt	Scherkräfte	Papier bis Baumstamm
Prall	Innere Spannungen	Düne
Beschleunigung	Änderung der Geschwindigkeit in Betrag und/oder Richtung, Radialbeschleunigung	Staubtuch schütteln, Teppichklopfen
Thermische Spannungen		Frost
Verwitterung	Chemischer Zerfall	Biologisches Material, Beton

Tab. 5.3 Energieeintrag zur Erzeugung von Flüssigkeitströpfchen

Energieträger	Detail	Hinweise
Prall	Überschlag von Wellen	Gischt
Druck, Geschwindigkeit	Strahlzerfall, Scherkräfte	Schwingungen

Ein Sonderfall der Krafteinleitung tritt bei der Verdüsung von Flüssigkeiten auf. Ein unter Druck austretender Flüssigkeitsstrahl gerät in Schwingungen und zerfällt.

In Tab. 5.2 sind die Mechanismen zusammengestellt, die zur Ablösung von flugfähigen primären festen Partikeln führen. In Tab. 5.3 sind die Energieformen für die Erzeugung von primären Tröpfchen dargestellt (Rüger 2016, S. 31 ff.).

Bemerkenswert ist das Phänomen, dass bei der Zerkleinerung von Feststoffen oder der Verdüsung von Flüssigkeiten nur Partikel $> 1~\mu m$ erzeugt werden können. Die feinsten primären Partikel können gezielt in kalt betriebenen Perlmühlen erzeugt werden. Sobald kleinere Partikel abgetrennt werden, haften diese unter dem Einfluss von Van-der-Waals-Kräften direkt wieder aneinander. Partikel $< 1~\mu m$ entstehen nur als sekundäre Partikel in der Gasphase, d. h. in der Atmosphäre oder im Motor- oder Turbinenraum. Werden die Abgase der Motoren über Auspuff oder Kamin ins Freie abgegeben, dann zählen sie als primäre Emissionen. Nach ihrer Entstehung aus gasförmigen Vorläufersubstanzen sind es sekundäre Partikel. Die offizielle Nomenklatur bildet nicht immer das physikalische Geschehen ab.

Nach der Abtrennung eines Teilchens muss es in die Luft gebracht werden. Für diesen Vorgang ist Energie zur Überwindung der Schwerkraft erforderlich. Bei einigen Zerkleinerungsmethoden werden die Partikel direkt nach der Abtrennung in die Luft eingeschossen, Beispiele sind Sägen,

Brennen, Schleifen. Bei anderen hebt der Wind die Partikel vom Boden ab. Dabei spielen Staudruck und dynamischer Unterdruck zusammen. Nach dem Energieerhaltungsgesetz bedeutet hohe Geschwindigkeit Unterdruck, die etwa ab Windstärke 5 von Bedeutung ist. Der Unterdruck wirkt unterstützend beim Abheben von abgelagertem Staub. Die Hubkraft resultiert hauptsächlich aus dem Staudruck auf die frei liegenden Partikel. Bei der Bodenerosion von Ackerböden durch Wind, dem äolischen Transport, springen größere Partikel bis 1 m hoch und fallen danach zum Boden zurück. Beim Aufprallen zerkleinern sie weiteres Material und unterstützen das Abheben vom Boden. Nach diesem Ablauf bewegen sich Wanderdünen. Der dabei entstehende Feinsand < 20 µm wird als Wüstenstaub über die Erde verteilt (Bach 2008; Bagnold 1971).

In Abb. 5.1 wird das Zusammenwirken mehrerer Mechanismen der Staubentstehung an einem Autoreifen erläutert. Der Reifen sei am Antriebsrad eines Fahrzeugs befestigt, das sich mit konstanter Geschwindigkeit vorwärtsbewegt. Wegen des Luftwiderstandes und der inneren Reibung der Räder muss das Rad angetrieben werden. Der Reifen übt eine Gewichts- und Traktionskraft auf die Straße aus. Der Straßenbelag antwortet mit einer Gegenkraft und belastet das Reifenmaterial mit der Folge von Abrieb. Die auf die Lauffläche zusätzlich wirkende Fliehkraft erhöht die Ablösekraft der Traktion. Vom Standpunkt eines Beobachters, der den Abrollvorgang von außen, z. B. vom Bürgerseig aus, beobachtet, ist der Punkt, in dem die

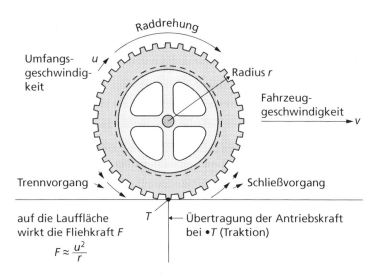

Abb. 5.1 Abnutzungskräfte und Luftströme am Autoreifen

Traktion stattfindet, für die extrem kurze Zeitdauer der Berührung in Ruhe. In diesem Moment können Partikel gelöst werden. Während das Rad weiterrollt, strömt Luft in den sich bildenden Spalt ein. Während des Lösens des Reifens von der Straße am Beginn der Trennung, beim kleinsten Spalt also, ist die Geschwindigkeit der einströmenden Luft am größten und nimmt die frisch gelösten Partikel auf.

Vor dem Reifen schließt sich ständig im Moment der Berührung mit der Straße ein Spalt, aus dem die Luft herausströmt, mit der höchsten Luftgeschwindigkeit an der engsten Stelle. Die Vorgänge an den rollenden Reifen in Verbindung mit dem Fahrtwind sorgen dafür, dass die Autobahn „absolut" staubfrei bleibt.

Der beschriebene Emissionsmechanismus beim Fahrzeugreifen lässt sich sinngemäß auf die Räder der Eisenbahn übertragen. Auch die Bremsen beider Verkehrsmittel produzieren Staub. Die Verteilung in die Umwelt erfolgt in den Momenten des Anziehens und Lösens der Bremsen.

Ein analoges Bild der Luftströmung zeigt sich unter Schuhsohlen beim Gehen. In Abb. 5.2 ist der Schritt eines Menschen in einer Zeitenreihe als bewegter Schuh dargestellt, als Folge von Auftreten, volle Belastung und Abrollen. Nach der Bodenberührung mit der Ferse wird die Luft aus dem Spalt nach vorn und zur Seite ausgetrieben. Je weiter sich die Sohle dem Boden nähert, desto höher wird die Luftgeschwindigkeit beim Ausströmen. Nimmt man einmal an, dass alle Berührungsflächen geometrisch eben und glatt seien, dann würde die letzte Luft im Moment des Schließens mit unendlich hoher Geschwindigkeit austreten (Rüger 2016, S. 23). Während der Bodenberührung wirken Gewichtskraft und Traktionskraft zerkleinernd auf das Material von Boden und Schuh. Die hohen Geschwindigkeiten während des Schließens und Trennens heben den

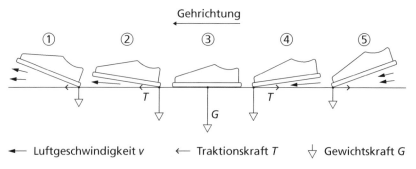

Abb. 5.2 Luftströmung sowie Gewichts- und Traktionskräfte beim Gehen

Staub an und die Wirbel hinter der gehenden Person verteilen den Staub weiträumig. Das Besondere an Schließ- und Trennvorgängen ist, dass die höchste Luftgeschwindigkeit dort auftritt, wo die Flächen den geringsten Abstand voneinander haben. Das Auspacken von Taschen und Koffern, in denen sich während des Transports durch Reibung Staubdepots gebildet haben, wird von heftiger Staubbildung begleitet. In Innenräumen rieselt anschließend der Staub auf alle ebenen Flächen nieder. Partikel kleiner PM_{10} haften auch an senkrechten Wänden. Bemerkenswert ist das Phänomen, dass unter den Schuhsohlen höhere Luftgeschwindigkeiten auftreten als beim vergleichsweise langsamen Gehen in Innenräumen. Bodenunebenheiten und Profilsohlen mildern den Effekt. Zur Vorsorge können Laufwege häufiger gereinigt oder mit Teppich belegt werden. Es ist erwiesen, dass die Luft in Räumen mit Teppichboden weniger Staub enthält als in Räumen mit Glattböden.

5.2.3 Geologischer Druck

Das Innere der Erde ist keine statische Masse, die Verschiebung der Erdschollen führt zu Druckaufbau im Inneren. Bei Vulkanausbrüchen werden große Mengen Staub ins Freie geschleudert. Auch Gase sind dabei, meist Kohlendioxid und Schwefelverbindungen. Auch lange nach dem Erkalten eines Vulkans tritt Kohlendioxid direkt in die Atmosphäre über, wie wir an den Mofetten der Eifel gesehen haben.

5.2.4 Ableitung über Schornstein, Auspuff, Lüftungsanlage, autonome Fensterlüftung

Die Anlagen zur Gebäudelüftung haben zwar auf der Eingangsseite Luftfilter, auf der Ausblasseite aber meist nicht. Die Lüftung der Innenräume über Fenster und Schächte leistet einen Beitrag zu den diffusen Emissionsquellen. Bei Kleinfeuerungsanlagen werden die Abgase ohne Reinigung durch thermischen Zug ins Freie geführt. Vereinfachend kann man sagen, dass alle Brennstellen, die der Schornsteinfeger überwacht, zu den Kleinfeuerungsanlagen zählen. In Großanlagen und Fahrzeugmotoren ist vor der Emission in die Umwelt zur Vorbehandlung eine Abgasreinigungsstufe vorgesehen.

5.3   Emissionskataster

In der Bundesrepublik gibt es über das ganze Land verteilt mehr als 50 000 stationäre, nach dem Bundes-Immissionsschutzgesetz genehmigte Anlagen. Sie emittieren aufgrund von gewerblicher oder industrieller Tätigkeit Schadstoffe in die Luft. Das Gesetz schreibt den Ländern die Erstellung von Emissionskatastern vor, die als Grundlage für Luftqualitätsprognosen, Ausbreitungsrechnungen und allgemein zur Unterrichtung der Öffentlichkeit bestimmt sind. Die von den Ländern ins Netz gestellten Informationen sind eine Auswahl der Daten, die von den Betrieben ermittelt werden. Sie dokumentieren zurückliegende Zeiträume. Das Rastermaß beträgt 1 × 1 km, d. h., eine Konzentrationsangabe ist für 1 km^2 repräsentativ. Beispielhaft sei hier das Landesamt für Natur, Umwelt und Verbraucherschutz Nordrhein-Westfalen genannt (NRW emikat 2022). Für die nach Tab. 2.1 emittierenden Anlagen werden die jeweils spezifischen Stoffe erfasst. Bei mit Öl betriebenen Kleinfeuerungsanlagen sind es beispielsweise CO, O_2, CO_2, NO_2, Staub, Ruß, Temperatur. Bei Anlagen zur Feuerbestattung werden Gesamtstaub, organische Stoffe als C, CO, Dioxine und Furane erfasst. Die aufgrund der europäischen NEC-Richtlinie zur Reduktion nationaler Emissionshöchstmengen zu messenden Stoffe sind SO_2, NO_x, NMVOC, NH_3, $PM_{2,5}$.

5.4   Windrosen

Die Windrosen haben schon bei Griechen und Römern dazu gedient, Wind nach ihren Richtungen zu bezeichnen und sie auch bildlich prunkvoll darzustellen. In der Seefahrt waren sie überlebenswichtig. Windrosen des Deutschen Wetterdienstes sind heute für Ausbreitungsrechnungen von Schadstoffemissionen wichtig. Abb. 5.3 zeigt die Windrose für die Messstation Flensburg. Darin sind die Prozentanteile der gemessenen Windgeschwindigkeiten der Jahresstunden für zwölf Richtungssegmente eingezeichnet. Die Erstellung ist entsprechend aufwendig. Eine Windrose für einen beliebigen Wunschort gibt es abrufbar nicht, man muss zwischen nahegelegenen Windrosen interpolieren. Die gemessenen Windrichtungen werden zu zwölf Segmenten zusammengefasst. In Flensburg weht der Wind bevorzugt aus Nord/Nordwest, am wenigsten aus Nord/Nordost. Alle Messstationen mit den Datensätzen können im Netz des Deutschen Wetterdienstes aufgerufen werden (DWD windroses).

Station: Flensburg (Schäferhaus) (1379)
Stationshöhe: 41 m
Höhe des Windgebers (über Grund): 10 m
Zeitraum: 01.01.2021–31.12.2021   © Deutscher Wetterdienst 2022

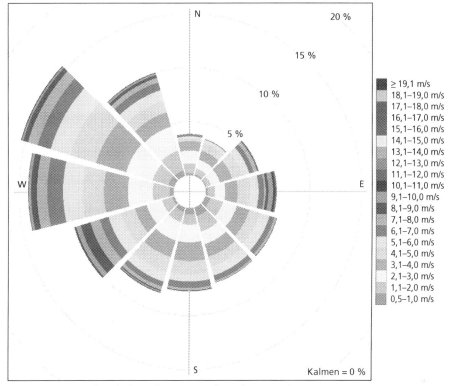

Stärkewindrose in Prozent der Jahresstunden

Die Länge der einzelnen Farbstufen entspricht der prozentualen Häufigkeit, mit der die jeweilige Windgeschwindigkeit aus der angegebenen Windrichtung auftritt.

Abb. 5.3 Windrose des Deutschen Wetterdienstes für Flensburg. (Copyright dwd)

5.5   Ausbreitung der Emissionen

5.5.1 Einflussgrößen

Die Ausbreitung von Schadstoffen in der Luft hängt von vielen Einflussgrößen ab, dominierend sind Windstärke, Windrichtung und Bodenrauigkeit, wobei die Sonneneinstrahlung ihrerseits die lokalen Winde beeinflusst. In Abb. 5.4 ist die Ausbreitung einer Schadstoffwolke aus einem Kamin im zeitlichen Ablauf bei instabiler Wetterlage dargestellt. Direkt nach dem Austritt aus dem

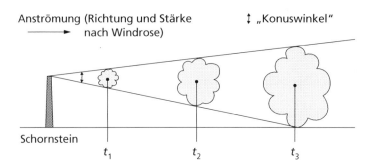

Anströmung (Richtung und Stärke nach Windrose)   ↕ „Konuswinkel"

Schornstein

t_1 t_2 t_3

Abb. 5.4 Ausdehnung einer Schadstoffwolke, dargestellt in einer Zeitreihe t_1 bis t_3. Instabile Wetterlage (Temperaturabnahme nach oben). Zum Zeitpunkt t_3 berührt die Wolke den Boden und wird reflektiert, die Schadstoffe werden zum Teil deponiert. Der Konuswinkel kann bei einer Inversionswetterlage auf den Wert 0 absinken (Schirmer et al. 1993)

Kanin ist die Schadstoffkonzentration in der noch kleinen Wolke hoch, Zeitpunkt t_1. Bei der angenommenen instabilen Wetterlage dehnt sich die Wolke infolge größerer Wirbel aus, die Schadstoffkonzentration sinkt, Zeitpunkt t_2. Zum Zeitpunkt t_3 berührt die Wolke den Boden und wird reflektiert. Die Konzentration des Schadstoffes in der Wolke in 1,5 m Höhe über dem Boden entspricht dem Immissionswert. Mit dieser Konzentration an dieser Stelle wirkt die Immission auf Mensch und Umwelt ein.

Instabile Luftschichtung stellt sich bei nach oben abnehmender Temperatur ein. Eine solche Wetterlage ist ein Frischluftgarant, wenn sie von Schadstoffimmission nicht konterkariert würde. Bei stabiler Luftschichtung nimmt der Konuswinkel in Abb. 5.4 den Wert 0 an, die Turbulenz der Luft kommt zum Erliegen, im Sinne der Ausbreitungsrechnung unterhalb etwa 0,7 m/s, die Luft strömt weitgehend laminar. Insgesamt wird die Luftturbulenzstärke in sechs Klassen eingeteilt, von der sehr labilen bis zur stabilen Schichtung.

Für Ausbreitungen von Quellen in Bodennähe, wie von Kraftfahrzeugen, beschränkt sich die Ausbreitung auf den Bereich oberhalb der Erde, die Verdünnung der Schadstoffe dauert entsprechend länger. In Straßenschluchten wird die Ausbreitung durch senkrechte Ausbreitungsschranken weiter verzögert.

5.5.2 Ausbreitungsrechnung

Die Ausbreitungsrechnung dient der Bestimmung der Immissionsbelastung für einen realen oder fiktiven Quellstrom. Dabei kann es sich um eine

Punktquelle (Schornstein), eine Linienquelle (verkehrsreiche Straße) oder eine Flächenquelle (Siedlung mit Kleinfeuerungsanlagen) handeln. Zu berücksichtigen ist, dass die in ein Gebiet einströmende Luft eine bestimmte Vorbelastung hat. Aus Vorbelastung und Emissionen wird die zu erwartende Gesamtbelastung ermittelt. Die Daten dienen als Entscheidungshilfe für viele Fragestellungen:

* Ermittlung des Einflusses von Baumaßnahmen in der Bauleitplanung
* Auswirkung einer Zusatzimmission in einem Genehmigungsverfahren
* Analyse plötzlich auftretender schädlicher Immissionen mit Ermittlung der Quelle
* Erstellen von Luftreinhalteplänen und Vergleich geplanter Maßnahmen
* Auswirkungen durch Sperrung und Umleitung von Straßen

Es wurden viele Ausbreitungsmodelle für jeweils spezielle Fragestellungen entwickelt, in einigen wird das Mikroklima mit einer Rasterweite von nur 5 m abgebildet. Für Quelldistanzen bis 10 km hat sich das Gauß-Fahnenmodell bewährt, in anderen Modellen geht es um die Verfolgung von Schadstoffen über 100 km Entfernung mit sehr weitem Rastermaß (Gauß-Wolkenmodell). Auch für Straßenschluchten wurden Programme entwickelt (Massmeyer 1999, S. 373). Hier soll das Interesse auf das bewährte Programm der Technischen Anleitung Luft, der 1. Verwaltungsvorschrift zur Durchführung des Bundes-Immissionsschutzgesetzes, gelenkt werden (TA Luft 2021).

In der TA Luft von 2021 wird die Ausbreitung von Gasen, Stäuben und Geruchsstoffen beschrieben. Ziel der Rechnung ist die Bestimmung der notwendigen Schornsteinhöhe, bei der keine schädlichen Einwirkungen auf die Gesundheit der Menschen in der Nachbarschaft der Anlagen zu erwarten sind. In Tab. 5.4 werden Hinweise auf die Fundstellen im langen Text der TA Luft gegeben (TA-Luft 5.5).

Für die Ausbreitungsrechnung nach TA Luft wird das Lagrange-Modell verwendet, ein Partikelmodell, das unter dem Namen AUSTAL vom Umweltbundesamt einschließlich einer Referenzimplementierung bereitgestellt wird und für eigene Fragestellungen genutzt werden kann (Austal UBA 2022).

Des Weiteren stellt das Umweltbundesamt das Programm BIOMIS zur Verfügung, mit dem die Auswirkungen von Biomasse-Kleinfeuerungsanlagen in Siedlungen auf die Immission von Luftschadstoffen ermittelt werden können (BIOMIS 2010).

Tab. 5.4 Bestimmungen zur Ausbreitungsberechnung nach TA Luft

Textstelle	Erläuterungen
Punkt 5.5 Ableitung von Abgasen (und Gerüchen)	Abgase sind so abzuleiten, dass ein ungestörter Abtransport mit der freien Strömung und eine ausreichende Verdünnung ermöglicht werden. In der Regel ist eine Ableitung über Schornsteine erforderlich (Mindesthöhe 10 m). Punkt 5.5.2.2 Bestimmung der Schornsteinhöhe nach Anhang 2 S-Werte (Immissionshöchstwerte) nach Anhang 6
Anhang 2: Ausbreitungsrechnung für Gase, Stäube und Geruchsstoffe	Das Rechengebiet für eine einzelne Emissionsquelle ist das Innere eines Kreises, dessen Radius das 50-Fache der Schonsteinhöhe ist. Wichtige Eingabegrößen sind: Schadstoffart, meteorologische Daten (Wind, Windrichtung, Luftschichtung), geologische Gegebenheiten
Anhang 6: Einzuhaltende S-Werte* (Immissionswerte im Rechengebiet)	Beispiele: Benzol 5 μg/m^3 Partikel PM$_{10}$ 80 μg/m^3 [1] [1] immer einzuhaltender Wert Grenzwerte nach 39. BlmSchV: Benzol 5 μg/m^3 Partikel PM$_{10}$ 50 μg/m^3 [2] [2] bei 35 Überschreitungen im Jahr!
Anhang 7: Feststellung und Beurteilung von Geruchsimmissionen	Die Schornsteinhöhe ist so zu bemessen, dass die relative Häufigkeit der Geruchsstunden bezogen auf ein Jahr auf keiner Beurteilungsfläche den Wert 0,06 überschreitet.

* Die Konzentrationen der S-Werte müssen immer eingehalten werden, es sind keine Überschreitungen zulässig. Bei den Immissionswerten der 39. BlmSchV sind Überschreitungen teilweise zulässig. Aus einer Abwägung heraus wurden zum Ausgleich etwas höhere S-Werte festgesetzt (UBA-P2020)

Die Algorithmen zur Durchführung der Berechnungen stützen sich weitgehend auf die Nutzung von VDI-Richtlinien, die jedoch selbst nicht barrierefrei einzusehen sind.

Eine Besonderheit der Ausbreitungsrechnung ist die Verwendung einer Obukhof-Länge. Sie ist eine Maßzahl für vertikale, thermisch bedingte Impulsflüsse in Form sich vertikal bewegender Luftpakete, die die turbulente Luftvermischung antreiben (vgl. dazu die Abb. 5.4 und 3.4).

Die Immissionsbelastung durch die Schornsteingase ist eine Zusatzbelastung für eine ohnehin bestehende Vorbelastung im Rechengebiet. Beide Werte ergeben die zu beurteilende Gesamtbelastung. Die nach TA Luft ermittelte Schornsteinhöhe setzt voraus, dass Menge und Schadstoffkonzentration des Abgasstromes an der Austrittsstelle des Schornsteins eingehalten werden. Werden diese Grenzwerte überschritten, muss der Betreiber Minderungsmaßnahmen ergreifen, z. B. durch Vorschalten eines Gaswäschers vor Einleitung der Abgase in den Schornstein.

Literatur

AGEB (2020) AG Energiebilanzen e. V. Energieflussbild 2020. https://ag-energie-bilanzen.de

AUSTAL UBA 2022 Umweltbundesamt Ausbreitungsmodelle für anlagenbezogene Immissionsprognosen, AUSTAL. https://www.umweltbundesamt.de/themen/luft/regelungen-strategien/ausbreitungsmodelle-fuer-anlagenbezogene/uebersicht

BIOMIS (2010) Umweltbundesamt Modellrechnungen zu den Immissions-belastungen bei einer verstärkten Verfeuerung von Biomasse in Feuerungs-anlagen der 1. BImSchV. https://www.umweltbundesamt.de/publikationen/modellrechnungen-zu-den-immissionsbelastungen-bei

DWD windroses Deutscher Wetterdienst, opendata, climate, annual windroses. https://opendata.dwd.de/climate_environment/CDC/derived_germany/techn/multi_annual/windroses Flensburg: https://opendata.dwd.de/climate_environment/CDC/derived_germany/techn/multi_annual/windroses/S10y_station_id_1379_01.01.2021-31.12.2021.png

ICAD (2022) International Civil Aviation Organization, Montreal, Canada. Innovation for a Green Transition, 2022 Environmental Report. https://www.icao.int/environmental-protection/Pages/envrep2022.aspx

Massmeyer K (1999) Modelle zur Simulation der Ausbreitung von Luftbei-mengungen. In: Helbig A, Baumüller J, Kerschgens MJ (Hrsg) Stadtklima und Luftreinhaltung, 2. Aufl. Springer, Berlin

NRW emikat (2022) Landesamt für Natur, Umwelt und Verbraucherschutz Nord-rhein-Westfalen/ Umwelt/ Luft/ Emissionen/ Emissionskataster Luft https://www.lanuv.nrw.de/umwelt/luft/emissionen/emissionskataster-luft

Rüger (2016) Die Wege von Staub Im Umfeld des Menschen. Springer Spektrum, Berlin

Schirmer H, Kuttler W, Löbel J, Weber K (1993) Lufthygiene und Klima, Ein Handbuch zur Stadt- und Regionalplanung, VDI, Düsseldorf, S 453

TA Luft (2021) Die Bundesregierung. Neufassung der Ersten Allgemeinen Ver-waltungsvorschrift zum Bundes-Immissionsschutzgesetz (TA Luft), Netz-anbieter Juris GmbH. https://www.verwaltungsvorschriften-im-internet.de/bsvwvbund_18082021_IGI25025005.htm

TA Luft 5.5 Die Bundesregierung TA Luft Punkt 5.5 Ableitung von Abgasen. Ver-waltungsvorschriften im Internet. Juris GmbH. https://www.verwaltungsvor-schriften-im-internet.de/BMU-IGI2-20210818-SF-A002.htm

UBA-P 2020. Umweltbundesamt, Persönliche Mitteilung, 2020

Bach M (2008) Äolische Stofftransporte in Agrarlandschaften, Chr.-Alb.- Uni-versität Kiel, Diss. 2008

Bagnold RA (1971) The Physics of blown sand and dessert dunes. Chapman & Hall, London 1941, Reprint 1971

6

Stoffumwandlung in der Luft

Zusammenfassung Die in der Atmosphäre ablaufenden physikalischen und chemischen Grundprozesse werden beschrieben, dabei gilt die Aufmerksamkeit besonders den chemischen Elementen, die aus dem Meerwasser in die Atmosphäre aufgestiegen sind. Der Beitrag des Sonnenlichts beim Abbau chemischer Substanzen wird bewertet. Chemische Radikale spielen dabei eine zentrale Rolle, sie sind auch für die Lebensvorgänge beim Menschen von Bedeutung. Die Erscheinungsformen von Wasser in der Atmosphäre halten viele Überraschungen bereit. Wasser nimmt unter den Luftbestandteilen eine Sonderstellung ein, auch die Regenbildung erfolgt unter ungewöhnlichen Bedingungen. Es ist spannend zu sehen, wie sich die Anomalie des Wassers auf der Erde in der Atmosphäre fortsetzt. Am Schluss folgt ein Beitrag zur Bildungsdynamik von Staub. In der Atmosphäre existieren nebeneinander zwei Herkunftsarten. Im Bild wird gezeigt, woran jede Staubart zu erkennen ist.

6.1 Gase

6.1.1 Teilnehmende Stoffe

Nach ihrer geologischen Herkunft werden die luftfremden Stoffe in primäre und sekundäre Schadstoffe eingeteilt. Die primären Schadstoffe werden als solche von der Erde aus in die Atmosphäre eingebracht, die sekundären

Schadstoffe bilden sich aus schon in der Luft vorhandenen Stoffen neu. Die Teilchengrößen der luftfremden Stoffe erstrecken sich, wie bereits im vorherigen Kapitel beschrieben, über den weiten Bereich von fünf Zehnerpotenzen, beginnend bei einer Molekülgröße unter 1 nm bis zum Schwebstaub PM_{60}.

Die Herkunft der Stoffe wurde bereits in Tab. 5.1 vorgestellt. Bei der Stoffumwandlung in der Luft dominieren die aus dem Seewasser aufgestiegenen Stoffe, die in der Regel als reaktionsfreudige Ionen in die Atmosphäre gelangen. In Tab. 6.1 ist deshalb beispielhaft die mittlere Zusammensetzung von Ozeanwasser wiedergegeben (Möller D 2003, S. 18). Sie zeigt, mit welchen Stoffen wir an Land flächendeckend versorgt werden.

Die Verweildauer von Fremdgasen in der Luft ist unterschiedlich, sie reicht von Sekunden bis zu Jahren. Die Treibhausgase Kohlendioxid und Fluorkohlenwasserstoffe verbleiben etwa 100 Jahre in der Luft, Methan bringt es auf zwölf Jahre. Die Mehrzahl organischer Substanzen aus Industrie, Gewerbe und Haushalt zeigt kürzere Verweilzeiten in der Luft, dabei können die Metabolismen (Abbaustufen) durchaus toxisch sein.

6.1.2 Die Luftchemie

Die Atmosphäre kann als größter Reaktor der Welt aufgefasst werden, in dem der Menge und auch der Vielseitigkeit nach unendlich viele chemische Reaktionen gleichzeitig ablaufen, viele mit regionalem Bezug. Ein wichtiger Starter für chemische Reaktionen in der Atmosphäre ist die Photolyse. Dabei werden durch die Energie des Lichtes Molekülverbindungen in besonders reaktionsfreudige Radikale gespalten, die anschließend auf vielfältige Weise weiterreagieren. Ein Beispiel für die komplexe Wirkung der

Tab. 6.1 Mittlere Zusammensetzung von Ozeanwasser

Stoff	Konzentration in %	Bemerkungen
Wasser	96,5	Seesalzaerosol, entsteht bevorzugt ab Windstärke 3–4
Chlorionen	1,935	In der Luft bildet sich teils HCl
Natriumionen	1,076	Verbleiben im Tröpfchen
Sulfationen	0,271	Stark an der Bildung von Kondensationskeimen beteiligt
Magnesiumionen	0,129	Zentralmolekül von Chlorophyll im Blattgrün
Kalziumionen	0,041	
Kaliumionen	0,039	Dünger
Bicarbonationen	0,014	

Photolyse ist das Verschwinden von Ozon aus verkehrsreichen Straßen im Hochsommer. Die Photolyse von Ozon führt unter Beteiligung des von Verbrennerfahrzeugen neu gebildeten NO zu Stickstoffdioxid, das mit dem Wind beispielsweise in ein Waldgebiet verfrachtet wird. Dort wird durch Photolyse von Stickstoffdioxid wieder Ozon freigesetzt, weil hier das NO aus den mit Verbrennungsmotor betriebenen Fahrzeugen fehlt.

Photolytisch erzeugte Radikale reagieren mit anderen Stoffen unter erneuter Radikalbildung und so fort. Sie verursachen oxidativen Stress an Pflanzen und Lebewesen. Der Stress ist nicht grundsätzlich schädlich, kann aber für das Altern und letztlich den Tod mitverantwortlich gemacht werden. NO_2 und Ozon sind wichtige Vorläufersubstanzen zur Radikalbildung durch Photolyse. Dazu gehören weitere wie Formaldehyd und Chlor.

Besonders schädliche Auswirkungen auf die Luftqualität werden Fluorkohlenwasserstoffen zugeschrieben. Ihre photolytisch erzeugten Radikale zerstören das vor kurzwelligen Strahlen schützende Ozon in der Stratosphäre. Die Ozonlöcher, besonders auf der Südhalbkugel, bedeuten Hautkrebsgefahr durch UV-Strahlen. Das Verbot und der Ersatz bestimmter Fluorkohlenwasserstoffe als Kältemittel in Autos und stationären Anlagen war überraschend erfolgreich, die Ozonlöcher schließen sich wieder.

6.1.3 Adsorption an Aerosolen

Aerosole bieten große Oberflächen, auf denen sich Gase und Dämpfe beim Auftreffen ihrer Moleküle niederschlagen. Im Vergleich zu Gasmolekülen bewegen sich Aerosole eher passiv durch die Luft, ihre Bewegung resultiert aus kumulierten Stößen von Gasmolekülen.

Nach der Adsorption von Gasmolekülen auf der Oberfläche von Partikeln bilden sich einlagige Molekülschichten in einer Zusammensetzung, die dem Spektrum der Luftzusammensetzung entspricht. Dazu gehören natürliche Luftbestandteile wie Stickstoff, Sauerstoff, Wasserdampf und weiter auch Schadstoffe wie Schwefeldioxid und Formaldehyd sowie Metalle und PAK, entsprechend den Angaben in Tab. 2.2. Die auf Oberflächen adsorbierten Fremdmoleküle können auf mehrere Schichten anwachsen.

Aus der Analyse von Staub wie PM_{10} oder $PM_{2,5}$ wird auf den Schadstoffgehalt in der Luft geschlossen. Ein bedeutendes Phänomen ist die Wirkung von adsorbiertem SO_2. Es wirkt hygroskopisch und bindet Wasserdampf, die so gebildeten Partikel bilden Wolkenkondensationskerne für die Bildung von Regentropfen.

Die Adsorption von Gasen an Tröpfchen verläuft analog zu der fester Partikel mit dem Unterschied, dass bestimmte Gase sich in der Tropfenflüssigkeit lösen und dadurch viel Gas aufnehmen. So führt die hohe Löslichkeit von SO_2 im Tropfen zu saurem Regen.

6.2   Entstehung und Wachstum von Partikeln

6.2.1 Definition von Aerosol

Als Aerosol wird die Dispersion einer Flüssigkeit oder eines Feststoffes in einem Gas verstanden. Der weitaus größte Teil davon wird aus primären Quellen wie Seesalz, Bodenstaub und Vulkanismus gebildet. Die Teilchengrößen liegen meist über 0,5 μm. Sekundäre Teilchen in der Atmosphäre bilden sich aus Vorläuferstoffen wie Schwefel- und Stickoxiden, Ammoniak und Wasserdampf. Die in Kraftwerken, Verbrennungsmotoren, Turbinen und bei Schweißarbeiten in der Gasphase gebildeten Partikel, der Entstehung nach sekundäre Partikel, gehen als primäre Emissionen aus Schornstein, Auspuff oder vom Arbeitsplatz aus in die Atmosphäre über.

Die Ausgangslage in der Atmosphäre ist komplex. Auch um den Überblick über die Luftchemie zu verbessern, definiert Möller ein atmosphärisches Aerosol ausschließlich als Dispersion von festen, überwiegend nicht wässrigen Partikeln in der Luft (Möller D 2003, S. 228). Damit werden Hydrometeore (Wassertröpfchen) als Bestandteil des atmosphärischen Aerosols ausgeschlossen. Die getrennte Betrachtung ist sinnvoll wegen sehr unterschiedlicher chemischer und physikalischer Eigenschaften, z. B. der Oberflächencharakteristik. Als Hydrometeore werden alle aus Wasserdampf durch Kondensation und Resublimation entstandenen Teilchen bezeichnet: Wolken-, Nebel-, Regentropfen, Eiskristalle, Hagel und am Erdboden Tau.

6.2.2 Mechanismus der Partikelbildung

Die Partikelbildung aus Vorläufersubstanzen weist große Unterschiede besonders in der Phase der Keimbildung auf. Begünstigt sind Reaktionen zwischen den freien Molekülen von Schwefelsäure, Salpetersäure und Ammoniak. Die Moleküle können mit sich selbst reagieren und stabile Cluster aus 20–100 Molekülen bilden mit Radien von 1 nm. Die Partikel stehen mit ihrer Umgebung im Gleichgewicht, d. h., sie können entweder weiter wachsen oder auch wieder verschwinden. Die beteiligten Moleküle haben selbst einen vernachlässigbar kleinen Dampfdruck und können so gut durch Van-der-Waals-Kräfte zusammengehalten werden. Sie haben alle eine hohe Affinität zu Wasserdampf, den sie begierig aufnehmen und der ihr Wachstum beschleunigt.

Breite Bedeutung hat die Keimbildung in Form von Ruß während der Verbrennung gasförmiger Vorläufersubstanzen. So entstehen in Verbrennungsmotoren und Turbinen infolge unvollständiger Verbrennung Rußpartikel, die schnell zu Durchmessern von einigen Nanometern anwachsen. Industriell genutzt wird die Methode zur Herstellung von Carbon Black in verschiedenen Spezifikationen (Hirschberg H G 1999). Auch die Schweißrauche sind feinste Partikel in der Luft, die bei hohen Temperaturen durch chemische Oxidation von Metallen entstehen.

Die sekundär entstandenen Nanopartikel werden Aitken-Kerne genannt. Bei einem Durchmesser von 10 nm haben sie noch eine freie Weglänge von 15 nm, d. h., die Partikel sind in der Luft so beweglich, dass sie mit anderen Kernen zusammentreffen können und durch Van-der-Waals-Kräfte aneinander haften bleiben. Sie wachsen zu traubenförmigen Agglomeraten von etwa 300 nm Durchmesser an, danach behalten sie ihre Größe bei und wachsen kaum noch. Teilchen dieser Größe haben eine Verweilzeit von über 20 Tagen in der Luft. Zum Vergleich: Bei Partikeln der Größe 10 µm sind es etwa 10 Tage (Friedlander 2000). Die Agglomerate besitzen trotz Volumenzunahme eine noch zu geringe Masse, um auf Massenkräfte wie Schwer- oder Trägheitskraft reagieren zu können. Sie verharren in ihrer passiven Brownschen Bewegung im Schwebezustand und folgen der Luftbewegung. In der Filtertechnik werden Teilchen dieser Größe als „most penetrating particle size" (mpps) definiert. Ihre geringe Masse erschwert die Abscheidung im Filtergewebe. Hier ist es nicht die Schwerkraft, sondern die mangelnde Fliehkraft, die den Aufprall der Partikel auf das Filtergewebe verhindert. Die Teilchen fliegen ungehindert auf einem gedachten Stromfaden durch das Filtergewebe.

6.2.3 Partikelverteilung in der Luft

Der Bestand an Fremdstoffen in der Luft ist die Differenz aus Werden und Vergehen. Gase, Dämpfe und Partikel gelangen als primäre Emissionen in die Luft. Sie reagieren miteinander und bilden feine sekundäre Partikel, deren Anzahl aufgrund ihres Zusammenschlusses zu größeren Partikeln abnimmt. Ihre Größe nimmt durch die Zusammenschlüsse entsprechend zu (accumulation mode) und erreicht bei 0,3 μm ein Maximum, dargestellt in Abb. 6.1. Primäre Partikel sind generell größer als sekundär in der Luft entstandene, sie haben ihren Ursprung in Zerkleinerung und Wiederauf- wirbeln von losem Material vom Boden. Abb. 6.1 zeigt für die Fraktion der primären Partikel ein Maximum bei 30 μm. Die Lage der beiden Maxima hängt von den örtlichen Emissionsbedingungen ab, sie können nahe zusammenrücken, sodass sie als Doppelspitze kaum zu unterscheiden sind.

In Abb 6.1 ist die Volumenverteilung über der Partikelgröße dar- gestellt. Für die Ausbildung des linken Kurvenastes ist das Partikelvolumen maßgebend, für das rechte Maximum die Masse der Partikel. Falls die Partikel alle die gleiche Dichte hätten, entspräche die Volumenverteilung auch der Masseverteilung. Bei einer Anzahlverteilung treten im Gegensatz zu einer Volumenverteilung die beiden Maxima nicht deutlich hervor.

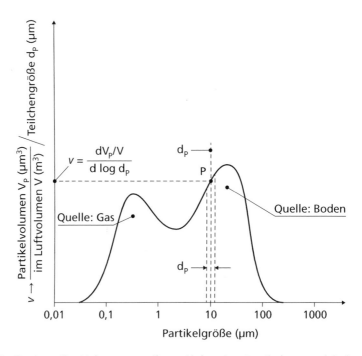

Abb. 6.1 Zweigeteilte Volumenverteilung. Linker Ast: Partikel aus molekularen Vor- läufersubstanzen; rechter Ast: Partikel aus Zerkleinerung und Aufwirbelung
Beispiel Punkt P: Der Volumenanteil *v* von Teilchen um die Größe d_p in der Luft nimmt mit zunehmendem Partikeldurchmesser zu

6.3 Tropfenbildung

6.3.1 Reine Wassertropfen

Es ist verwunderlich, aber die Bildung von reinen Wassertropfen in der Atmosphäre findet nicht statt. Dazu wäre eine Übersättigung der Luft mit Wasserdampf von 120 % erforderlich, die allenfalls im Dampfbad einer Saunaanlage denkbar ist. Reine Wassertröpfchen sind erst bei einem Durchmesser von 20 nm stabil. Der Dampfdruck sich bildender Cluster aus mehreren Wasserdampfmolekülen ist so hoch, dass die Keime sofort wieder verdampfen. Der Zusammenhalt der Moleküle im Cluster ist wegen der gekrümmten Oberfläche des Clusters viel geringer als in einer ebenen Wasserfläche. Erst ab einem Durchmesser von 20 nm erreicht der Dampfdruck über einem Nebeltröpfchen den für eine ebene Wasserfläche. Der Wasserdampfdruck über Tröpfchen nimmt mit abnehmendem Durchmesser stark zu, sodass große Tropfen auf Kosten kleiner Tröpfchen wachsen und kleine dabei verschwinden.

6.3.2 Wassertropfenwachstum an Kondensationskernen

Die Kondensationskerne aus nichtwässrigen Vorläuferstoffen bilden – wie vorher beschrieben – die Startsubstanz für die Bildung von Hydrometeoren. Die Kerne aus Schwefel- und Stickstoffverbindungen haben so geringe Dampfdrücke, dass sie bei Durchmessern von 2 nm in der Luft stabil existieren können. Sie wirken stark hygroskopisch und absorbieren Wasserdampf. Ab einer bestimmten Wasseraufnahme gehen die ursprünglich festen Partikel in einen fließfähigen Zustand über, sie haben den Deliqueszenzpunkt erreicht. Erst solche aktivierten Kerne können Wolkentropfen bilden.

Die Wolkenbildung hängt natürlich auch von der Wasserdampfsättigung der Luft ab. Meist reichen Übersättigungen von 1 % bis 10 % aus, um Tropfen oder Eiskristalle zu erzeugen. Sichtbar wird die Wolkenbildung beispielsweise durch Abkühlung in einer vor Bergen aufsteigenden Luftmasse. Die Abkühlung ist mit Übersättigung verbunden, die Kondensationskerne wachsen zu Wolkentropfen heran. Bemerkenswert ist das Phänomen, dass nur ein Bruchteil der Kerne zu Tropfen anwächst. In den tropischen Hitzetiefs werden dagegen mehr Kerne zur Wolkenbildung verbraucht. Als ein weiteres Beispiel lokaler Wolkenbildung ist der Kondensstreifen hinter einem Düsenflugzeug zu erwähnen. Neben den eben beschriebenen

Kondensationsbedingungen sei darauf hingewiesen, dass ein Düsenflugzeug ein röhrenförmiges Hitzetief hinter sich am Himmel zurücklässt, in das feuchte Luft aus der Umgebung einströmt.

Die Tropfenbildung an Rußpartikeln setzt voraus, dass die Partikel vorher mit Schwefeloxiden konditioniert worden sind. Auf einer so geschaffenen, hygroskopisch wirkenden Adsorptionsschicht kann Wasserdampf kondensieren oder als Eis resublimieren, wie an Kondensstreifen der Flugzeuge zu erkennen ist.

Auch viele lokale Wettereigenschaften haben Einfluss auf Wolkenbildung und Regen. Die Zusammenhänge sind noch nicht restlos aufgeklärt.

Literatur

Friedlander (2000) Friedlander S K. Smoke, Dust, and Haze. Fundamentals of Aerosol Dynamics, 2 Aufl. Oxford University Press

Hirschberg HG (1999) Handbuch Verfahrenstechnik und Anlagenbau. Springer Berlin Heidelberg

Möller D (2003) Luft, Chemie Physik Biologie Reinhaltung Recht. Walter de Gruyter, Berlin

7

Immission, Deposition, Sedimentation

Zusammenfassung Eine Immission entfaltet erst nach dem Absetzen der Schwebstoffe auf Oberflächen ihre gefährliche Wirkung. Es wird gezeigt, welche Kräfte zwischen Schwebstoff und Oberfläche wirken. Als Beispiel dient das Phänomen weißer und schwarzer Wände. Der Schadstoffeintrag aus der Nachbarschaft kann durch eine Ausbreitungsrechnung ermittelt werden. Als Ergebnis ergibt sich die Belastung durch Schadgas, Staub und Geruch. Der Weg zu Informationen über örtliche Hotspots in Wohngebieten wird beschrieben. Innenräume haben eine hohe Clearingleistung und werden in das Sicherheitskonzept der Feuerwehr einbezogen. Luftfilter werden für viele Anwendungen gebaut, hier werden Partikel- und Gasfilter vorgestellt. Es zeigt sich, dass eine zentrale Raumluftaufbereitung sich zwar hoher Wertschätzung erfreut, auch konditionierte Luft nach Bedarf liefert, andererseits aber hohe Raum-, Energie- und Wartungskosten verursacht. Mobile Luftreiniger zeigen sich als preiswerte Alternative mit Einschränkung. Ein Blick auf die Abscheidung von Schadstoffen in der Lunge zeigt die Perfektion und den Umfang der Schadstoffabwehr. Der Mechanismus offenbart auch die Schwachstellen des Systems, die durch gezielte Vorsorge umgangen werden können.

© Springer-Verlag GmbH Deutschland, ein Teil von Springer Nature 2023
C. Rüger, *Luft und Gesundheit*, https://doi.org/10.1007/978-3-662-66767-5_7

7.1 Abscheidemechanismen

7.1.1 Immission

Immissionen im Sinne dieses Bundes-Immissionsschutzgesetzes sind auf Menschen, Tiere und Pflanzen, den Boden, das Wasser, die Atmosphäre sowie Kultur- und sonstige Sachgüter einwirkende Luftverunreinigungen, Geräusche, Erschütterungen, Licht, Wärme, Strahlen und ähnliche Umwelteinwirkungen (BfJ GI 2022). Der Ort der Einwirkung ist die Atemhöhle des Menschen in 1,5 m Höhe über Boden und 1,5 m von der Wand entfernt, zum Einwirkbereich gehört auch die Oberfläche der Haut. Gemessen werden Immissionen mit einem Netz von Messstellen, die im Wesentlichen von den Bundesländern betrieben werden. Sie liegen an ausgewählten Brennpunkten der Immission wie innerstädtischen, verkehrsreichen Straßen und parallel dazu an Orten, die zu Vergleichszwecken als städtischer Hintergrund ausgewählt worden sind. Gemessen werden hauptsächlich Abgase von Fahrzeugen mit Verbrennungsmotor (UBA LN 2022). Die Immissionen aus den Schornsteinen der Industrieanlagen und diffuse Immissionen aus Gewerbe und Haushalt werden miterfasst, ihre Auswirkungen an den Messpunkten müssen unter den strengen Vorgaben der TA Luft bleiben (TA Luft 6 2021).

An einigen ausgewählten Standorten messen Umweltbundesamt und Deutscher Wetterdienst die Hintergrundbelastung der Luft, auch um den Einfluss Staatsgrenzen überschreitender Spurenstoffe auf die Luftqualität beurteilen zu können (UBA ZN 2022; DWD N 2022).

Die Technische Anleitung zum Schutz gegen Lärm (TA Lärm) stellt den Schutz der Allgemeinheit und der Nachbarschaft vor Lärm und Erschütterungen sicher. Dabei geht es auch um Gebäudewände durchdringenden Lärm sowie Erschütterungen. Lärm- und Schadstoffimmissionen sind meist gekoppelt auftretende Belästigungen.

Der Deutsche Wetterdienst unterhält ein eigenes dichtes Netz von Messstellen für Temperatur, Wind, Niederschlag und Sonnenscheindauer. Der institutionalisierte Schutz vor Immissionen zielt auf Schadstoffquellen im Außenraum ab. Regelungen für den Innenraum haben eher empfehlenden Charakter. Eine Besonderheit betrifft den Arbeitsplatz, bei dem der Schutz auf den unmittelbaren Arbeitsbereich abzielt und wegen der Nähe zur Emissionsquelle im Innenraum oder im Freien liegen kann.

7.1.2 Physikalische Vorgänge der Abscheidung

Unter dem Begriff Abscheidung werden hier die Vorgänge Ablagerung, Deposition und Sedimentation zusammengefasst. Gase und Partikel scheiden sich nicht einfach so auf Oberflächen ab. Dazu müssen sie von Energien und daraus entfalteten Kräften zur Oberfläche transportiert und in Kontakt mit dem Oberflächenmaterial gebracht werden. Während des Kontaktes wirken auf beiden Seiten Haftkräfte, die eine Verbindung zwischen Schwebstoff und Oberfläche herstellen können. Wenn die Bewegungsenergie zu groß ist, werden die Partikel oder auch die Moleküle reflektiert. In Tab. 7.1 sind die an der Abscheidung beteiligten Energien und ihre Wirkungen zusammengestellt.

Tab. 7.1 Abscheidebedingungen und Haften von Gasen und Aerosolen an Oberflächen

Stoffart	Energie	Kraft
Gas	1. Thermische Bewegungsenergie 2. Geschwindigkeitsenergie aufgrund der Luftströmung	Adsorption bei Wandkontakt an allen Oberflächen. Gegenseitige Anziehung (Van-der-Waals-Kräfte) Alternativ: Reflexion bei zu geringer Kraftwirkung
Partikel, alle Größen	Schwerkraft, Wirkung proportional zu Volumen und Dichte Elektrische Feldkräfte, Wirkung proportional zur Oberfläche	Schwerkraft hält Partikel auf ebenen Flächen fest Bei kleinen Partikeln <0,3 μm dominieren Van-der-Waals-Kräfte Beispiele: Haftung von Faserstaub, Styropor Schwerkraft und elektrische Feldkräfte wirken im ganzen Raum
Partikel, <0,3 μm	Brownsche Bewegung Diffusion zur Oberfläche ist wirksam im Abstandsbereich von 1 mm Mit der Luftströmung werden Partikel in die Diffusionszone nachgeliefert	Thermophorese, schwarzer Niederschlag auf kalter Wand Warme Flächen stoßen Partikel ab, Heizkörper bleiben sauber
Partikel, >0,3 μm	Impuls I = Bewegungszustand der Masse m mit der Geschwindigkeit u I = m · u (Vektor) Kinetische Energie E der Masse m mit der Geschwindigkeit u $E = \frac{1}{2} m\,u^2$ (skalare Größe)	Prallabscheidung auf allen Oberflächen Zusätzlich Interzeption (Partikel verlassen ihren Stromfaden bei der Umströmung einer Faser und haften bei Berührung an der Faser (Filterbau).)

Der Begriff Abscheidung hat seinen Ursprung in der Filtertechnik, bei der es darum geht, alle Fremdstoffe aus einem Fluid abzutrennen, wobei geeignete Abscheideprinzipien technisch ausgereift angewandt werden. Beim Begriff Abscheidung ist der jeweilige Ort der Abscheidung zunächst nicht definiert, alle Oberflächen eines Raumes kommen infrage. Bei dem häufig verwendeten Begriff Ablagerung wird die Vorstellung in Richtung Schwerkraftablagerung auf ebener Fläche gelenkt. In der atmosphärischen Abscheidung nach TA Luft wird zwischen Sedimentation und Deposition unterschieden. Die Sedimentation durch die Schwerkraft kann berechnet werden. Die Deposition, die Abscheidung durch die übrigen in Tab. 7.1 aufgeführten Abscheidemechanismen, muss durch Messung bestimmt werden.

In Tab. 7.1 ist die Haftung von Gasen und Partikeln allgemein an Oberflächen dargestellt. Die Haftung gilt für trockene und nasse Oberflächen, wobei Wasser die Haftung von Dämpfen und Partikeln stark vergrößert, eine Reflexion ist gleichsam ausgeschlossen. Regentropfen nehmen beim freien Fall durch die Luft in großem Umfang Schwefeldioxid auf, die Adsorptionskapazität wird durch Lösung des Gases im Tropfen weiter erhöht. Die Abscheidung auf nassen Oberflächen ist im Grunde auf den Außenraum beschränkt. Im Innenraum fehlt die reinigende Wirkung des Regens. Die Oberflächen müssen unter Energieeinsatz geputzt werden, ein bemerkenswerter Faktor in Zeiten der Energiewende.

Zum besseren Verständnis der Abscheidung von Feinstaub <0,3 μm soll dessen besondere Bewegungsweise in der Luft betrachtet werden, wofür es eine eigene Bezeichnung gibt: die Brownsche Bewegung kleiner Partikel. Sie wird von der thermischen Bewegung der Luftmoleküle in Gang gehalten. Die Moleküle prallen von unterschiedlichen Seiten unterschiedlich stark auf die Partikel. Der stärkste Impuls bestimmt die Flugrichtung. Dadurch kommt, statistisch verteilt, ihre Zickzackbewegung zustande, auf der sie jeweils gerade, freie Wegstrecken zurücklegen. Die freien Weglängen, der freie Flug bis zum nächsten Zusammenstoß, ist in Abb. 7.1 für Gase und Partikel dargestellt. Gasmoleküle haben eine freie Weglänge von 63 nm. Mit der Partikelgröße nimmt die freie Weglänge ab, um ab der Partikelgröße von 0,3 μm wieder anzusteigen. Grund dafür ist die von der Schwerkraft ausgelöste Fallbewegung, die die Bewegung der Partikel zu dominieren beginnt.

Im Millimeterabstand von einer Oberfläche existiert eine ruhende oder laminare Unterschicht, in der die Diffusion die Bewegung der Partikel dominiert. Wie noch gezeigt werden wird, kann die Temperatur der Oberfläche die Partikelbewegung in dieser Schicht stark beeinflussen. Über der laminaren Schicht wird die Luftvermischung durch turbulente Diffusion

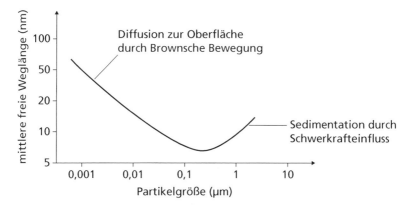

Abb. 7.1 Freie Weglänge von Nanopartikeln

herbeigeführt, die für Ausbreitungsrechnungen im Außenraum von essenzieller Bedeutung ist.

Bei der Prallabscheidung haften Partikel auf Oberflächen je nach Energieinhalt der Partikel auch unter Deformation der Berührungsflächen. Rauigkeitsspitzen werden abgebaut und die Van-der-Waals-Haftkräfte nehmen dabei zu. Frisch abgeschiedener Staub liegt oft nur lose auf und wird allmählich, über Stunden, durch Van-der-Waals-Kräfte näher an die Oberfläche herangezogen, sogar unter Schmelzen der Rauigkeitsspitzen. Er haftet danach fester auf der Oberfläche als zu Beginn der Abscheidung. Erklärbar wird dieses Phänomen, wenn man bedenkt, dass die Van-der-Waals-Kräfte von kugelförmigen Partikeln mit der 6. Potenz ihres Abstandes zunehmen! Alter und trocken haftender Schmutz ist schwerer zu entfernen als frisch abgesetzter. Die Bindungskräfte führen dazu, dass Partikel <10 µm dauerhaft auf Oberflächen haften. Selbst eine Kugel von 1 mm Durchmesser würde mit ihrem Gewicht an der Decke haften, wenn sie ohne Rauigkeitsabstand die Oberfläche der Decke berühren könnte (Hinds W C 1999; Stieß M 2009).

Noch eine Anmerkung zu Energie und Impuls. Strömender Luft werden sowohl ein Energieinhalt als auch ein Impuls zugeordnet, Tab. 7.1. Vor einem angeströmten Hindernis wandelt sich ein Teil der Energie der Geschwindigkeit in Druckenergie um, es entsteht ein Überdruckpolster vor dem Hindernis und die Stromfäden werden davor umgelenkt. Strömende Luft beinhaltet auch einen Impuls, der neben dem Betrag durch seine Richtung charakterisiert wird. Für beide Eigenschaften gilt der Erhaltungssatz. Anströmende Luft mit Partikeln <0,3 µm wird vor einem Hindernis samt Partikeln umgeleitet, normalerweise mit Bildung von Wirbeln, wenn sich die Stromfäden hinter dem Hindernis in ihrer Geschwindigkeit nicht wieder aneinander anschmiegen können. Durch Wirbel wandeln sich Teile von Strömungsenergie und Impuls in Reibungswärme um.

Teilchen >0,3 μm können aufgrund ihrer trägen Masse einem abgelenkten Stromfaden nicht folgen, prallen auf das Hindernis auf und können anhaften. Bewegungsenergie und Impuls der abgeschiedenen Partikel werden in Deformationsarbeit und Wärme umgewandelt.

Der Impulsaustausch zwischen turbulent strömenden Luftschichten der Atmosphäre ist für die Frischluftversorgung auf der Erde von großer Bedeutung. Bei Windrädern werden Geschwindigkeitsenergie und Impuls der Strömung zunächst in mechanische und dann in elektrische Energie umgewandelt.

7.2   Besondere Orte

7.2.1 Innenraum

Die Luft des Innenraumes ist frei von Regen, direkter Lichteinstrahlung und atmosphärischen Immissionen, abgesehen von Einträgen durch die Lüftung. Der Raum hat sein eigenes spezifisches Schadstoffspektrum, das von Innenraumquellen wie Kochen, menschlichen Emissionen und Materialausdünstungen geprägt ist. Die Reibung der Kleidung bei Bewegungen aller Art trägt dazu bei, dass Faserstaub die Deposition im Innenraum dominiert. In trockenen Innenräumen ist besonders mit Wandanflug durch elektrisch geladene Partikel zu rechnen.

Weiter ist die Beeinflussung der Flugrichtung kleiner Partikel durch Thermophorese ein typischer Innenraumvorgang, der mit schwarzen Wänden in Verbindung steht. Unmittelbar vor einer kalten Wand kühlt dort auch die Luft ab mit der Folge, dass die mittlere Geschwindigkeit der Gasmoleküle abnimmt. Auf ein Aerosol-Partikel im Diffusionsbereich der Wand wirkt von der Wandseite her deshalb ein geringerer Druck als von der wärmeren Innenraumseite. Das Partikel wird zur Wand gedrängt, haftet fest und verursacht graue oder schwarze Wände. Der umgekehrte Vorgang ist bei beheizten Flächen zu beobachten: Energiereiche Luftmoleküle stoßen Partikel von der Wand ab, die Flächen bleiben sauber, so z. B. die Heizkörperoberflächen. Auf dem Heizkörper sedimentiert dafür Faserstaub aufgrund von Schwerkraftabscheidung. Die physikalischen Vorgänge besonders der Staubabscheidung im Innenraum werden eingehend von Rüger beschrieben (Rüger C 2016).

Durch das Lüften strömen auch atmosphärische Immissionen in den Innenraum, auch solche von Geruch begleitete toxische Schadstoffe. Dabei kann es sich um Nachbars räuchernden Grill, Emissionen von Verbrennungsmotoren, Rauch von Großbränden oder um industrielle Störfallemissionen handeln. Es ist bemerkenswert, dass nach Schließen der Fenster oder Abstellen der Belüftung sehr bald im Innenraum keine Schadstoffe durch Geruch mehr wahrgenommen werden können. Die Abscheidung auf Oberflächen des Innenraums ist sehr effektiv. Im Innenraum gibt es ständig Luftströmungen, die für ausreichenden Wandkontakt und Deposition der Schadstoffe auf allen Innenraumoberflächen sorgen. Die zusätzlich genutzte Schnellreinigung der Innenraumluft von plötzlich auftretenden Schadstoffen ist Teil des Schutzkonzeptes der Feuerwehr, wenn sie zum Aufsuchen der Wohnung und Schließen der Fenster bei Störfällen in der Umgebung auffordert.

Das Schließen der Fenster kann sich für Menschen mit empfindlichen Atemwegen auch in einer anderen Situation empfehlen. Bei Inversionswetterlagen in den frühen Morgenstunden, besonders in Verbindung mit Bodennebel, steigt die Konzentration von Schadstoffen in der Luft stark an und führt zur Reizung der Atemwege, Asthmatiker sind besonders betroffen. Zur Vorbeugung lässt sich empfehlen, die Fenster zu schließen. In der Wohnung sinkt vorübergehend der Schadstoffpegel, der vorhandene Sauerstoffgehalt in der Wohnung reicht bis zum Morgen, denn dann bricht die Inversion wieder in sich zusammen, weil aus den oberen Luftschichten wieder Frischluft zugeführt wird.

7.2.2 Außenraum

Die meisten Schadstoffe der Luft liegen in einer nicht nachweisbaren Verdünnung vor. Sie werden deponiert und sind anschließend im Boden auch nicht nachweisbar. Anders verhält es sich mit genehmigten Emissionen anthropogener Schadstoffe aus Energieerzeugung, Industrie und Verkehr. Für sie kann mit einer Ausbreitungsrechnung die Deposition von Schadgas und Aerosol im Umfeld der Emissionsquellen vorhergesagt werden. Die Gesamtdeposition ergibt sich dann aus der Summe von vorhandener Belastung und quellbedingter Zusatzbelastung. Die Ausbreitungsrechnung ist für genehmigungsbedürftige Anlagen nach TA Luft vorgeschrieben. In Anhang 2 der TA Luft wird die Handhabung anschaulich beschrieben und kann als Referenzimplementierung genutzt werden, wozu man natürlich tiefer in die Materie einsteigen muss (TA Luft 2 2021).

Die Ausbreitungsrechnung wird für Gase, Stäube und Geruchsstoffe durchgeführt und liefert aus der Zeitreiherechnung eines Jahres drei verschiedene Belastungszustände jedes Stoffes als gewichtete Mittelwerte für die Dauer eines Jahres:

1. die Immission als Konzentration in Höhe 1,5 m über dem Boden (Masse/ Volumen),
2. der Geruch für die Dauer der Wahrnehmung (Zeitanteil),
3. die Deposition einschließlich Sedimentation am Boden (Masse/Fläche und Zeit).

Die Ausbreitungsrechnung nach TA Luft zielt auf die Bestimmung der Schornsteinhöhe ab mit der Absicht, seine Höhe so zu bestimmen, dass Immission, Geruch und Deposition die Grenzwerte des Anhangs 6 der TA Luft nicht überschreiten (TA Luft 6 2021). Sollten sich bei der Rechnung zu hohe Belastungen im Rechengebiet ergeben, muss entweder der Kamin erhöht oder müssen die Abgase vor der Einleitung in den Kamin vorgereinigt werden, wie es bei der SO_2-Abscheidung in Kraftwerken der Fall ist.

Die Startdaten für das Rechenmodell sind die Quellströme, hinzu kommen meteorologische wie geologische Daten, die in Tab. 7.2 zusammengestellt sind.

Tab. 7.2 Kenngrößen für das meteorologische Grenzschichtprofil (TA Luft 2 2021)

	Einflussgröße	Bemerkungen
1	Windrichtung, Windgeschwindigkeit	Windrose des Deutschen Wetterdienstes oder individuelle Messung über ein Jahr
2	Obukhov-Länge	Maß für die vertikale Luftdurchmischung
		Sechs Klassen von „sehr stabil" (z. B. Nachtinversion, Windstille)
		bis „sehr labil" (z. B. Sonnenschein, Wind)
		für zugeordnete Bodenrauigkeiten von 0,01 bis 2,0 (s. u.)
3	Mischungsschichthöhe	Bis 2 km hohe atmosphärische Grenzschicht. Turbulente Luftvermischung unterschiedlichen Ausmaßes
		20–100 m, Prandtl-Schicht (nur Luftreibung)
		100–2000 m, Ekman-Schicht (auch Winddrehung)
		Festlegung nach VDI-Richtlinie (VDI 8783-8 2017)
4	Rauigkeitslänge	Klasseneinteilung nach Bodenerhebungen. Werte von Wasserfläche 0,01 m bis städtische Prägung 2,00 m
5	Verdrängungshöhe	Berücksichtigt die Anhebung des normalen Strömungsprofils der Luft durch die Hindernisstrukturen (Bodenerhebungen) (VDI 8783-8 2017)

Meteorologische Daten stehen in den Zeilen 1 bis 3, die geologischen in den Zeilen 4 und 5. Der Einfluss des Windes ist unmittelbar einleuchtend. Die senkrechte Durchmischung der Luftschichten ist für die Schadstoffausbreitung besonders wichtig, beeinflusst sie doch den Verdünnungseffekt der Schadstoffe wesentlich (Zeilen 2 und 3).

Als geologische Daten gehen die standardisierten Bodenrauigkeiten in die Rechnung ein, wie sie bereits in Abb. 1.2 „Luftschichten der Atmosphäre" eingeführt worden sind. Die Verdrängungshöhe in Zeile 5 berücksichtigt auch die Anhebung der bodennahen Grenzschicht im Bereich einer Stadt. Das Modell erlaubt die Berücksichtigung weiterer Sondereinflüsse wie Bodenformation, Kaltluftflüsse, besonders hohe Gebäude und nicht zuletzt die Niederschlagsintensität.

Die Intensität des Niederschlags von Gasen und Aerosolen an einem ausgewählten Ort, dem Aufpunkt, hängt von zwei Größen ab: ihrer Konzentration in der Luft und einem stoffspezifischen Proportionalitätsfaktor, der experimentell ermittelt wird. Dieser Faktor kann als die Sinkgeschwindigkeit eines Schadstoffes in Bodennähe gedeutet werden. In das Programm werden standardisierte Werte für Gase und Stäube eingegeben, die in Abb. 7.2 beispielhaft zusammengestellt sind. Die „trockene" Deposition wird ergänzt durch das Auswaschen von Gasen je nach Niederschlagsintensität, wofür ebenfalls Programmeingaben standardisiert sind.

Deposition für Gase		
	Stoff	u_D (m/s)
Ablagerung $u = u_D \cdot \rho$ (kg/m²s)	Ammoniak	0,01
Depositionsgeschwindigkeit u_D (m/s)	Schwefeldioxid	0,01
Schadgaskonzentration ρ (kg/m³)	Stickstoffdioxid	0,003
	elementares Quecksilber	0,0003

Deposition und Sedimentation für Stäube			
Klasse	Partikelgröße (µm)	Depositions-geschwindigkeit (m/s)	Sedimentations-geschwindigkeit (m/s)
1	< 2,5	0,001	0
2	2,5–10	0,01	0
3	10–50	0,05	0,04
4	> 50	0,20	0,20

Abb. 7.2 Depositionsparameter für Gase und Stäube (TA Luft 2 2021)

Die Sedimentationsgeschwindigkeit von Aerosol hängt von der Umströmung der Partikel ab. Für alle sehr kleinen Partikel bis zu einem Durchmesser von 100 μm werden die Partikel laminar umströmt; für solche Partikel nimmt die Fallgeschwindigkeit sehr schnell zu, mit dem Quadrat des Durchmessers. In diese Kategorie fällt der Schwebstaub. Für Partikel >1 mm Durchmesser nimmt die Fallgeschwindigkeit mit der Größe bedeutend langsamer zu, mit der Quadratwurzel des Durchmessers. Hier ist die Umströmung turbulent. Aus dem Gefühl heraus würde man eher eine umgekehrte Abhängigkeit der Geschwindigkeit vom Durchmesser erwarten. Die Fallgeschwindigkeiten für Partikel zwischen 100 μm und 1mm liegen in einem stetigen Übergangsbereich. Eine grafische Darstellung der Fallgeschwindigkeit für Wassertropfen aller Größen hat Rüger veröffentlicht (Rüger 2016, Abb. 3.2).

Der Ausbreitungsrechnung liegt das Partikelmodell nach Lagrange zugrunde. In dem Modell werden die Flugbahnen der Gas- und Aerosolpartikel unabhängig voneinander verfolgt, wie sie mit der turbulenten Strömung verlagert werden. Die Rechnung erfordert eine hohe Rechnerkapazität. Die Ausbreitung kann auf freiem Gelände, im Bereich von topografischen Strukturen oder Hindernissen wie Gebäuden, Industrieanlagen, Wällen, Brücken, Bäumen und Wäldern erfolgen, wobei die Einflüsse der Hindernisse auf Wind- und Turbulenzfeld durch ein passendes Eingabeprogramm richtig beschrieben werden müssen. Chemische Umwandlungen, Sedimentationen, Ablagerungen auf Boden und Vegetation, Aufwirbelung vom Boden, Auswaschen durch Niederschlag, Filterung durch poröse Hindernisse und Auftriebseffekte können berücksichtigt werden (VDI 3945-3 2000).

7.2.3 Luftfilter

Luftfilter sind auf eine besondere Anwendung ausgelegt, wobei jeweils spezielle Ablagerungsmodelle für Staub, Gase oder Gerüche zur Anwendung kommen. Mit der Zeit beladen sich die Filtermedien, der Druckverlust am Filter steigt an, die Durchsatzleistung sinkt. In diesem Augenblick müssen Filter gereinigt werden, wobei wiederum Staub entsteht. Kleine Filter werden deshalb oft als Speicherfilter betrieben, die nach Beladung entsorgt und durch neue Filter ersetzt werden, wie bei Staubsaugern mit Beutelfilter. Für die Abtrennung sehr kleiner Teilchen muss dem Feinfilter ein Vorfilter für die groben Teilchen vorgeschaltet werden, um die Standzeit des Feinfilters nicht zu kurz werden zu lassen.

Die physikalischen Abscheidemechanismen sind bereits in Abschn. 7.1.2 „Physikalische Vorgänge der Abscheidung" beschrieben worden.

Gasabtrennung

Die Abtrennung von Schadgasen aus der Luft erfolgt an Molekularfiltern. Aus Fasern aufgebaute Filter sind nicht geeignet, ihre Oberfläche ist zu gering. Als Filtermaterial kommt in den meisten Fällen Aktivkohle zum Einsatz. Als Alternative stehen Zeolithe und Aluminiumoxid zur Verfügung. In der Regel werden die Molekularfilter für die jeweilige Anwendung speziell ausgerüstet. A-Kohle bindet gut organische Luftschadstoffe, dazu gehören auch Gerüche. Beispielhaft sollen die A-Kohle-Ausblasfilter von Staubsaugern erwähnt werden, die von Herstellern als Ergänzung zum Hauptfiltersystem angeboten werden.

Die poröse Struktur der A-Kohle verfügt über eine riesige innere spezifische Oberfläche von 1000–1500 m^2/g. Luftmoleküle und weitere, bei sehr niedriger Temperatur siedende (ideale) Gase wie Wasserstoff, Methan und Kohlenstoffmonoxid werden nicht adsorbiert. Für Dämpfe mit einer Siedetemperatur über 0 °C kann ein hohes Adsorptionsvermögen erwartet werden. Dazu gehört auch Stickstoffdioxid mit einer Siedetemperatur von 21 °C.

Ein Schwachpunkt der A-Kohlefilter liegt in der Einstellung eines Gleichgewichts zwischen Beladung der Kohleoberfläche und der Konzentration des im Gleichgewicht darüberstehenden Gases. Wenn der Filter zu stark beladen ist, gibt er unter Umständen wieder Schadstoff an die Luft ab. Das muss bei Gebrauch in Gasmasken oder auch bei Dunstabzugshauben in der Küche berücksichtigt werden. Aus diesem Grund werden A-Kohlefilter in der Regel mit einer niedrigen Beladung von 10 % Massenanteil gefahren. Typische Standzeiten für Aktivkohlefilter für Innenräume liegen zwischen drei und zwölf Monaten (Hörner, Casties 2015 S. 547; ISO 10121-1. 2014).

Staubabtrennung

Die hier betrachteten Anwendungsbereiche umfassen Klimaanlagen für Aufenthaltsräume, Arbeitsstätten und Fabrikationsräume, verschiedene Raumarten im Krankenhaus, Laboratorien und Isolierstationen, Prozessluft- und Reinraumtechnik.

Für die Reinigung der Luft von Aufenthaltsräumen sind Schwebstofffilter der Gruppe H, HEPA-Filter, davon Klasse H13 nach DIN EN 1822 zu empfehlen (high efficiency-particular airfilter). Die Angabe einer Abscheideleistung der Filter bezieht sich auf Partikel ab der Größe 0,3 μm, Mikroorganismen in der Luft werden so praktisch vollständig abgefangen.

Die Abscheideleistung der H13-Filter wird bezogen auf die Partikelgröße im Abscheideminimum (0,3 μm) mit 99,95 % angegeben (EN 1822-1 2009). Das Filtermedium besteht aus Synthese- oder Glasfasern, die zu einem papierartigen Vlies verarbeitet und mit Bindemittel zusammengehalten werden, ohne dass der Druckverlust zu groß wird.

Schwebstofffilter sollen stets mit einem Vorfilter betrieben werden. Hier kommen Filter nach DIN EN ISO 16890 infrage (ISO 16890 2017). Hier ist die Auswahl groß. Die Einstufung eines Filters erfolgt nach seinem Abscheidegrad, z. B. 50 % oder höher. Die Vermessung erfolgt mit Prüfaerosol für drei Größenbereiche:

ePM_{10}: 0,3 μm bis 10 μm
$ePM_{2,5}$: 0,3 μm bis 2,5 μm
ePM_{1}: 0,3 μm bis 1 μm

Die Abscheidegrade werden aus umfangreichen Einzelmessungen berechnet. Als Vorfilter für den HEPA-Filter H13 kommt aus dieser Auswahl ein Vorfilter ISO ePM_{10} infrage. Ein solcher Filter entspricht der früher sehr geläufigen Filterklasse F7 aus DIN EN 779 (EN 779 2012). Lufttechnische Anlagen für Aufenthaltsräume sollten mindestens mit Feinstaubfiltern der Klasse F7 ausgestattet werden.

Als Ausblasfilter unserer Hausstaubsauger sollte von der Qualität her ein HEPA-Filter H13 eingebaut sein. Für Staubsauger gilt jedoch eine eigene Prüfnorm (EN 60312 2017). Die Wirkung der dort verzeichneten Filter entspricht in ihrer Abscheideleistung etwa der eines HEPA-Filters H13.

Staubsauger, die in der ersten Stufe nach dem Zyklonprinzip arbeiten, brauchen einen auf Faservliesgrundlage arbeitenden Ausblasfilter. Im Zyklon werden die Teilchen durch die Rotation der Strömung einer Zentralbeschleunigung ausgesetzt. Teilchen >0,3 μm können aufgrund ihrer Masse der kreisenden Luftströmung nicht folgen, schlagen an der Zyklonwand auf und rutschen nach unten in den Auffangbehälter. Partikel im Bereich um 0,3 μm sprechen auf Massenkraftabscheider nicht an, sie müssen aus der nach oben entweichenden Luft durch ein nachgeschalteten Faservlies von der Qualität eines H13-Filters eingefangen werden.

Eine Sonderstellung nehmen Elektroluftfilter ein. In der Eingangsstufe der Filter sind Sprühelektroden zur Ionisation der Teilchen eingebaut, die Abscheidung erfolgt an plattenförmigen Kollektoren. Das an den Elektroden entstehende Ozon muss oft separat abgeschieden werden. Die elektrostatische Aufladung von Schwebstofffiltern muss bei der Prüfung der Abscheidegrade berücksichtigt werden.

Die technische Literatur über Filtertechnik ist umfangreich. In den VDI-Richtlinien 6022-1 und 6022-2 wird ein vertiefter Einblick in die Anforderungen an die Raumlufttechnik bei unterschiedlicher Raumnutzung vermittelt, auch besonders hinsichtlich der hygienischen Anforderungen (VDI 6022 2018). Die Anforderungen an Luftfilter in Wohngebäuden werden ausführlich in DIN 1946-6 beschrieben (DIN 1946 2018, S. 59).

Die beschriebenen Luftfilter sind für den Innenraumbereich bestimmt. In der Zeit höchster Luftverschmutzung durch „Verbrennerfahrzeuge" kamen die Filter auch an Verkehrsknotenpunkten zum Einsatz, um die Schadstoffbelastung zu senken und Fahrverbote abzuwehren, wie es sich im Jahr 2017 am Neckartor in Stuttgart zugetragen hat.

Ambulante Filter

Ideal wäre es, Innenräume, in denen sich viele Personen aufhalten, an eine zentrale Luftreinigungsanlage anzuschließen. In der Regel ist die Luftreinigung Teil einer zentralen Klimaanlage für Heizung und Frischluftversorgung. Solche Anlagen haben durch ihre voluminösen, weit verteilten Luftkanäle hohen Bedarf an Bauvolumen, Brandschutz und Unterhalt. Kitas, Schulen und Verwaltungsgebäude mussten bisher ohne solche Anlagen auskommen. Grundausrüstung waren bisher Zentralheizung und Fensterlüftung. Der Frischluftbedarf in Aufenthaltsräumen ergibt sich nicht aus Sauerstoffmangel, sondern aus dem Überschuss an menschlichen Emissionen, einschließlich der von erkrankten Menschen abgegebenen Infektionskeime. Eine funktionsgerechte Fensterlüftung ist für solche Räume unerlässlich. Die zusätzliche Aufstellung mobiler Luftreiniger zur Reduzierung der Dosis an Infektionskeimen ist ein maßgeblicher Beitrag zum Schutz der Gesundheit für die im Raum anwesenden Personen. Der VDI hat Prüfkriterien für mobile Luftreiniger, besonders vor dem Hintergrund der Corona-Epidemie, zusammengestellt. Darin enthalten sind an die Geräte zu stellende Anforderungen wie der Einsatz von HEPA-Filtern H13, ein vierfacher Luftwechsel pro Stunde, Geräusche unter 35 dB(A) sowie die Vermeidung von Ozon bei Anwendung von Bestrahlung (VDI MLR 2021).

Vom Einsatz ionisierender Strahlung in mobilen Luftreinigern und der damit verbundenen Ozonbildung wird an dieser Stelle zugunsten von Versorgemaßnahmen zur Stärkung der Immunabwehr der oberen Atemwege nach Kap. 8 eher abgeraten.

7.2.4 Körperinnenraum

Die Abscheidung von Fremdstoffen in den Atemwegen des Menschen folgt den gleichen physikalischen Gesetzen wie die in der viel diskutierten Umwelt. Die Evolution hat beim Menschen ein Schutzsystem gegenüber natürlichen Lungenschadstoffen entwickelt. Grobe Partikel werden in der Nase abgefangen, in den folgenden Kompartimenten, Rachenraum, Luftröhre bis zur vierten Verzweigung des Bronchialbaumes die Teilchen >2 μm. Größere Partikelansammlungen werden durch Hustenreflex aus diesem Bereich entfernt. Dabei kann die Luft bis auf 50 % der Schallgeschwindigkeit beschleunigt werden.

Die Oberflächen der einzelnen Atemwegsabschnitte sind jeweils auf ihrer ganzen Länge mit einer Schleimhaut (Mukosa) ausgekleidet, die ihrerseits von einer lose aufliegenden Schleimschicht (Mukus) überlagert ist. Auftreffende Fremdstoffe jeder Größe, einschließlich eingeschleppter Mikroorganismen, können bei Berührung mit der Schleimschicht gut anhaften. Strukturbildner des Schleims sind die Muzine, bestehend aus Biopolymeren, chemisch gesehen sind es heterogene Polysaccharide, die als Hydrogele und Kolloide viel Wasser anlagern, aber auch wieder abgeben können. Der Schleim enthält zum osmotischen Ausgleich mit den Körperflüssigkeiten auch Elektrolyte. Eine zweite Aufgabe der gut durchbluteten Schleimhaut ist die Befeuchtung und Erwärmung der einströmenden Luft bis nahe ihrer Sättigung mit Wasserdampf. Dabei wird relativ viel Wasser verbraucht, das der Schleimhaut entzogen wird, was in Ruhephasen des Körpers und besonders bei Mundatmung leicht zu einer Unterversorgung der Schleimschicht mit Feuchtigkeit führen kann.

Ein weiteres Einfallstor für Mikroorganismen ist die Bindehaut des Auges, eine schleimhautähnliche Gewebeschicht zwischen Augenlid und Augapfel. Ausgehend von der Tränendrüse wird die Bindehaut des Augapfels ständig mit Tränenflüssigkeit gespült, die zahlreiche Stoffe der Immunabwehr enthält. Die abfließende Tränenflüssigkeit wird weiterverwendet. Sie fließt nacheinander durch Tränenkanälchen und Tränensack dem unteren Nasengang zu, von wo aus sie die einströmende Atemluft befeuchtet (Junqueira Caneiro 1996).

Partikel <0,3 μm und Fremdgase werden im gesamten Bereich der Atemwege, beginnend im Nasenbereich bis in den Atembereich der Alveolen, durch Diffusion niedergeschlagen, dargestellt in Abb. 7.1. Die Abbildung zeigt die thermische Beweglichkeit dieser Teilchen, mit der sie auch Oberflächen erreichen und daran haften können. Die Haftbedingungen an feuchten Oberflächen sind gut. Die Adsorption der Partikel an der Schleim-schicht sorgt für die Schadstoffkonzentration null in der Luft unmittelbar über der Oberfläche. Deshalb besteht ein ständiges Konzentrationsgefälle zur Schleimschicht, das die Diffusion der Schadstoffe zur Schleimhaut antreibt.

Bis zum Ende der 17. Bronchiengeneration werden Partikel des Größenbereichs 0,5–2 μm auf den Schleimschichten der Bronchien nieder-geschlagen. Alle bis hierhin niedergeschlagenen Schadstoffe werden samt Schleim in Richtung unterer Rachenraum zurückgefördert und durch Verschlucken in den Magen entsorgt. Für den gleitenden Transport des beladenen Schleims sind die Schleimhäute mit Zilien (Wimpern) tragenden Epithelzellen ausgestattet, deren im Rhythmus schlagende Zilien den Schleim transportieren. Zielort ist der untere Rachenraum. In der Nase weist die Förderrichtung des Schleims nach unten, in den Bronchien nach oben. Um die Arbeit der Zilien zu erleichtern, gleitet der Schleim auf einer dünnen gleitfreundlichen Unterschicht. Es verdient Bewunderung, wie perfekt der Schutz vor Fremdstoffen und besonders die Erneuerung der „Filterschicht" angelegt sind.

Weil biologische Grenzen nie so scharf zu ziehen sind, dringen neben Schadgasen vereinzelt auch größere Partikel und Fasern in den zilienfreien Atembereich der Lunge ein. Dort stehen Makrophagen bereit, um die ver-bliebenen Schadstoffe aufzunehmen und zu entsorgen (Bein Pfeifer 2010).

Die fortgesetzte Zweiteilung der Bronchien begünstigt die Abscheidung von eingetragenen Partikeln. So erweitert sich die Querschnittsfläche der Bronchien nach jeder Teilung. Die Summe der Querschnittsflächen der geteilten Bronchien ist jeweils größer als die Querschnittsfläche der Aus-gangsbronchie. Die Geschwindigkeit der Luftströmung sinkt dadurch stromabwärts, wodurch die gleichmäßige Luftversorgung aller Lungen-bezirke gewährleistet ist (Herman 2016).

Dazu gibt es bis zur dritten Teilung sogar erst eine Verengung der Quer-schnitte. Dadurch wird nach den starken Umlenkungen am Ende der Luft-röhre die gleichmäßige Versorgung der Lungenflügel verbessert. Je nach Veranlagung lässt sich der Widerstand beim Einatmen spüren.

In den angeströmten Sätteln der Zweiteilungen wird die Abscheidung der Partikel durch Prall und Interzeption begünstigt. Zudem wird der Bronchialbaum eher von oben nach unten durchströmt, sodass die Schwer-kraft ebenfalls zur Abscheidung beiträgt. In Abb. 7.3 ist die Zweiteilung einer Bronchie schematisch dargestellt. Die zusätzliche Abscheidung durch Diffusion ist dabei nicht berücksichtigt. Schwere Partikel werden auf den Krümmungssätteln abgefangen. Fasern können leicht durch Inter-zeption anhaften. In der Abbildung ist die Flugbahn eines Teilchens als

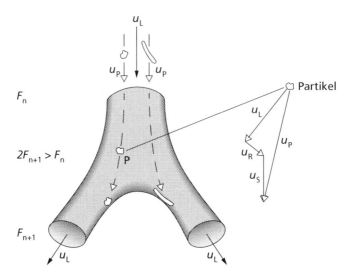

Abb. 7.3 Zweiergabelung der Bronchien und Flugrichtung eines Partikels nach Vektoraddition der Teilgeschwindigkeiten: F_n = Eintrittsquerschnitt; F_{n+1} = Austrittsquerschnitt; u_L = Luftgeschwindigkeit; u_R = Ablenkgeschwindigkeit aufgrund der Radialbeschleunigung der Luft; u_S = Sinkgeschwindigkeit; u_P = Geschwindigkeit des Partikels nach Richtung und Betrag

Geschwindigkeitsvektor dargestellt. Die reale Geschwindigkeit ist die Vektorsumme aus drei richtungsverschiedenen Teilegeschwindigkeiten: Luftgeschwindigkeit, Fliehbewegung aus dem Kurvenflug der Luft (Radialbeschleunigung) und Sinkgeschwindigkeit.

Für die mathematische Modellierung der Deposition von Schadstoffen in der Lunge wurden Modelle entwickelt. Für die Geometrie der verschiedenen Kompartimente müssen viele vereinfachende Annahmen getroffen werden. Im Ergebnis zeigt sich die Abscheidelücke für Partikel um die Größe 0,3 μm, solche Partikel werden wieder ausgeatmet. Es zeigt sich auch, dass Kinder in ihrem noch nicht voll entwickelten Lungenvolumen relativ viele Schadstoffe aufnehmen (Asgharian 2006).

Faserstaub setzt sich bevorzugt in der Nase fest, kurze Fasern dringen weiter vor. Die Praxis zeigt, dass kurze Fasern (<5 μm) nach einigen Tagen aus der Lunge entfernt werden und keinen Krebs erzeugen. Im Tierversuch wurde auch für Fasern zwischen 5 μm und 10 μm kein Krebsrisiko festgestellt. Bei Asbestfasern >20 μm hat sich allerdings gezeigt, dass sie Krebs des Bauch- und Rippenfells auslösen können. Glasfasern werden dagegen eher chemisch angegriffen, können danach brechen und entsorgt werden. Angesichts der Clearingleistung der Lunge sollte die Hintergrundbelastung mit 100 Asbestfasern in 1 m³ Außenluft also nicht überschätzt werden (Bernstein 2006).

7.3   Sonneneinstrahlung

Das Sonnenlicht liefert die Energie, die unser Leben ermöglicht und uns auf der Erde aufwandsfrei zur Verfügung steht, mit einschränkenden örtlichen und zeitlichen Schwankungen. Mit Sonnenlicht wird die Luft erwärmt und das Leben ermöglicht. Licht ist auch an der Synthese wichtiger Körperzellen beteiligt, etwa der Bildung von Vitamin D. Der Aufenthalt in direkter Sonnenbestrahlung sollte nicht länger als eine halbe Stunde betragen. Bei längerer ungeschützter Bestrahlung stellen sich Erytheme ein, die bei einem Übermaß an Wiederholung nach Jahren Hautkrebs verursachen. Eine weitere Gefahr droht von der Einnahme lichttoxischer Substanzen, die sogar zum Tod führen kann. Aus diesem Grund werden neue Medikamente auch auf ihre Sonnenlichtverträglichkeit geprüft. Die Flucht vor zu viel Sonne und unsere Präferenz zu einem Aufenthalt im Schatten wie auch die Gewöhnung an das Leben in Innenräumen scheinen epigenetisch angelegt zu sein.

Literatur

Asgharian B, Hofmann W, Miller FJ (2016) Dosimetry of particles in humans: from children to adults. In: Gardner DE (Hrsg) Toxicology of the lung, 4. Aufl. Taylor & Francis Group, Boca Raton

Bein T, Pfeifer M (Hrsg) (2010) Intensivbuch Lunge, Von der Pathophysiologie zur Strategie der Intensivtherapie, 2. Aufl.

BfJ GI (2022) Bundesamt für Justiz, Gesetze im Internet. Bundes-Immissionsschutzgesetz – BImSchG. https://www.gesetze-im-internet.de/bimschg/

Bernstein DM (2006) Fiber toxicology. In: Gardner DE (Hrsg) Toxicology of the lung, 4. Aufl. Taylor & Francis Group, Boca Raton

DWD N (2022) Deutscher Wetterdienst. Informationen über bestimmte Luftbeimengungen. https://kunden.dwd.de/Feinstaub_Ext/result.do

EN 1822-1 (2009) Deutsches Institut für Normung. DIN EN 1822-1 Schwebstofffilter (EPA, HEPA und ULPA) – Teil 1: Klassifikation, Leistungsprüfung, Kennzeichnung

EN 779 (2012) Deutsches Institut für Normung. DIN EN 779 Partikel-Luftfilter für die allgemeine Raumlufttechnik – Bestimmung der Filterleistung

EN 60312 (2017) Deutsches Institut für Normung. DIN EN 60312-1 Staubsauger für den Hausgebrauch – Teil 1: Trockensauger – Prüfverfahren zur Bestimmung der Gebrauchseigenschaften

DIN 1946 (2018) Deutsches Institut für Normung. DIN 1946-6 Raumlufttechnik. Teil 6: Lüftung von Wohnungen – Allgemeine Anforderungen, Anforderung an die Auslegung, Ausführung, Inbetriebnahme und Übergabe sowie Instandhaltung. Entwurf

Herman (2016) Herman I P. Physics of the Human Body. 2. Aufl, Springer International Publishing Switzerland 2006

Hinds WC (1999) Aerosol technology. Properties, behavior, and measurement of airborne particles, 2. Aufl. Wiley, New York

Hörner, Casties (2015) Hrsg. Handbuch der Klimatechnik, Bd. 1 Grundlagen, 6. Aufl. VDE Verlag

ISO 16890 (2017) Deutsches Institut für Normung. DIN EN ISO 16890-1 Luftfilter für die allgemeine Raumlufttechnik – Teil 1: Technische Bestimmungen, Anforderungen und Effizienzklassifizierungssystem, basierend auf dem Feinstaubabscheidegrad ePM, 2017. Anmerkung: Diese Norm ersetzt EN 779.

ISO 10121-1 (2014) Deutsches Institut für Normung. DIN EN ISO 10121-1 Methode zur Leistungsermittlung von Medien und Vorrichtungen zur Reinigung der Gasphase für die allgemeine Lüftung – Teil 1: Medien zur Reinigung der Gasphase. Beuth Berlin

Junqueira LC, Carneiro J (1996) Histologie. Zytologie, Histologie und mikroskopische Anatomie des Menschen, 4. Aufl. Springer-Verlag, Berlin

Rüger C (2016) Die Wege von Staub Im Umfeld des Menschen. Springer-Verlag, Berlin

TA Luft 2 (2021) Technische Anleitung Luft 2021, Anhang 2, Ausbreitungsrechnung

TA Luft 6 (2021) Technische Anleitung Luft 2021, Anhang 6, Tabelle 21: S-Werte. Siehe auch Tab. 4.3 TA Luft mit den Bestimmungen zur Ausbreitungsberechnung und UBA-P Umweltbundesamt, Persönliche Mitteilung, 2020 (Kap. 4)

UBA LN (2022) Umweltbundesamt, Luftmessnetze der Bundesländer. Im Netz unter Themen>Luft>Messen>Beobachten>Überwachen>Luftmessnetze der Bundesländer. https://www.umweltbundesamt.de/themen/luft/messenbeobachtenueberwachen/luftmessnetze-der-bundeslaender

UBA ZN (2022) Umweltbundesamt, Luftmessnetz des Umweltbundesamtes. https://www.umweltbundesamt.de/themen/luft/messenbeobachtenueberwachen/luftmessnetz-des-umweltbundesamtes#aufgabe

VDI 3945-3 (2000) Verein Deutscher Ingenieure. Richtlinie Umweltmeteorologie, Atmosphärische Ausbreitungsmodelle. Partikelmodell Blatt 3, VDI bestätigt 2015

VDI 6022 (2018) Verein Deutscher Ingenieure, VDI-Richtlinien: Blatt 1, Raumlufttechnik, Raumluftqualität: Hygieneanforderungen an raumlufttechnische Anlagen und Geräte (VDI-Lüftungsregeln). Blatt 3, Raumlufttechnik, Raumluftqualität: Beurteilung der Raumluftqualität

VDI 8783-8 (2017) Verein Deutscher Ingenieure. Richtlinie Umweltmeteorologie. Messwertgestützte Turbulenzparametrisierung für Ausbreitungsmodelle Blatt 8

VDI MLR (2021) Verein Deutscher Ingenieure. Anforderungen an mobile Luft-Reiniger, Mitteilung zu VDI-EE 4300-14. https://www.vdi.de/richtlinien/anforderungen-an-mobile-luftreiniger

Stieß M (2009) Mechanische Verfahrenstechnik-Partikeltechnologie 1. 3. Aufl. Springer Berlin Heidelberg

8

Reaktionen der Lunge

Zusammenfassung Ein großer Anteil unseres Körpergewichts entfällt auf Flüssigkeiten außerhalb der Körperzellen. Zu den Trägern solcher Flüssigkeiten gehören die Schleimhäute der Atemwege, deren Funktion abschnittsweise beschrieben wird. Schleimhäute gleichen den Wasserverlust beim Atmen aus. Wir erfahren, wie der Elektrolytgehalt der Körperflüssigkeit das Durstgefühl steuert. Die oberen Atemwege sind die Eingangspforte für Schadstoffe und Mikroorganismen aus der Luft. Der erste Körperkontakt der Noxen findet mit der feuchten Schleimhaut statt. Die bereitstehende Immunabwehr mit ihren Komponenten wird anschaulich beschrieben, ebenso die Schleim- und Speichelproduktion, die Ausschüttung von Immunstoffen aus Mandeln und Mundspeicheldrüsen, die mechanische Entfernung abgeschiedener Noxen, das Abfangen von Antigenen. Auf die Problematik der gemeinsamen Nutzung von Mund- und Rachenraum als Zuleitungsorgan für Luft und Speise wird ausführlich eingegangen und der Rachen als Schwachstelle der Immunabwehr erkannt. Die zur Abwendung von Infektionen in diesem Bereich entwickelte Vorsorge zum Schutz der oberen Atemwege wird vorgestellt. Die ICD-Klassifikation informiert über die Zahl der Krankheitsbilder. Während im Bereich der oberen Atemwege 17 Krankheiten kodiert sind, steigt die Zahl in den unteren Atemwegen auf 90 an.

© Springer-Verlag GmbH Deutschland, ein Teil von Springer Nature 2023
C. Rüger, *Luft und Gesundheit*, https://doi.org/10.1007/978-3-662-66767-5_8

8.1   Abschnitte der Atemwege

8.1.1 Körperflächen mit Luftkontakt

Die Körperoberfläche des erwachsenen Menschen ist unmittelbar der Luft ausgesetzt. Die Teilflächen aller Körperteile addieren sich bei einem Erwachsenen im Durchschnitt   auf 1,75 m². Durch Diffusion dringt atmosphärischer Sauerstoff bis 0,4 mm in die Haut ein und versorgt die äußere Hautschicht (Stücker M et al. 2002). Sie besteht aus einem mehrschichtigen, verhornenden Plattenepithel, das verhindert, dass Umweltnoxen ohne Weiteres in den Körper eindringen können. Die gesamte Hautschicht bis zu einer Dicke von 1,6 mm enthält keine Blutgefäße. Die Sauerstoffversorgung erfolgt im Rahmen der Gewebeatmung durch Diffusion. Auf die gleiche Weise wird die Haut ständig mit Feuchtigkeit versorgt, um elastisch zu bleiben und bei Temperaturstress durch Wasserdampfabgabe gekühlt werden zu können. Talgdrüsen fetten die Haut und schützen vor Austrocknung, je nach Veranlagung in nicht ausreichendem Maße. Bei trockener Haut sollte diese durch Eincremen anhaltend vor Wasserverlust geschützt werden, Wässern allein hilft nur für die kurze Zeit der Anwendung.

Der Sauerstoffbedarf für den Stoffwechsel wird in dem Atembereich der Lunge gedeckt. Aus Sicht der Evolution hat sich das Atemgewebe durch Einstülpung von Haut entwickelt. Endprodukt ist eine etwa 90 m² große Blut-Luft-Schranke von weniger als 1 μm Dicke, schematisch dargestellt in Abb. 1.5. In dem Bild soll auch ein Eindruck von den Größenverhältnissen der beteiligten Organe vermittelt werden. Auf der einen Seite der Schranke pulsiert die Luft in den Alveolen, auf der anderen Seite strömt das Blut kontinuierlich durch die Kapillaren. Die Pulsation des Herzens wird durch die Elastizität der Arterien gedämpft. Die dünne Membran der Schranke besteht aus drei Schichten: Auf einer Zwischenschicht (Interstitium) liegt beidseitig das auskleidende Epithel des Lungenbläschens und der Blutkapillaren auf.

Aus der Blutbahn wandern über 10 μm große Lungenmakrophagen in das Epithelgewebe der Alveolen ein, „sammeln" dort abgesetzte Fremdstoffe und versuchen sie enzymatisch abzubauen. Die Entwicklung der Tiere hat im Wasser begonnen, Feuchtigkeit ist ein lebenswichtiges und wirksames Elixier für alle körperlichen Lebensvorgänge geblieben!

8.1.2 Das Wasser im Körper

Der Wasseranteil des Menschen bezogen auf seine fettfreie Körpermasse bewegt sich relativ konstant bei 73 %. Die mechanische Stabilität einer Masse mit einem so hohen Wassergehalt wird durch das Skelett gewährleistet, es enthält nur 22 % Wasser. Einen ähnlich niedrigen Wassergehalt weist Fettgewebe auf, das bei Frauen stärker ausgebildet ist, wodurch sie einen niedrigeren Gesamtwassergehalt aufweisen als Männer.

Die physikalischen Eigenschaften von Wasser sind Grundlage vieler Körperfunktionen, einige sind beispielhaft in Tab. 8.1 zusammengestellt.

Die tägliche Wasserbilanz ist in Tab. 8.2 dargestellt. Auffällig ist der hohe Wasserbedarf des Atemsystems Lunge. Man könnte an dieser Stelle die Frage stellen, warum für den Gasaustausch in den Alveolen die Luft bei jedem Atemzug bis zur Sättigung befeuchtet werden muss. Die Befeuchtung beginnt in der Nase und endet im Atembereich der Lunge, in den Lungenbläschen. Die Antwort lautet: Die Atempumpe funktioniert nur im feuchten, aber auch nicht im ganz nassen Zustand. Die dünne Haut der

Tab. 8.1 Entfaltung physiologischer Eigenschaften von Wasser

Eigenschaft	Physiologische Wirkung
Fluidverhalten der kondensierten Phase	Transport von Körperflüssigkeiten durch Muskelkraft und Diffusion
	Heimstatt für Mikroorganismen
	Transport von Botenstoffen des Immunsystems
Löse- und Emulgiervermögen	Auflösung und Emulgierung der Nahrung
	Elektrolythaushalt von Körperflüssigkeiten im Blut und in den Zellen
	Lösemittel für Stoffwechselvorgänge
	Ausscheidung von Metaboliten
Oberflächenspannung	Benetzung von Zilien und Staub bei der Reinigung der Atemwege
	Zug auf die Innenhaut der Alveolen beim Ausatmen
Verdunstungswärme	Vorteil bei der Hautkühlung
	Nachteil bei der Atemluftbefeuchtung

Tab. 8.2 Tägliche Wasserbilanz des Menschen

Wasseraufnahme in Liter		Wasserabgabe in Liter	
Trinken	1,3	Urin	1,5
Nahrung	0,9	Lunge und Haut	0,9
Stoffwechsel	0,3	Stuhlgang	0,1
Summe	2,5	Summe	2,5

Blut-Luft-Schranke muss sich beim Einatmen eher passiv strecken lassen und beim Ausatmen eher aktiv zusammenziehen. Damit die Funktion erhalten bleibt, will das System gepflegt werden, aber es hat auch selbst Vorsorge getroffen in dem Sinne, dass es große Reserven vorhält, die Ausfälle durch die Einwirkung von Noxen über lange Zeit – auf Kosten der Gesamtkapazität – kompensieren kann.

Normalerweise stellt man sich die Flüssigkeit des Körpers als in den Körperzellen gespeichert vor. Erstaunlicherweise sind 17 % des Körpergewichts als Flüssigkeit außerhalb der Körperzellen gespeichert. Die Flüssigkeit findet sich in den Spalträumen der Gewebe einschließlich der Kompartimente von Lymphe, Blutplasma, Drüsensekret oder Gelenkflüssigkeit des Skeletts, auch die Inhalte der Verdauungsorgane sind dazuzurechnen. Wie die äußere Haut, so sind auch die Oberflächen der inneren Organe jeweils von abgrenzenden Epithelzellen überzogen, die außer für Luftsauerstoff auch für Wasser und wandernde Immunzellen durchlässig sind.

Der Gehalt an elektrolytisch wirksamen Salzen und Proteinen unterscheidet die Körperflüssigkeiten von reinem Wasser. Der Salzgehalt erzeugt einen osmotischen Druck in den Körperflüssigkeiten. In spezialisierten Körperzellen wird dieser Druck gemessen und an den Hypothalamus zur Weiterverarbeitung geleitet. In den extrazellulären Flüssigkeiten dominieren die Ionen von Kochsalz, in den intrazellularen Flüssigkeiten von Gewebe- und Blutzellen die von Kaliumphosphat. Die Unterschiede in den nach Ionenarten verschiedenen Konzentrationen ermöglicht die Signalleitung in den Nervenbahnen.

8.1.3 Das Durstgefühl

Das Durstgefühl wird vom vegetativen Nervensystem gesteuert. Zentrales Organ ist der Hypothalamus als Teil des Gehirns mit der nachgeordneten Hypophyse. Überwacht wird der Wassergehalt des Körpers mit Sensoren an verschiedenen Orten. Bei einem Wasserverlust von etwa 0,5 % des Körpergewichtes reagiert das Nervensystem mit Durstreiz. Die den Wassermangel im ganzen Körper meldenden Sensoren liegen im Herzen und in der Niere. In der Herzkammer wird die Druckabnahme verfolgt, die mit der Flüssigkeitsabnahme einhergeht. In der Niere wird die Erhöhung des osmotischen Drucks der Lymphflüssigkeit gemessen, der mit deren steigendem Salzgehalt steigt. Die Durstschwelle von 0,5 % verhindert, dass schon ein ganz geringer Wasserverlust zum Auftreten von Durst führt. Die Durststillung wird reflektorisch gesteuert. Dabei wird vom System die Zeitspanne berücksichtigt, die zwischen Trinken und der zeitversetzten Wasseraufnahme im Dünndarm liegt. Der Ablauf ist auch Ergebnis eines Lerneffektes, der auch von Sensoren des Rachenraum unterstützt wird. Im Ganzen betrachtet wird der Durst vom Gesamtwassergehalt des Körpers gesteuert und eher weniger von örtlichen Wasserdefiziten in den Atmungsorganen (Brandes et al. 2019).

Im Vorfeld der Befriedigung von Hunger und Durst kommt es zur Auslösung unbedingter Reflexe. Als Beispiel sei an den Pawlowschen Hund erinnert. Beim Anblick von Futter beginnt bei dem Hund der Speichelfluss, ausgelöst von einem unbedingten Reflex. Später ertönte vor der Nahrungspräsentation eine Glocke mit dem Ergebnis, dass der Speichelfluss auch ohne Nahrungspräsentation beginnt (Schmidt Thews 1997, S. 158). Hier offenbart sich eine Zugriffsmöglichkeit zum willentlich gesteuerten Feuchthalten der oberen Atemwege.

Der normalerweise von trockenen Mund- und Rachenschleimhäuten ausgehende Reiz wird wahrscheinlich eher mechanisch und dazu spät ausgelöst. Die Erfahrung zeigt, dass trotz ausreichender Wasserzufuhr die Schleimhäute der Atemwege trockenfallen können, vor allem bei Mundatmung. Der unangenehme Trockenreiz wird verstärkt durch Luftschadstoffe, die sich bei frühmorgendlichen Inversionswetterlagen verstärkt in der Luft befinden. In dieser Zeit häufen sich Attacken von Bronchialasthma.

8.1.4 Die drei Etagen der Atemwege

Die Luft ist Teil des natürlichen Lebensraumes von Mikroorganismen, sie lassen sich in der Luft transportieren, um ihren Lebensweg bei einem anderen Wirt fortsetzen zu können. Die feucht-warmen Oberflächen der Atemwege böten den Mikroorganismen ideale Lebensbedingungen, wenn das Immunsystem sie gewähren ließe. Für die Abwehr von Noxen und damit für den Erhalt der Gesundheit der Atemwege hat sich ein weit gespanntes Netz von Sensoren, Botenstoffen und Abbaumechanismen etabliert, das unter dem Begriff Immunsystem zusammengefasst wird und bei dem noch heute neue Zusammenhänge erkannt werden (Rink et al. 2015).

Das Einfallstor für Noxen sind der Mund- und der Rachenraum, dargestellt in der schematisierten Darstellung in Abb. 8.1. Die Luft tritt mit allen Noxen beladen durch beide Nasenflügel ein, passiert den Nasenraum durch die beiden unteren drei paarig angeordneten Nasenmuscheln und strömt dann durch den Rachenraum dem Kehldeckel zu, dem sich stromabwärts die Stimmritze im Kehlkopf anschließt. In diesem Bereich zeigen

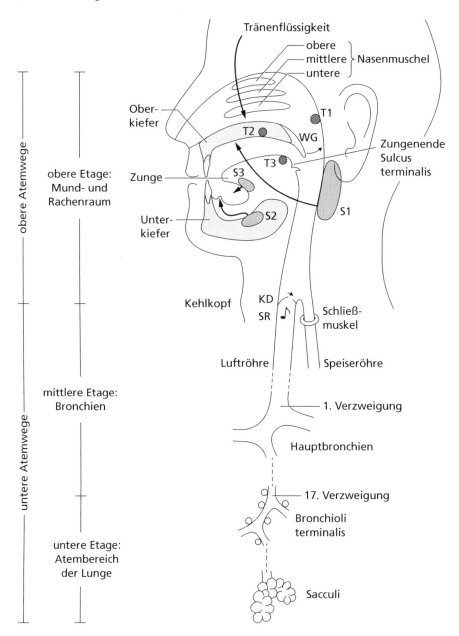

Abb. 8.1 Schematische Darstellung der oberen und unteren Atemwege. S1 = Ohrspeicheldrüse (Parodis); S2 = Unterkieferdrüse; S3 = Unterzungendrüse; T1 = Rachenmandel; T2 = Gaumenmandeln (im Spiegel erkennbar); T3 = Zungenmandel; KD = Kehldeckel; SR = Stimmritze; WG = weicher Gaumen

sich erfahrungsgemäß zuerst die Reaktionen des Immunsystems auf das Festsetzen von Mikroorganismen, insbesondere von Viren, Bakterien oder Umweltnoxen, bei Inversionswetterlagen und in Kälteperioden. Schnupfen, Hals- und Kopfschmerzen sowie Luftnot sind die Begleiterscheinungen.

Je nach der Anzahl der Erreger oder der Schwäche des Immunsystems können die Erreger auf die Bronchien übergreifen. Es findet ein Etagenwechsel mit Eskalation der Krankheitssymptome statt, die sich beispielsweise in entzündlicher oder eitriger Bronchitis mit Verlegung der Atemwege durch Schleim äußert. Schwere und Dauer der Krankheit nehmen zu mit der Neigung, sich zu wiederholen.

Gefährlich wird es, wenn die Erreger bis in die unterste Etage vordringen, den Atembereich der Lunge mit den empfindlichen Lungenbläschen. Viral oder bakteriell verursachte Lungenentzündungen sind möglich, die bei älteren Menschen mit weniger leistungsfähigem Immunsystem akute Lebensgefahr bedeuten.

8.2 Die oberen Atemwege

8.2.1 Die Doppelfunktion von Mund- und Rachenraum

Die Abwehr von Noxen hat für die oberen Atemwege eine besondere Bedeutung in dem Sinne, dass im Bereich von Mund-, Nasen- und Rachenraum viele Sensoren liegen, die ins Bewusstsein des Menschen gelangen und er somit auch direkten Einfluss auf das Geschehen in diesem Bereich nehmen kann. Wenn sich der Mund trocken anfühlt, kann man ihn schließen und dazu trinken; wenn die Luft kalt ist, kann man beispielsweise vorübergehend durch ein Wolltuch atmen. Solche Sofortmaßnahmen sind richtig, reichen aber nicht aus, weil bereits eine Lücke in der Immunabwehr entstanden sein kann. Der aktiven Vorsorge für die Unversehrtheit der oberen Atemwege kommt eine Schlüsselfunktion für die Gesundheit der gesamten Atemwege zu. Zu ihrer Unterstützung bietet sich die kurze Vorstellung einzelner Orte der Immunabwehr an.

Die Nase mit ihren beiden Flügeln ist für die Luftzuführung zuständig. Die Luft wird durch reusenartig wirkende Behaarung von Grobstaub befreit und beim Durchströmen der unteren beiden von drei Nasenmuscheln angewärmt und befeuchtet, dargestellt in Abb. 8.1. Danach strömt die vorgereinigte und konditionierte Luft durch die Nasenhaupthöhle dem weichen

Gaumen mit dem anhängenden Zäpfchen (Uvula) zu. Hier endet die Luft-zuführung des Nasenraumes. Die Schleimhaut dieses Bereichs ist mit Flimmerhärchen tragenden Epithelzellen besetzt, die den lose aufliegenden Schleim (Mukus) einschließlich abgefangener Schadstoffe abtransportieren.

Der anschließende Mund- und Rachenraum wird in doppelter Weise genutzt. Während der Aufbereitung von Speisen und Getränken im Mund kann weiter durch die Nase geatmet werden. Im Mund werden die Speisen durch Kauen und Einarbeitung von Speichel gleitfähig gemacht und verschluckt. Das bedeutet, der Luftweg durch die Nase wird durch Heben des weichen Gaumens und des beteiligten Rachenmuskels verlegt, die Speise gleitet durch den Rachenraum (Schlund) der Speiseröhre zu. Die ankommende Speise löst die Schließung des Kehldeckels (Epiglottis) aus. Während dieser Zeit sind Mund- und Rachenraum Teil des Verdauungs-traktes. Nach Abschluss des Schluckvorganges kann wieder durch Nase und Mund geatmet werden. Luftröhre und Bronchien der mittleren Etage bleiben speisefrei. Bei eher seltenen Leckagen wird in die Luftröhre geratener Speisebrei abgehustet.

Der doppelt genutzte Mund- und Rachenraum wird durch die Behandlung und Weiterleitung der Speisen mechanisch stark belastet. Die Schleimhaut dieser Bereiche besteht aus Plattenepithel ohne Zilien tragende Zellen, ohne gleitende Schleimschicht. Dabei liegt eine hohe Belastung durch Noxen in diesem Bereich deshalb vor, da sie von Luft und Speisen, also aus unterschiedlichen Quellen in den Körper eintragen werden, worauf das Immunsystem angepasst reagieren muss. Sie können sich gut vorstellen, dass bei der Doppelnutzung Kompromisse in der Immunabwehr in Kauf genommen werden müssen, wie es sich in der Infektionsanfälligkeit der oberen Atemwege auch bestätigt. Der Rachenraum präsentiert sich so als Einfallstor für Infektionen aller Atemwegsetagen.

Auffällig ist, dass der Mund- und Rachenraum in der medizinischen Literatur nicht zu den luftleitenden Atemwegen gezählt wird, er wird aus-geklammert und als Teil des Verdauungstraktes behandelt. Die Probleme, die bei der gemeinsamen Nutzung auftreten können, werden meist aus-geklammert.

Die Auskleidung der Atemwege erfolgt generell mit abschnittsweise angepasstem Epithelgewebe. Hierfür ist in der Fachsprache die Bezeichnung respiratorisches Epithel üblich. Der Ausdruck kann leicht falsch gedeutet werden, da nicht die luftleitenden Abschnitte an der Atmung beteiligt sind, sondern nur die mit der Luft und Blut trennenden Membran ausgestatteten Alveolen.

8.2.2 Die mechanische Abwehrfunktion der Nase

Die Schleimhäute der ausschließlich Luft leitenden Zuleitungen sind mit Zilien tragenden Oberflächenzellen (Flimmerepithel) ausgestattet. In der oberen Etage der Atemwege trifft das nur für den Nasenraum zu. Dort sind die Flimmerhärchen von einer Schleimschicht, dem Mukus, bedeckt, auf dem Staub, Mikroorganismen und luftfremde Moleküle niedergehen. Die Wasser bindende Schleimsubstanz wird von Becherzellen abgesondert, die in großer Zahl in das Epithelgewebe eingelagert sind. Im Reifezustand sind die Zellen dicht gefüllt mit Schleimtröpfchen. Sie bestehen aus Glykoproteinen, einem Molekültyp, in dem sich Lipid- und Kohlehydrateigenschaften vereinen – ein Material auch mit hoher Affinität zu Wasser und Feuchte. Beim Ausstoßen der Tröpfchen platzt ihre dünne Haut und der Inhalt, Muzin, geht im Mukus, d. h. in der Schleimschicht auf. Der Schleimteppich samt Fremdstoffen wird durch rhythmischen Wimpernschlag in Richtung unterer Rachenraum befördert und von dort aus verschluckt.

Auf eine Besonderheit der Nase in Bezug auf ihre innere Luftführung ist hinzuweisen. Die Luft strömt beim Einatmen dicht über die beiden unteren Nasenmuscheln dem Rachen zu. Im Gegenstrom strömt unter der Nasenschleimhaut das Blut von hinten nach vorn und gibt Wärme und Feuchte an die Luft ab. Im Bereich von Nasenmuscheln und Nasenscheidewand liegen Schwellkörper, vergleichbar mit Erweiterungen der Blutgefäße, die in Perioden von 20–30 min den Luftdurchlass behindern. Danach entleert sich der erweiterte Schwellkörper wieder und gibt den Weg für die Luft an dieser Seite frei, gleichzeitig füllt sich der Schwellkörper auf der anderen Nasenseite. Beim Schlafen auf der Seite kann der Vorgang gelegentlich beobachtet werden.

8.2.3 Die Schleimhaut im Mund- und Rachenraum

Der doppelt genutzte Bereich von Mund und Schlund weist eine strapazierfähige Schleimschicht auf. Sie wird von Speichel und Schleim der Mundspeicheldrüsen feucht gehalten. Das Epithel weist keine Zilien tragenden Zellen mit lose aufliegender Schleimschicht auf (DocCheck RE 2022). Eine abstreifende Wirkung wird der Speisebewegung beim Schlucken zugeschrieben, die neben Speisen auch Staub und Mikroorganismen erfasst, aber erhebliche Ruhephasen aufweist. In den Ruhezeiten besteht die Gefahr, dass sich Fremdkörper auf der Schleimhaut festsetzen. Bei feuchter Schleimhaut dirigiert zusätzlich die Schwerkraft Partikel durch den Rachenraum in Richtung Kehldeckel.

Beim Schlucken drückt die Zunge die zerkaute Masse nach hinten. Dabei hebt sich der weiche Gaumen und verschließt den Nasen-Rachen-Raum, angedeutet durch einen Pfeil in Abb. 8.1. Die Atmung wird reflektorisch so lange unterbrochen, bis die Masse den Rachenraum wieder verlassen hat. Während die Masse durch den Rachenraum nach unten gleitet, hebt sich der Kehlkopf und verlegt die Luftröhre, die ankommende Masse verschließt den Kehldeckel und die Masse gleitet der Speisröhre zu, in der sich ihr oberer Schließmuskel inzwischen geöffnet hat. An dem diffizilen Transport wirken mehr als 20 Muskeln mit. Wegen der Scherbeanspruchung der Rachenhaut durch den vorbeigleitenden Speisebrei liegt das Oberflächengewebe verstärkt als mehrschichtiges Plattenepithel vor (Vaubel et al. 2015; Junqueira 1996).

In der Epithelschicht sind weitere, Sekret abgebende Zellen eingebaut, die Funktionen der Immunabwehr wahrnehmen oder mit Nervenbahnen in Verbindung stehen. Die Nerven können auch Trockenheit anzeigen. Es wird angenommen, dass das Lutschen von Hustenbonbons die Sensoren überdeckt und Trockenheitssignale nicht weitergeleitet werden.

Der Rachenraum kann wegen fehlender eigener Mukusschicht leicht zum Konfliktort werden. Auf seiner Schleimhaut schlagen sich Reizstoffe und Mikroorganismen der einströmenden Luft nieder. Hinzu kommt der stetig aus der Nase einströmende, mit Schadstoffen beladene Nasenmukus. Beide Noxen werden durch Verschlucken während des Essens und Trinkens in den Magen verschluckt. In Ruhephasen bleiben die Noxen, bedingt auch durch die häufig zu beobachtende Mundtrockenheit, auf der Schleimhaut liegen und werden nicht zum Magen transportiert. Sie erhöhen so die Reiz- und Infektionsgefahr im Rachenraum. In den Ruhephasen liefern die Speicheldrüsen auch bedeutend weniger Zellen und Enzyme der Immunabwehr nach, was die Gefahr einer Entzündung oder Infektion erhöht. In den langen Zeitspannen ohne Speise- oder Getränkeaufnahme, besonders nachts, arbeiten die Mundspeicheldrüsen mit stark herabgesetzter Leistung, wie es im folgenden Kapitel näher beschrieben wird. Über die aus dem Schutzdefizit im Rachenraum zu ziehenden Schlussfolgerungen wird in Abschn. 8.5 „Vorsorgekonzept" berichtet.

8.2.4   Die Speichelproduktion

In der Mundhöhle gibt es je drei große, beidseitig angeordnete Speicheldrüsen, deren Lage in Abb. 8.1 angedeutet ist. Die Drüsen produzieren täglich etwa 1,5 l Speichel in unterschiedlicher Menge und Zusammensetzung. Neben den großen Speicheldrüsen existieren in der Mundhöhle verteilt sieben kleinere Speicheldrüsen, oft als einzellige Drüseneinheiten. Neben seinem 99-prozentigen Wassergehalt bestimmen Elektrolyte die physikalischen Eigenschaften des Speichels. Der erzeugte Speichel schwankt sowohl nach Menge als auch nach Zusammensetzung. Die großen Speicheldrüsen sind eng an den Blutkreislauf angeschlossen, sodass es zum Austausch von Elektrolyten und Enzymen kommt. Mundspeichel kann dadurch weitere Aufgaben übernehmen, so den Schutz vor Noxen durch eingelagerte Enzyme und Antikörper. Für die Vorverdauung sezernieren die Drüsen α-Amylase. Die Elemente des Drüsensystems sind in Tab. 8.3 zusammengestellt.

Im Mund wird die Nahrung zerkleinert und durch den Speichel gleitfähig gemacht. Wenn der Kau- und Schluckvorgang abgeschlossen ist, steht der Mund- und Rachenraum wieder für die Atmung zur Verfügung. In diesem relativ langen Ruhezustand, d. h. der Zeit ohne Nahrungsaufnahme, werden 0,5 l Speichel am Tag abgegeben (sezerniert). Es ist nun die Frage, ob die Speichelproduktion in der Ruhephase ausreicht, um damit genügend Feuchte mit darin enthaltenen Abwehrstoffen vorzuhalten, die für die Immunabwehr in den Kompartimenten von Rachen, Zähnen und Zahnfleisch essenziell sind. Beispielsweise kann der Mangel an Lysozym, das fähig ist, die Zellwände von Streptokokken und Staphylokokken aufzulösen, zu wiederkehrenden Atemwegsinfektionen führen. Außerdem ist zu bedenken, dass bei mangelnder Speichelproduktion die Spülung der Rachenschleimhaut unterbleibt, wie sie in der Nasenschleimhaut die überlagerte und „wandernde" Schleimschicht übernimmt.

Tab. 8.3 Die großen Mundspeicheldrüsen und ihre Funktion

Speicheldrüse (paarige Organe)	Glandula parotidea	Glandula submandibularis	Glandula sublingualis
Bezeichnung:	Ohrspeicheldrüse	Unterkieferdrüse	Unterzungendrüse
In Abb. 8.1:	S1	S2	S3
Mündung des Ausführungskanals:	Im Bereich des oberen zweiten Mahlzahnes	Am Boden der Zunge in einer gut sichtbaren kleinen Erhebung	Mehrere kleine Ausführungen unterhalb der Zunge
Speichelanteil im Ruhezustand:	25 %	70 %	5 %
Art der Sekretion:	Wasser, Elektrolyte, Glykoproteine	Wie zuvor + Muzine	Wie zuvor + Muzine
Alle Drüsen	Lysozym (Enzym)	Immunglobulin A (Antikörper)	α-Amylase (Verdauung)

Der Mundspeichel ist außerdem essenziell für die Gesundheit von Zähnen und Zahnfleisch, die beide ohne Speichel verstärktem Abbau unterworfen sind.

Zur Anregung der Speichelproduktion während der eigentlichen Ruhephasen können drei unterschiedliche Reize eingesetzt werden. Sie führen nach Aktivierung zu einem anfangs eher dünnflüssigen Speichel:

1. mechanische, chemische und thermische Reize an den Nervenenden in der Mundschleimhaut,
2. Reize des Geruchsinnes,
3. Reize der Augen (Das Wasser läuft im Mund zusammen.).

Bei der Einschätzung einer ausreichenden Speichelproduktion im Ruhezustand ist zu berücksichtigen, dass die Hauptspeichelmenge für die Nahrungskonditionierung sezerniert wird. Dazu kommt ein Nachlassen der Speichelproduktion im Alter. Besonderen Feuchtebedarf haben auch die längs der Zungenoberseite verteilten Geschmacksknospen, die vom Sekret der in ihrer unmittelbaren Nachbarschaft gelegenen „Ebner-Spüldrüsen" gereinigt werden. Auch mit diesem Beispiel soll auf die Bedeutung einer ausreichenden Gewebsfeuchte für die Gesundheit der Atemwege im Allgemeinen hingewiesen werden.

8.2.5 Tränendrüse

Das Sekret der Tränendrüse hat eine ähnliche Zusammensetzung wie das der Ohrspeicheldrüse. Auf den Gehalt an bakterizidem Lysozym ist besonders hinzuweisen. Die Tränenflüssigkeit hält die Bindehaut des Auges feucht, ein Teil verdampft, der Rest wird über zwei in der Nähe der inneren Augenzwickel übereinander angeordnete Tränenkanälchen zum Tränensack geleitet. Aus dem Tränensack gelangt die Flüssigkeit in den unteren Bereich der unteren Nasenmuschel, angedeutet mit einem Pfeil in Abb. 8.1. An der Überführung der Tränenflüssigkeit wirken drei Kräfte zusammen. Die Kapillarkraft saugt die Flüssigkeit in die etwa 1 mm weiten und 8 mm langen beiden Tränenkanäle, lageabhängig unterstützt von der Schwerkraft. Die Entleerung des Tränensackes wird durch die Pumpwirkung des Augenlidmuskels abgeschlossen. Bei trockenen Augen leidet auch der Nasenraum unter Flüssigkeitsmangel, der für die Luftbefeuchtung beim Einatmen zu sorgen hat. Ein Zeichen für Feuchtemangel der Augen ist das Verkleben der Augenlider in der Nacht. Ursache ist die Reihe zahlreicher Meibom-Drüsen im Augenlid, die Talg absondern, der das Austrocknen der Bindehaut des Auges verhindern soll.

8.2.6 Die Mandeln (Tonsillen)

Die Tonsillen sind am Ausgang des Mund- und Nasenraumes gelegen, an der Grenze zum Rachenraum. Sie beherbergen in Gewebekapseln Zellen der Immunabwehr und sind Teil des lymphatischen Systems, wozu auch die Lymphknoten der Lymphbahnen gehören. Die Tonsillen sind allerdings nicht an die Lymphbahnen angeschlossen, die Versorgung mit Abwehrzellen erfolgt über die Blutbahn.

Drei große Tonsillen und angrenzendes lymphatisches Gewebe in der Rachenwand bilden einen Abwehrring gegen die abwechselnd mit der Luft oder der Nahrung zuströmenden Noxen. Der Schutzring trägt den Namen seines Entdeckers, Waldeyer-Rachenring. Die Namen und Lagen der Tonsillen enthält Tab. 8.4.

Die Tonsillen gehören zum spezifischem Abwehrsystem des Immunsystems, das die Aufgabe hat, den Körper vor schädigenden Zellen und Substanzen zu schützen. Dazu wird in Thymus und Knochenmark (beides primäre lymphatische Organe) eine ganze Reihe von Zelltypen vorgeprägt und in die Tonsillen (als sekundäres lymphatisches Organ) geschleust, wo sie für den Einsatz bevorratet werden. Zu den Zellen des Immunsystems gehören Makrophagen, Lymphozyten, Granulozyten. Hier soll lediglich ein Blick auf die große Gruppe der Lymphozyten geworfen werden, die 20–40 % der weißen Blutkörperchen ausmachen. Sie entwickeln sich weiter, besonders zu B-Lymphozyten, daraus zu Plasmazellen und am Ende

Tab. 8.4 Tonsillen (Mandeln) im Mund- und Nasenraum

Mandel (Tonsille)	Tonsilla pharingea	Tonsillae palatinae	Tonsilla lingualis
Bezeichnung: In Abb. 8.1:	Rachenmandel T1 Bei Tonsilitis Entstehung eitrige Pfropfen	Gaumenmandeln (paarig) T2	Zungenmandel T3
Lage	Ausgang des Nasenraumes	Beidseitig sichtbar in der hinteren Mundhöhle Bei Tonsillitis Abgabe eitriger Pfropfen	In enger Nachbarschaft zur Zungenspeicheldrüse

zu speziellen Immunglobulinen, die als Antikörper die einströmenden Antigene binden, worauf sie von Makrophagen „verspeist" werden. Die Vernetzung der Abwehrzellen durch Botenstoffe sichert ihren Arbeitserfolg, das Zusammenspiel in Qualität und Umfang verdient Bewunderung.

8.2.7 Reaktion der oberen Atemwege auf Erreger

Erkrankungen der oberen Atemwege treten häufig auf, sie werden meist als Bagatellerkrankungen eingestuft, im Normalfall klingen sie nach 5–7 Tagen ab. Die Behandlung erfolgt symptombezogen, das heißt durch Anwendung warmer Getränke oder Bäder verbunden mit körperlicher Schonung. Infektiöser Schnupfen und Rachenentzündung treten bevorzugt bei geschwächtem Immunzustand auf mit dem Effekt, dass sie auf die nächste Etage, nämlich das Gebiet der Bronchien übergehen mit steigender gesundheitlicher Beeinträchtigung. Die Eskalation unterstreicht, wie wichtig es ist, die oberen Atemwege vor Infektionen zu schützen. Besonders bei vermeintlichen Bagatellkrankheiten ist zu beachten, dass sich auch seltene Krankheiten hinter vermeintlich einfachen Symptomen verbergen können, wie Diphtherie hinter einer Mandelentzündung. In Tab. 8.5 sind Infektionen im Mund-, Nasen- und Rachenraum zusammengestellt.

Die Erkrankungen der oberen Atemwege werden medizinisch zwar oft als Bagatellerkrankungen eingestuft, für die Vorsorge kommt diesem Bereich aber eine Schlüsselstellung zu.

8.2.8 Vorsorge für die oberen Atemwege

Auf die Bedeutung der Feuchte für die Atemwege wurde in den vorangegangenen Kapiteln hingewiesen. Als Feuchte in diesem Sinne ist eine dünne Schicht von wässriger Lösung mineralischer und organischer Elektrolyte über den Epithelzellen zu verstehen, angereichert mit Wirkstoffen der Immunabwehr.

Die zuführenden Atemwege sind mit Schleimhaut ausgekleidet, deren Feuchte sich in einem labilen Gleichgewicht zwischen permanentem Wasserentzug beim Einatmen und der Anlieferung von Feuchtigkeit über den Blutkreislauf befindet. Eine hinreichend feuchte Schleimhaut ist für Reihe von Einzelvorgängen im System der Immunabwehr besonders wichtig:

* Mechanische Entfernung mit dem Schleimteppich des Mukus im Nasenraum

Tab. 8.5 Infektionen und Krankheiten im Nase-Mund-Rachenraum (obere Etage der Atemwege)

Krankheit	Synonyme (Erscheinungs-formen)	Besonderheiten
Rhinitis allergica	Heuschnupfen, Pollen-, Hausstaub-milbenallergie	Überreaktion der Immunabwehr durch Antikörper IgE Expansionspotenzial: Nasennebenhöhlenentzündung, Mittelohrentzündung, Bindehautentzündung der Augen Etagenwechsel: Bronchialasthma
Infektiöse Rhinitis	Schnupfen	Auslöser meist Viren, auch Bakterien und Pilze sind möglich. Expansionspotenzial mit Etagenwechsel: Bronchitis
Pharyngitis	Rachenentzündung	Schmerzhafte Entzündung der Rachen-schleimhaut (oft Begleitkrankheit von Rhinitis), Erreger meist Viren
Tonsilitis	Mandelentzündung	Erreger meist Viren, auch Streptokokken Schluckbeschwerden
Xerostomie	Mundtrockenheit	Mangelnde Schleimhautbenetzung durch Speichel, verbunden mit Mundgeruch Ursachen: Alterserscheinung, Einnahme von Blutdrucksenkern

* Reinigung von Mund- und Rachenraum beim Schluckvorgang
* Wirksamkeit der Tränendrüse für den Nasenraum
* Schutz des Rachenraumes
* Emulgieren und Abweisen von Mikroorganismen und Staub
* Beweglichkeit der (riesigen) Immunzellen und Botenstoffe im Speichel

Die Befeuchtung der Schleimhäute kann direkt oder indirekt erfolgen. Beim Trinken wird die direkte Befeuchtung von Mund- und Rachenraum als angenehm empfunden. Redner kommen auf Dauer nicht ohne Mund-befeuchtung aus. Die Stimmbänder gehören ihrer Lage nach schon zum mittleren Atembereich, sind aber bei Halsentzündung schnell mit betroffen.

Das meiste aufgenommene Wasser wird im Dünndarm resorbiert und gelangt über das Blut in die Schleimhäute. Auch die Schleim- und Speichel-drüsen profitieren davon. Wo liegt der Unterschied? Der Mundspeichel ent-hält Abwehrstoffe, das Trinkwasser nicht. Das Wasser spült die Immunstoffe eher in den Magen. Nach dem Trinken sollten die Schleimhäute deshalb zur Komplettierung des Immunschutzes mit Speichel reflektorisch nachbenetzt werden.

Abb. 8.2 Gähnen – Kauen – Saugen: GKS-Logo für die reflektorische Sekretion von Mundspeichel (Saliva)

Beim Essen werden die Speicheldrüsen schon beim Öffnen des Mundes angeregt, danach von den Kaubewegungen. Bei einem Baby löst die Mundberührung der Brustwarze den Speichel produzierenden Saugreflex aus.

Im Abschnitt „Durstgefühl" wurde gezeigt, dass mit Reizen reflektorisch Mundspeichel erzeugt werden kann. Dieser Reflex lässt sich zur Befeuchtung der oberen Atemwege nutzen, indem der Ruhezustand der Speicheldrüsen mit der Bewegungsfolge des Mundes, Gähnen – Kauen – Saugen, willentlich unterbrochen wird. Es stellt sich reflektorisch im Mund eine spürbare Feuchte ein, die nach Verschlucken, konditioniert im Waldeyer-Rachenring, auch den Rachenraum befeuchtet und mit Abwehrstoffen versorgt. Besonders hilfreich ist die Methode während der Nachtruhe, wenn kaum Mundspeichel anfällt und zusätzlich bei Wetterinversion die Schadstoffe in der Luft kumulieren. Das GKS-Logo nach Abb. 8.2 symbolisiert den „Weg der Feuchte", den Weg zu gesunden Atemwegen.

Nicht zuletzt kann die Tränendrüse aktiviert werden, um auch die Luft leitenden Wege der Nase zusätzlich mit Feuchtigkeit zu versorgen. Die Art der Befeuchtung kann, wie für die Befeuchtung des Rachenraumes, auch nachts von Vorteil sein. Zur Aktivierung der Tränendrüse werden die Augen bewegt. Der erzielbare Effekt ist wahrscheinlich weniger spektakulär als der mit der GKS-Methode, für den Mundspeichel erzielt werden kann.

8.3   Obere Atemwege in der ICD-Klassifikation

Der Arzt ordnet nach Diagnose Krankheiten in das System „International Classification of Diseases" (ICD) ein, das von der WHO gepflegt wird. Krankenkassen nutzen das System für ihre Arbeit, nicht zuletzt spiegeln sich die Eintragungen in Sterbetafeln wider.

Der ICD-Schlüssel kennt für Krankheiten der oberen Atemwege zwei Kategorien: die akuten Infektionen und die sonstigen Krankheiten.

In den Tab. 8.6 und 8.7 sind die im ICD-10-Schlüssel enthaltenen Krankheitsbilder stichwortartig wiedergegeben.

Besonders die akuten Infektionen der oberen Atemwege bieten Potenzial für vorbeugenden Infektionsschutz. Damit kann dem Übergang in einen chronischen Zustand oder ein Etagenwechsel, das heißt der Verlagerung in den Bronchial- und Alveolarbereich, vorgebeugt werden.

Tab. 8.6 Akute Infektionen der oberen Atemwege nach ICD-Klassifikation

Code	Krankheit	Krankheitsbild
J 00	Akute Rhinopharyngitis	Erkältungsschnupfen
J 01	Akute Sinusitis	Kieferhöhlenentzündung
J 02	Akute Pharyngitis	Hals- und Rachenentzündung (auch durch Streptokokken)
J 03	Akute Tonsillitis	Mandelentzündung (Streptokokken, Angina follicularis)
J 04	Akute Laryngitis, Tracheitis	Rachen-, Luftröhren-, Kehlkopfentzündung
J 05	Akute obstruktive Laryngitis, Epiglottis	Kehlkopf- und Kehldeckelentzündung
J 06	Akute Allgemeinentzündung der oberen Atemwege	Rachenentzündung mit grippalem Infekt

Tab. 8.7 Sonstige Krankheiten der oberen Atemwege nach ICD-Klassifikation

Code	Krankheit	Krankheitsbild
J 30	Allergische Rhinopathie	Heufieber, Heuschnupfen, Pollenallergie
J 31	Chronische Rhinitis, Pharyngitis, Rhinopharyngitis	Chronische Nasenschleimhautentzündung, chronische Rachenentzündung
J 32	Chronische Sinusitis	Chronische Erkrankung der verschiedenen Nebenhöhlen
J33	Nasenpolyp	Nasenpolypen, Nasengeschwüre
J 34	Sonstige der Nase und Nebenhöhlen	
J 35	Chronische Krankheiten der Gaumen- und Rachenmandeln	Vergrößerung der Mandeln, Mandelstein
J 36	Peritonsillarabszess	Eiteransammlung im Mund (z. B. Mandeln)
J 37	Chronische Laryngitis, Laryngotracheitis	Chronische Erkrankung von Kehlkopf und Luftröhre
J 38	Krankheiten der Stimmlippen und des Kehlkopfes	Beispiele: Kehlkopfpolyp, Stimmlippenknötchen, Pseudokrupp
J 39	Sonstige Krankheiten der oberen Atemwege	Beispiel: Entzündung der Gaumenmandeln und der sie begleitenden Lymphknoten (Phegmone)

8.4 Mittlere und untere Atemwege

8.4.1 Pathophysiologische Störungen

Wurden die Erkrankungen der oberen Atemwege eher zu den Bagatellkrankheiten gezählt, so muss bei Krankheiten der unteren Atemwege mit schweren und länger andauernden Beeinträchtigungen der Gesundheit und nicht selten mit dem Tod gerechnet werden.

In ihrer Funktion und Auskleidung unterscheiden sich die zuleitenden Bronchien der mittleren Etage vom alveolären Atembereich der untersten Etage. Die Bronchien der mittleren Atemwege werden vom wandernden Schleimteppich gereinigt. Für die Entfernung von Mikroorganismen und Staubpartikeln, die sich auf den Innenwänden der Bronchioli terminalis und ihren angeschlossenen Alveolen niederschlagen, sorgen ständig neu aus dem Blut einwandernde Lungenmakrophagen. Die Krankheitsbilder der beiden Lungenabschnitte greifen so ineinander über, dass in der Internationalen Klassifikation für Krankheiten (ICD) nur zwischen Krankheiten der oberen und unteren Atemwege unterschieden wird. Die Zahl der dort registrierten Lungenkrankheiten in den unteren Atemwegen beläuft sich auf die hohe Zahl von 90! Die größte Zahl der Krankheiten in diesem Bereich wird durch Noxen oder Entzündungen ausgelöst, die aus den oberen Atemwegen eintreten. Ein Teil der auslösenden Erreger kann sich auch aus den Kreisläufen von Blut und Lymphe in der Lunge festsetzen. Es ist anzunehmen, dass viele dieser vagabundierenden Erreger ihren Ursprung in den oberen Atemwegen haben. Damit wird noch einmal die Bedeutung der Vorsorge für den Bereich der oberen Atemwege deutlich.

Die Zusammenstellung der Krankheiten der unteren Atemwege nach ICD-Schlüssel in Tab. 8.8 beschränkt sich hier auf die Angabe der einzelnen Klassen. Bei den ersten fünf Klassen der Tabelle drängt sich der Eindruck auf, dass ein Etagenwechsel die Krankheitsbilder mitbestimmt.

Hinter den Namen verbergen sich unterschiedlich schwere Krankheiten. Einige sollen herausgegriffen und so hervorgehoben werden.

8.4.2 Chronische Bronchitis und Bronchialasthma

Bei diesen Krankheiten verengen sich die Bronchien mit der Folge von Atemnot. Der Krankheitszustand bildet den Endpunkt einer Kette von auslösenden Mediatoren. Am Beginn stehen Rezeptorzellen in der Bronchialwand, die durch mechanische, chemische oder thermische Reize aktiviert

Tab. 8.8 Krankheiten der unteren Atemwege (Auswahl)

Codes	Krankheit/Klasse	Krankheitsbilder/Beispiele
J 09–J 18	Grippe und Pneumonie	Übertragung durch Viren und Bakterien
		Beispiele: Vogelgrippe, Virus- lungenentzündung
J 20–J 22	Akute Infektionen	Akute Bronchitis, Bronchiolitis
J 40–J 47	Chronische Krankheiten	Chronische Verläufe von Bronchitis, Tracheitis, Lungenemphysem, COPD, Bronchialasthma
J 60–J 70	Lungenkrankheiten durch Fremd- substanzen	Staublunge durch anorganischen Staub: Anthrakose, Asbestose, Silikose
		Staublunge durch organischen Staub: Rohbaumwolle, landwirt- schaftliche Stäube (Farmerlunge), exogene allergische Alveolitis
		Lungenfibrose durch Strahlenein- wirkung
J 80–J 84	Krankheit der Bindegewebe	Atemnotsyndrom (z. B. bei Multi- organversagen)
		Akutes Lungenödem, Diffuse Lungenfibrose
J 85–J 86	Purulente und nekrotisierende Zustände	Eitrige und absterbende Lungen- teile
J 90–J 94	Krankheiten der Pleura	Krankheiten von Lungen-, Rippen- und Zwerchfell (Pleuraerguss aus Blutserum, Eiter)
J 95–J 99	Sonstige Krankheiten	Bronchien-, Lungenlappen- kollaps (Stenose), Bindegewebs- emphysem (Luftblasen durch Gewebszerstörung), Zwerchfell- entzündung u. a.

werden. Im Hirnstamm werden die gemeldeten Reize in Impulse zur vermehrten Schleimerzeugung und Kontraktion der Bronchialmuskulatur angeregt. Dadurch angeregt schütten Abwehrzellen des Immunsystems Histamine aus, die zur Schwellung der Bronchialwand führen. Während die Reaktionen anfangs noch reversibel sind, entwickeln sich bei Anhalten der Noxen chronische Zustände. Auslöser der Schwellungen sind besonders Feinstaub in Form von Zigarettenrauch oder auch von Feinstaubgemisch während frühmorgendlicher Inversionswetterlagen.

Die gute Nachricht ist, dass Bronchialasthma und seine Erscheinungsformen relativ gut zu behandeln sind, die übermäßige Bildung zähen Schleims bei chronischer Bronchitis eher nicht. Der sich bildende Schleim behindert die selbsttätige Reinigung durch den Zilienteppich mit der Gefahr einer sekundären bakteriellen Infektion. Auch das ständige Abhusten des Schleims schädigt die Schleimhaut. An dieser Stelle soll zur Unterscheidung von Asthma und Bronchitis der Merksatz zitiert werden: „In einen Asthmaanfall hustet man sich hinein, aus einer Bronchitis heraus!"

Zur Milderung der Beschwerden von leichtem Bronchialasthma kann die bereits beschriebene GKS-Vorsorge eingesetzt werden. Die Versorgung der Atemwege mit Mundspeichel erleichtert das Abhusten, auch aus Bereichen unterhalb des Kehldeckels.

In Tab. 8.8 „Krankheiten der unteren Atemwege" ist unter der Kennung J 20–J 22 Bronchitis verzeichnet. Solange die Krankheit keine chronischen Züge annimmt, klingt sie wieder ab.

Ab der 17. Verzweigung sind die Bronchien zunehmend mit Alveolen besetzt, hier beginnt mit den Bronchioli respiratorii der untererste Abschnitt der Atemwege, der eigentliche Atembereich der Lunge. Hier gibt es kein Zilien tragendes Epithel mehr, weshalb es leicht zur Verlegung der betroffenen Brochiolen (kleine Bronchien) und der stromabwärts gelegenen Terminalbronchiolen kommt. Dieser Befund leitet zum nächsten Krankheitsbild über.

8.4.3 Lungenemphysem

Eine Bronchitis kann auch die untere Etage der Atemwege erfassen und zu einer chronisch obstruktiven Bronchitis expandieren. Dabei kommt es zur Einengung der Atemwege und beim Ausatmen(!) kollabieren die Bronchioli terminales, die wie eine Rückschlagklappe arbeiten. Die Luft kann in die Lungenbläschen einströmen, diese aber nicht wieder verlassen. Bei erneutem Einatmen kommt es zur Überdehnung eines ganzen Lungenbezirks, bestehend aus Bronchiolen und angeschlossenen Lungenbläschen. Es entstehen in der Lunge nicht reversibel luftgefüllte Hohlräume, sogenannte Emphysembläschen, die selbst nur unwesentlich am Atemaustausch teilnehmen. Das Totraumvolumen der Lunge kann sich durch ein Emphysem verdoppeln und das Ausatmen entsprechend erschweren.

Schadgase und Feinstäube sind die Haupttreiber der Krankheit, wobei das Rauchen mit Abstand als Krankheitsursache die Liste anführt. Als weitere Auslöser sind zu nennen: Virusinfektionen der Lunge, altersbedingter Abbau der Trennwände zwischen den Alveolen sowie der oft zitierte, genetisch bedingte Mangel an Alpha-1-Antitripsin-Protease-Hemmer, der bei der Zellerneuerung zu überschießendem Abbau der Trennwände zwischen den Alveolen führt.

8.4.4 COPD

Chronic Obstructive Pulmonary Disease, zu Deutsch: Chronisch obstruktive Lungenerkrankung, ist im Rahmen dieser Zusammenstellung als geläufige Sammelbezeichnung der beiden oben genannten Erkrankungen Bronchialasthma und Lungenemphysem einzuordnen. Die Krankheit ist dauerhaft und der Behandlungsschwerpunkt liegt auf der Milderung der Symptome und Vorsorge gegen eine Verschlimmerung der Krankheit.

8.4.5 Lungenentzündung

Eine Lungenentzündung wird von Fieber begleitet und kann sich für ältere Menschen wegen ihres schwächeren Immunsystems schnell zu einer lebensbedrohlichen Krankheit entwickeln. Menschen mit Vorerkrankungen, die ins Krankenhaus eingeliefert werden, kann dann eine Lungenentzündung ereilen, die von einem Keim ausgelöst wird, der für das Haus typisch ist und dadurch wieder die Therapie erleichtern kann. Ursache für eine Lungenentzündung sind meist Mikroorganismen einschließlich Parasiten, Auslöser können auch verschluckter Magensaft oder eingeatmete ätzende Gase sein. Der Eintrag der Erreger kann auf verschiedene Wege erfolgen: Haupteingangspforte sind die Atemwege, auch der Eintrag über einen Etagenwechsel oder über die Bahnen des Blutes (Sepsis) und der Lymphe sind möglich.

Angriffsziel der Noxen ist die weniger als 1 μm dicke Haut der Blut-Luft-Schranke in den Alveolen. Meist wird die Innenhaut der Alveolen befallen, es entwickelt sich eine alveolare Pneumonie, die herdweise einzelne Lungenläppchen oder ganze Lungenlappen erfassen kann. Bei der interstitiellen Pneumonie betrifft die Entzündung die Bindegewebsschicht, die Träger für die Endothele von Lungenbläschen und Blutkapillaren ist.

8.4.6 Lungenfibrose

Die Lungenfibrose wird als idiopathische interstitielle Pneumonie eingestuft, als Entzündung des Lungenstützgewebes aus ungeklärter Ursache. Durch die ungezügelte Bildung von Kollagenfasern verdickt sich das Bindegewebe der Alveolen und verlängert so den Diffusionsweg der Atemgase. Gleichzeitig zieht die dickere Haut eine Einschränkung der pulsierenden Atembewegung der Lungenbläschen nach sich. Der Gasaustausch wird dadurch zusätzlich gemindert. Das Rechtsherz versucht Sauerstoffunterversorgung zu kompensieren und kann dabei versagen. Auslöser für eine Lungenfibrose sind anorganische Stäube wie Quarzstaub und Asbestfasern. Weiter sind zu nennen: organische, besonders in der Landwirtschaft vorkommende Stäube sowie Gase und Dämpfe aus Verkehr. Auch Tabakrauch, Arzneimittel und eine Reihe von Grunderkrankungen können die Krankheit auslösen. Geschädigtes Lungengewebe ist irreversibel zerstört und so endet die Krankheit leider oft mit dem vorzeitigen Tod.

8.5 Vorsorge

8.5.1 Einflussbereich

Unser Immunsystem besteht aus einem System von Abwehrzellen und Botenstoffen (Mediatoren), die sich passiv und aktiv in Körperflüssigkeiten bewegen, um an Infektionsorte zu gelangen. Der Transport erfolgt in den Blut- und Lymphbahnen über weite Strecken, in den Schleimhäuten auf kürzeren Distanzen. Es leuchtet unmittelbar ein, dass die Beweglichkeit der Abwehrstoffe an eine ausreichende Feuchtigkeit der tragenden Schleimhäute gekoppelt ist. Im Grunde bieten Schleimhäute ideale Wachstumsbedingungen für alle Mikroorganismen. Leider erfolgt die Abwehr nicht immer zielgenau, wie es oft bei biologischen Vorgängen der Fall ist. Dann kann es auch zu Überreaktionen und Autoimmunkrankheiten kommen, die einen anderen Befund dominieren.

Die Kapazität des Immunsystems ist endlich, zu hohe Dosen an Staub und Mikroorganismen führen trotz aller Vorsorge zum Ausbruch einer Krankheit. Bei unbekannten Antigenen muss sich eine spezielle Abwehr mit Antikörpern erst etablieren. Stress, wenig Schlaf und zunehmendes Alter beeinträchtigen das Immunsystem. Umso wichtiger ist unter diesen Begleitumständen die lückenlose Auskleidung von Mund- und Rachenraum mit dem immunisierenden Sekret der Mundspeicheldrüsen. Ein Infekt in diesem Bereich kann, wenn auch nicht ganz verhindert, so aber entscheidend abgeschwächt und auch der Übergang in die tieferen Etagen der Bronchien und Alveolen erschwert oder verhindert werden.

Nicht unerwähnt sollen Infektionen oder Vergiftungen bleiben, die über die Haut in den Blutkreislauf gelangen können, veranlasst durch Verletzung der Haut oder auch durch Absorption giftiger Dämpfe, wie sie beispielsweise beim Umgang mit Cyaniden am Arbeitsplatz entstehen können.

8.5.2 Der Wasserhaushalt im Mund- und Rachenraum

Der Mund- und Rachenraum gehört zu den oberen Atemwegen, er wird gleichzeitig für den Luft- und Speisetransport genutzt. Er wurde bereits in Abschn. 8.2.3 als besonderer, von Entzündungen und Infektionen geprägter Konfliktort vorgestellt.

Der Rachen besteht aus einem Muskelschlauch mit drei Öffnungen, je einer zum Nasenraum, zum Mund und zum Kehldeckel mit den entsprechenden Abschnittsbezeichnungen Nasenrachen, Mundrachen und Kehlkopfrachen. Mund- und Kehlkopfrachen sind mit mehrschichtigem Plattenepithel ausgelegt, das einem Geflecht von Muskelfasern aufliegt, welches den Schluckvorgang vorantreibt. Auf eine gewisse Befeuchtung dieses Gebietes während der Ruhephasen muss daraus geschlossen werden, dass von Ruhesekretion berichtet wird. Häufige Erkrankungen in diesem Bereich wie Pharyngitis (Rachenentzündung) und Angina tonsillaris (Mandelentzündung) verlaufen vergleichsweise harmlos, sie bergen jedoch das Potenzial zum Etagenwechsel. Insbesondere bei aufziehenden Erkältungssymptomen versprechen Speichelsekretion in Zeitabständen im Sinne von GKS nach Abb. 8.2 Schutz vor schneller Krankheitsausbreitung. Besonders nachts ist das wiederholte Sezernieren und Verschlucken von Mundspeichel mit einer spürbaren Linderung der Krankheitssymptome verbunden. Angehende Halsschmerzen klingen überraschend schnell ab.

Mikroorganismen sind mit speziellen Endstücken an ihrer Oberfläche ausgestattet, mit denen sie an Wirtszellen andocken können. So können sie beispielsweise auf trocken gefallenen Epithelzellen der Schleimhaut andocken und danach mit dem Wachstum beginnen und Kolonien bilden. Durch eine intakte Schleimschicht wird das Andocken verhindert oder zumindest wesentlich erschwert, die Mikroben bleiben ohne Halt und werden zum Magen gespült.

Der Mundspeichel besteht zu 99 % aus Wasser. Die wichtigsten darin enthaltenen Elektrolyte sind Natrium, Kalium, Chlor und Kohlensäue. Dazu kommen Makromoleküle wie die Schleim bildenden Muzine, der Antikörper Immunglobulin A, das Enzym Lysozym, das die Zellwände mancher Bakterien auflösen kann, oder das Eisen bindende Lactoferrin, das zum Bakterienwachstum notwendiges Eisen bindet. Mundspeichel enthält weitere, im Körper allgemein wirksame Glykoproteine. Die Unterzungen- und Unterkieferspeicheldrüsen geben eher reine Schleimsubstanzen ab.

Schützt Mundspeichel auch die unteren Atemwege? Die Antwort lautet ja, denn eine dünne Schicht Mundspeichel kann sicherlich über den beim Atmen offenen Kehldeckel in die Luftröhre abgleiten. Der Speichel wird dann mit dem Mukus aus den unteren Atemwegen wieder nach oben gefördert. Ein feuchter Rachen trägt außerdem zur Befeuchtung der Atemluft bei und entlastet so die tiefer gelegenen Atemwege.

8.5.3 Natürliche Befeuchtung der oberen Atemwege

Neben Essen und reichlichem Trinken gibt es eine Reihe von Möglichkeiten, die Speicheldrüsen anzuregen und damit die oberen Atemwege mit immunisierender Feuchtigkeit zu versorgen. Hierzu können auch Hustenbonbons zählen. Die Einnahme ist an den Wachzustand gebunden. Dampf- und Kamillenbäder sind medizinisch symptomatisch wirkende Feuchtespender. Wegen der Spülwirkung von Speisen und Getränken empfiehlt es sich, die Bereiche Mund und Schlund nach dem Schlucken erneut mit Mundspeichel zu versorgen und damit die Immunabwehr zu ergänzen.

Reflektorisch wird Speichel bei allen Bewegungen einschließlich Sport, Sprechen und Singen erzeugt. Besonders günstig wirken sich ausdauernde Bewegungsarten wie Berg- und Weitwandern aus. Bereits vor dem Betreten von Innenräumen, in denen sich Personen aufhalten, empfiehlt sich die Immunisierung der oberen Atemwege mit Saliva.

Eine Lücke in der Versorgung der oberen Atemwege tut sich während der Schlafphasen auf. Hier kann die Auslösung reflektorischer Speichelproduktion nach der GKS-Methode während vorübergehender Wachphasen eine Versorgungslücke schließen. Wenn dabei die Speichelproduktion nicht spürbar in Gang kommt, deutet das auf ein Feuchtigkeitsdefizit im Körper hin, das durch reichliches Trinken, vorzugsweise mit angewärmtem Wasser, abgestellt werden sollte. Einige Zeit danach und nach Anwendung der GKS-Methode füllt sich der Mundboden angenehm leicht mit Speichel.

In Ruhephasen während des Tages kommen für die Anregung Wartephasen in Betracht.

Die Befeuchtung des Nasenraumes gestaltet sich schwieriger. Bei schweren Beeinträchtigungen der Nasenatmung empfiehlt sich das vorübergehende Tragen einer FFP2-Atemmaske, besonders über Nacht. Hier wirkt sich der Rückhalt der Atemfeuchtigkeit beruhigend auf die gesamten oberen Atemwege aus.

Literatur

Brandes R, Lang F, Schmidt RF (Hrsg) (2019) Physiologie des Menschen mit Pathophysiologie. Springer, Berlin Heidelberg

DocCheck RE (2022) DocCheck Flexikon. Respiratorisches Epithel. https://flexikon.doccheck.com/de/Respiratorisches_Epithel?utm_source=www.doccheck.flexikon&utm_medium=web&utm_campaign=DC%2BSearch. Zugegriffen: 14. Okt. 2022

Junqueira LC, Carneiro J (1996) Histologie, Zytologie und mikroskopische Anatomie des Menschen unter Berücksichtigung der Histophysiologie, 4. Aufl. Springer, Berlin Heidelberg

Rink L, Kruse A, Haase H (2015) Immunologie für Einsteiger, 2. Aufl. Springer Spektrum

Schmidt FK, Thews G (Hrsg) (1997) Physiologie des Menschen, 27. Aufl. Springer, Berlin

Stücker M et al. (2002) Struk A, Altmeyer P, Herde M, Bäumgärtl H, Lübbers D W The cutaneous uptake of atmospheric oxygen contributes significantly to the oxygen supply of human dermis and epidermis. The Journal of Physiology, vol 538 (I 3) p 985–994. https://doi.org/10.1113/jphysiol.2001.013067

Vaupel P, Schaible H-G, Mutschler E (2015) Anatomie, Physiologie, Pathophysiologie des Menschen, 7. Aufl. Wissenschaftliche Verlagsgesellschaft, Stuttgart

9

Epilog

Zusammenfassung Welcher Arzt ist für die Behandlung der oberen Atemwege zuständig? Dazu gibt die Beschreibung einer 10-jährigen Odyssee von Arzt zu Arzt wegen einer schmerzhaften Erkrankung im Bereich des Zahnfleisches mit filmreifen Begegnungen Auskunft. Erst nach einer überraschenden Wende zum Besseren und vollkommener Heilung konnte das vorliegende Buch fertiggestellt werden. Insofern hat der Text einen autobiografischen Hintergrund. Das Eintauchen in die Disziplinen Medizin und Umweltrecht kommt nicht ohne die dort etablierten Bezeichnungen aus. Die vom Verfasser am häufigsten genutzten Glossare im Internet würden separat zusammengestellt. Am Schluss werden die Beiträge gesellschaftlich dominanter „Kümmerer" um saubere Luft gewürdigt.

9.1 Die heilende Wirkung von Mundspeichel (Saliva)

9.1.1 Zehn Jahre Gingivitis – ein klinisches Fallbeispiel

Am Anfang eines Zeitabschnittes von zehn Jahren zeigten sich bei einem Patienten entzündliche, wiederkehrende Entzündungen am Zahnfleisch von Ober- und Unterkiefer, dem Halteapparat der Zähne. Zum weiteren klinischen Befund gehörten Blasenbildung an Oberkiefer und Gaumen.

© Springer-Verlag GmbH Deutschland, ein Teil von Springer Nature 2023
C. Rüger, *Luft und Gesundheit,* https://doi.org/10.1007/978-3-662-66767-5_9

Nach Aufbrechen und Ablösung der Blasenhaut blieb ein stark gerötetes, schmerzhaftes Epithel zurück. Besonders die seitlichen innen und außen liegenden Bereiche der Kiefer waren betroffen. Vor allem der Kontakt mit Fruchtsäuren verstärkte das Schmerzempfinden. Bei der Zahnreinigung eskalierte der Schmerz, sodass die Reinigung nur eingeschränkt möglich war. Bei bewusstem Verzicht auf mechanische und chemische Reize heilte die Entzündung jeweils kurzzeitig ab, um bald darauf zurückzukehren.

Die Diagnose lautete „idiopathische Gingivitis", eine Zahnfleischentzündung des Ober- und Unterkiefers mit Zahnfleischbluten aus unbekannter Ursache. In der ärztlichen ICD-10-Klassifikation wird eine chronische Gingivitis nicht als Krankheit der Haut, der Zähne oder der Atemwege, sondern als eine Krankheit des Verdauungssystems eingestuft, mit der Kodierung K05.1. Da diese Zuordnung beim ersten Auftreten der Krankheit nicht bekannt war, konsultierte der Patient zunächst die „naheliegenden", aber nach der Klassifikation weniger zuständigen Zahn-, Haut- und HNO-Ärzte.

Die erste Behandlung durch den Zahnarzt erfolgte mit Penicillin wegen des Verdachts auf bakteriellen Befall, es stellte sich lediglich ein Anfangserfolg ein. Auch Mundspülungen mit einem für Gingivitis empfohlenen Wirkstoff auf D-gluconat-Basis brachten keinen Erfolg. Die danach vom Zahnarzt aufgebrachte Spachtelschicht, die sich nach Tagen auflöste, brachte keine nachhaltige Besserung.

Die nächste ärztliche Beratung erfolgte in einer HNO-Praxis. Wie aus der Pistole geschossen kam der nächste Erklärungsansatz: „Sie haben Skorbut!" Ursache sei ein Vitamin-C-Mangel, der zu fehlerhafter Kollagenbildung führt und mit Blutungen einhergeht. Die Schnelligkeit der Diagnose überzeugte. Nach einem Jahr hochdosierter Vitamin-C-Einnahme kam es lediglich zur Verfestigung der ursprünglichen Symptome.

Nach der Vorstellung in einer Universitätszahnklinik wurde die Behandlung mit einem Glukokortikoid fortgesetzt, das als Haftsalbe aufzutragen war. Nachdem auch die Haftsalbe keine Besserung bewirkte, erfolgte die Überweisung an eine Hautklink. Dort wurde Soor vermutet, ein Befall der Mundschleimhaut mit dem Hefepilz Candida albicans. Das verordnete Antimykotikum brachte allerdings wiederum keinen Erfolg. Danach wurde in größerer Ärzterunde diskutiert und dabei auch die Möglichkeit eines Pemphigus bzw. eines Pemphigoids in Betracht gezogen. Hier handelt es sich um schwere blasenbildende Autoimmunerkrankungen, die unbehandelt fortschreiten und sogar zum Tod führen können. Der bisherige Erkrankungsverlauf über mehrere Jahre entsprach damit also nicht dem typischen (unbehandelten) Verlauf, es wären zumindest fortgeschrittenere

Schädigungen zu erwarten gewesen. Als Ergebnis der Diskussion wurden dennoch eine Cortison-Behandlung und – zur Schmerzlinderung – das Auftragen von Haftsalbe auf die entzündeten Stellen vereinbart. Besuche beim Hausarzt führten zur Empfehlung von Vitamin E, verabreicht in Form von Mundspray. Die Anwendungen hatten ebenfalls keine Wirkung.

9.1.2 Hyposialie, Auslöser einer Gingivitis

In die Zwischenzeit fiel ein Ereignis, für dessen positive Begleiterscheinung es zunächst keine Erklärung gab. Während einer 10-tägigen Alpenüberquerung im Monat Juli von Oberstdorf nach Meran verschwanden vorübergehend die Symptome der Gingivitis. Die Wanderung mit täglich 1000 m Aufstieg und 1000 m Abstieg sowie einem 9-kg-Rucksack auf dem Rücken verlief völlig beschwerdefrei. Was waren die Gründe für das Ausbleiben der Beschwerden: die Luftveränderung, die Höhe, die Psyche?

Zu Hause angekommen kehrten die Beschwerden zurück. Ein für eine größere Zahnbehandlung aufgesuchter Zahnarzt schlug vor, der Ursache der Zahnfleischschäden vor dem Beginn der eigentlichen Zahnbehandlung auf den Grund zu gehen. Eine Zahnfleischprobe wurde genommen und in einem histologischen Labor untersucht. Die Diagnose: „pemphoide Schleimhaut", wie zuvor bereits vermutet, aber wieder verworfen. Nach Überweisung an einen Hautarzt wurde Kortison verordnet: 30 mg pro Tag zuzüglich Haftsalbe. Die Behandlung ergab wieder keinen sichtbaren Erfolg.

In der Zwischenzeit war zu beobachten, dass sich die Krankheit nach zwei bis drei wöchentlichen „Therapierunden", so bezeichneten Geländemärschen in flottem Tempo über jeweils knapp 1 h inklusive 100 m Höhenanstieg, zurückzog. Mit Verwunderung konnte beobachtet werden, dass sich manche Gaumenblasen nach dem Sport einfach ohne Verletzung ablösten. Es dauerte noch über ein Jahr, bis die Idee aufkam, dass nicht die Bewegung an sich, sondern der während der Bewegung erzeugte Mundspeichel für den heilenden Einfluss verantwortlich sein könnte.

Nach einem weiteren Jahr reflektorischer Mundspeichelerzeugung, besonders in Ruhepausen z. B. in Verkehrsmitteln oder während sonstiger Überbrückungszeiten und vor allem in kurzen nächtlichen Wachperioden, ist das Zahnfleisch ohne jeden krankhaften Befund, sogar der Zahnfleischschwund zeigt sich merklich reduziert. Schwere Erkältungen bleiben aus, einschließlich COVID-19. Jedes Anzeichen von Halsschmerzen klingt vergleichsweise schnell ab. Insgesamt eine Erfolgsgeschichte, die dem Patienten lediglich die Bereitschaft zu ungewöhnlicher Vorsorge und Aufmerksamkeit bei deren Umsetzung abverlangt. Da kein zusätzlicher Zeitbedarf entsteht, muss auch nicht auf eine andere Tätigkeit verzichtet werden. Kosten entstehen auch nicht. Das Allgemeinbefinden bessert sich merklich. Auch ein zwischenzeitlich vom Lungenfacharzt diagnostiziertes Bronchialasthma hat sich gebessert, sodass die Behandlung mit Cortison-Spray ausgesetzt werden kann.

Auch wenn man der Auslösung der Speichelproduktion in Ruhephasen positiv gegenübersteht, wird sie ohne Leidensdruck leicht vergessen. Am Beginn erfolgt die Erinnerung eher zufallsartig und der Gähn-, Kau- oder Saugreiz kann ausgelöst werden. Später stellen sich die Erinnerungen an die Auslösung häufiger ein, zum Schluss ruft das Gedächtnis automatisch zum passenden Zeitpunkt zur Anregung der Speichelproduktion auf. Eine hohe Stufe der bedingten Speichelproduktion wird erreicht, wenn sich schon bei gespitztem Mund der Mundboden angenehm mit Speichel füllt. Auch das Sprechen aktiviert die Speichelproduktion, Sprachkommunikation, auch über Telefon, stärkt also die Immunabwehr.

Schlafen bei geöffnetem Mund führt schnell zu sehr unangenehmer Trockenheit der oberen Atemwege, besonders des Rachenraumes. Selbst beim Atmen durch die Nase kann der Effekt eintreten, dann nur verzögert. Am Tage wird eine beginnende Mundtrockenheit von Nervenzellen angezeigt und kann sofort durch Sprechen, Bewegung oder einfach Schlucken beseitigt werden. In der Nacht schlafen die Nervenzellen mit, wie es von den Sinneszellen des Geruchs bekannt ist.

9.1.3 Physiologische Wirkung von Saliva

Speichel ist wie Blut und Lymphe eine Flüssigkeit, die sich außerhalb der Körperzellen großräumig im Körper bewegt. Nichts ist im Körper ohne Funktion. So besteht Mundspeichel in der Regel zu 99 % aus Wasser, der Rest wird von Dutzenden verschiedener Arten von großen Proteinzellen (Glykoproteine) und vergleichsweise wenigen kleinen Ionen (Kalium, Natrium, Chlor, Karbonat) aufgefüllt. Die Zellen sind aktiv im Mundspeichel mit zwei Aufgaben befasst: Einleitung der Verdauung sowie der Immunabwehr – ein kurzes Wort für viele Abwehraktivitäten der Immunzellen und ihrer Botenstoffe. Wichtige Bestandteile der Immunabwehr des Speichels sind, wie bereits erwähnt, Immunglobulin A (IgA), Lysozym und Lactoferrin. Die Immuninhaltsstoffe erfüllen viele Aufgaben, von denen einige hervorgehoben werden sollen:

* Befeuchtung der Mundhöhle
* Abwehr pathogener Mikroorganismen
* Kontrolle der residenten Mundflora
* Pufferung oder Neutralisation von Fruchtsäuren
* Reparatur der Schleimhaut
* Schutz und Remineralisierung der Zahnsubstanz

Hyposialie bedeutet Unterproduktion an Mundspeichel, fast regelhaft eine physiologische Alterserscheinung, die zu unangenehmer Mundtrockenheit (Xerostomie) führt, es mangelt vor allem an Flüssigkeit im Mundboden. Folgekrankheiten sind Gingivitis und Racheninfektionen (healthy-food 2022). Fallweise tritt Hyposialie nach Operationen auf, dann muss mit künstlichem Speichel behandelt werden.

9.1.4 Semantik

„Saliva" ist der lateinische Ausdruck für Speichel, „hypo" bedeutet Mangel. Der ausgeworfene Speichel heißt im Lateinischem „sputum", das erinnert an „Spucke". Bei Speichel und Spucke werden die Gedanken nicht unmittelbar auf die heilsame Wirkung von Mundspeichel gelenkt. Deshalb spricht hier einiges für die Verwendung des lateinischen Ausdrucks Saliva, der ausgerechnet bei den Medizinern eher weniger in Gebrauch ist. Dafür ist der von Saliva abgeleitete Name Hyposalivation als Synonym für Hyposialie in Gebrauch.

Es sollte verwundern, wenn die elektrolythaltige Saliva nichts mit dem lateinischen Wort „sal" für Salz zu tun hätte.

Die Herkunft des Wortes Hyposialie stiftet beim Vergleich mit dem Synonym Hyposalivation einige Verwirrung. Die Wortstämme -saliva und -sialie sind verschieden. Der Schlüssel liegt in dem Begriff Sialinsäure. Sialinsäuren (Synonym Sialsäure) kommen in allen Drüsensekreten vor, auch als Bestandteil von Muzin aus Schleimdrüsen. Nach Wikipedia leitet sich Sialsäure von „sialon", dem griechischen Wort für Speichel, ab. Hier zeigt sich ebenfalls, dass der Mundspeichel voller Geheimnisse steckt.

9.2 Glossar und Datenquellen

9.2.1 Glossar im Netz

Bei der vertieften Behandlung eines Themas kommt man ohne Fachbegriffe nicht aus. Die für dieses Buch verwendeten Nachschlagewerke im Internet können, dem Titel des Buches entsprechend, zwei Disziplinen zugeordnet werden. Am Anfang steht das weite Feld der Umwelt mit dem alles tragenden Medium Luft, gespiegelt an der Physiologie des Menschen:

Gesetze und Verordnungen im Internet, Bundesministerium der Justiz. Gesetzestexte definieren stets am Beginn den Inhalt der Begriffe wie Umwelt, Immission, Ballungsgebiet, beispielsweise im Bundes-Immissionsschutzgesetz, Baugesetzbuch und den dazu erlassenen Verordnungen. https://www.gesetze-im-internet.de

Verwaltungsvorschriften im Internet, Bundesministerium der Justiz. Besonders hilfreich ist das Portal für Fragen zur Technische Anleitung Luft von 2021. https://www.verwaltungsvorschriften-im-internet.de/

Euro-Lex, Zugang zum Recht der Europäischen Union, Empfehlungen (in Landesrecht umzusetzen) und Verordnungen (direkt gültig). https://eur-lex.europa.eu/homepage.html

Wetter- und Klimalexikon des Deutschen Wetterdienstes. Besonders interessant auch wegen der Ausführungen zu den Klimaelementen, beginnend mit Temperatur, Luftdruck, Luftfeuchte, Wind. https://www.dwd.de/DE/service/lexikon/lexikon_node.html

Technische Regeln für Gefahrstoffe, Bundesanstalt für Arbeitsschutz und Arbeitsmedizin. TRGS 910, Risikobezogenes Maßnahmenkonzept für Tätigkeiten mit krebserzeugenden Gefahrstoffen, Glossar im Anhang. https://www.baua.de/DE/Angebote/Rechtstexte-und-Technische-Regeln/Regelwerk/TRGS/TRGS-910.html

GESTIS, Gefahrstoffinformationssystem, Deutsche Gesetzliche Unfallversicherung. Chemikaliendatenbank https://gestis.dguv.de/ Biostoffdatenbank (z. B. auch mit COVID-19) https://biostoffe.dguv.de/

MAK- und BAT-Werte, Ständige Senatskommission zur Prüfung gesundheitsschädlicher Arbeitsstoffe der DFG Deutsche Forschungsgemeinschaft. Maximale Arbeitsplatzkonzentrationen und biologische Arbeitsstofftoleranzwerte. Zuordnung von Dosis und Wirkung am Arbeitsplatz. https://series.publisso.de/de/pgseries/overview/mak

TRGS, Technische Regeln für Gefahrstoffe, BAuA Bundesanstalt für Arbeitsschutz und Arbeitsmedizin. Beispiele: TRGS 900, Arbeitsplatzgrenzwerte mit Begriffsbestimmungen. TRGS 910 Risikobezogenes Maßnahmenkonzept für Tätigkeiten mit krebserzeugenden Gefahrstoffen mit Glossar im Anhang.
https://www.baua.de/DE/Angebote/Rechtstexte-und-Technische-Regeln/Regelwerk/TRGS/TRGS.html

DocCheck-Flexikon, DocCheck AG. Lexikon der Physiologie des Menschen, geeignet auch für medizinische Anfänger.
https://flexikon.doccheck.com/de/Spezial:Mainpage

Gesundheitsberichterstattung des Bundes. Sterbestatistik.
https://www.gbebund.de/gbe/pkg_isgbe5.prc_menu_olap?p_uid=gast&p_aid=79283782&p_sprache=D&p_help=3&p_indnr=6&p_indsp=&p_ityp=H&p_fid=

9.2.2 Daten zur Luftqualität

Die Länder sind per Gesetz verpflichtet, ihr Territorium in Gebiete einzuteilen und dort ein Netz von Messstellen zu betreiben, mit denen die Luftqualität mehrfach im Laufe des Tages gemessen und der Öffentlichkeit zugänglich gemacht wird. In den städtischen Ballungsgebieten wird an den Verkehrszentren und zum Vergleich in einem ausgewählten städtischen Hintergrund gemessen. Für die Luftqualität am Messort, in 1,5 m über dem Boden, gibt es ein Synonym: Immission. Das Umweltbundesamt misst darüber hinaus an sieben Standorten in Deutschland eine größere Zahl möglicher Luftschadstoffe auch mit der Absicht, die Luftqualität über Europa zu dokumentieren.

Messnetze der Bundesländer, Umweltbundesamt.
https://www.umweltbundesamt.de/themen/luft/messenbeobachtenueberwachen/luftmessnetze-der-bundeslaender

Messnetz des Umweltbundesamtes, Dessau-Roßlau.
https://www.umweltbundesamt.de/themen/luft/messenbeobachtenueberwachen/luftmessnetz-des-umweltbundesamtes#aufgabe
Zu den Emissionsquellen hat die Öffentlichkeit keinen detaillierten, mit den Immissionen vergleichbaren Zugang. Die gewerblichen Emissionen

unterliegen dem Bundes-Immissionsschutzgesetz, werden von den Gewerbe-
ämtern genehmigt und genießen Bestandsschutz für die Dauer der
Genehmigung. Die Information der Öffentlichkeit erfolgt länderseitig über
Flächenraster, die beispielsweise in Gebieten mit Braukohlekraftwerken
erhöhte NO_x-Werte aufweisen. Als Beispiel seien die Emissionskataster der
Länder Hessen und NRW genannt. Gebietsweise ist die Bevölkerung auch
von Erdstrahlung betroffen, beispielsweise Radon, die Bundesländer haben
die Information darüber übernommen.

**Emissionskataster Luft, Hessisches Landesamt für Naturschutz, Umwelt
und Geologie.**
https://www.hlnug.de/fileadmin/dokumente/luft/faltblaetter/Emissions-
kataster_Hessen_2017.pdf

**Online-Emissionskataster Luft NRW, Landesamt für Natur, Umwelt und
Verbraucherschutz Nordrhein-Westfalen.**
https://www.ekl.nrw.de/ekat/

Radon-Emission, Bundesamt für Strahlenschutz (BfS).
https://www.bfs.de/DE/themen/ion/umwelt/radon/regelungen/gesetz.html

9.3   Kümmerer um saubere Luft

Saubere Luft ist vor allem schadstoffarm. Das Bundes-Immissionsschutzgesetz begrenzt die Emissionen von Industrieanlagen und reduziert
ihren Schadstoffausstoß parallel zum technischen Fortschritt. Ähnliche
Restriktionen gibt es beim Energieverbrauch für das Heizen von Gebäuden
oder beim Betrieb von Kleinfeuerungsanlagen oder von Fahrzeugen mit Verbrennungsmotor. Durch den Neubau von Wohnungen und die Zulassung
weiterer Fahrzeuge geht der Energieverbrauch weiter nach oben. Die
Reduzierung der Immissionen nach dieser Vorgehensweise ist ein langsamer
Prozess, bei dem eine bedenkliche Temperaturerhöhung des Weltklimas in
Kauf zu nehmen wäre.

Die Abkehr von fossilen Brennstoffen unterstützt die Reduzierung des
Schadstoffgehaltes der Atemluft ganz entscheidend, man kann von einer
Win-win-Situation sprechen. Die körperliche Belastung durch Temperatur-
anstieg wird verlangsamt und die Belastung für die Atemwege reduziert.

Die Vereinten Nationen sind mit ihren Unterorganisationen die Haut-
akteure für beide Themenfelder, wobei das Thema „saubere Luft" eine

breite Basis hat, der Klimaschutz mit der Temperaturbegrenzung eine hohe politische Unterstützung.

Vier Organisationen der UNO sind direkt oder im weitesten Sinne mit der Minderung der Schadstoffe in der Luft befasst:

WHO, World Health Organization, Weltgesundheitsorganisation.
Beispiel: WHO global air quality guidelines particulate matter (PM2.5 and PM10), ozone, nitrogen dioxide, sulfur dioxide and carbon monoxide
https://apps.who.int/iris/handle/10665/345329

WMO, World Meteorological Organization, Weltorganisation für Meteorologie.
Beispiel für deren frühes Eintreten zur Begrenzung des Temperaturanstiegs: 1992 Gründung des Intergovernment Panel of Climate (IPCC) gemeinsam mit der UN-Organisation UNEP (UN Environment Panel), Herausgabe von Zustandsberichten.
https://www.ipcc.ch/reports/

ICAO, International Civil Aviation Organization.
Forschung zur Reduktion der Schadstoffemissionen.

IMO, International Maritime Organization.
Beispiel: Herabsetzung des Schwefelgehaltes im Treibstoff für Schiffsdieselmotoren von 3,5 % auf 0,5 %. https://www.imo.org/en/OurWork/Environment/Pages/Sulphur-oxides-(SOx)-%E2%80%93-Regulation-14.aspx

UNFCCC, United Nations Framework Convention on Climate Change.
Die Reduktion der Treibhausgase wurde auf UNO-Ebene durch das Rahmenabkommen der Vereinten Nationen über Klimaänderungen im Jahr 1992 in Gang gesetzt. Die Reduktion der Treibhausgase zur Begrenzung des globalen Temperaturanstiegs beherrscht die öffentliche Diskussion. Der Gehalt anthropogener Schadstoffe in der Luft wird reduziert, die Luftreinheit verbessert sich und kommt der Gesundheit zugute. In den kalten und deshalb trockenen Wintermonaten wird der natürliche Staubgehalt der Luft stets höher sein als im Sommer. Seit dem ersten Treffen 1995 in Berlin (COP 1) treffen sich die Nationen der Welt jährlich zur Conference of the Parties (COP), der Weltklimakonferenz. Während der COP 3 in Kyoto wurden erste Treibhausgasreduktionsziele vereinbart. In der COP 23 in Paris wurden konkrete Ziele vereinbart, so die Begrenzung der globalen

Erwärmung unter 2 °C, möglichst 1,5 °C. Das Organisationsbüro für die Klimakonferenzen hat seinen Sitz in Bonn. Das Thema wird wachgehalten durch die Aktionen der Bewegung Fridays for Future, inszeniert auch von Greenpeace-Gruppen. Neue Gruppen kommen hinzu, um der Entwicklung neuen Schwung zu geben.

Die Sauberkeit der Luft, ausgedrückt in gesetzlichen Grenzwerten für Luftschadstoffe, ist einklagbar. Die Deutsche Umwelthilfe (DHU) hat vor diesem Hintergrund erreicht, dass viele Städte Luftreinhaltepläne aufstellen mussten, während deren Erarbeitung bereits erhebliche Immissionsminderungen in Ballungsgebieten erreicht worden sind.

Literatur

healthy-food (2022) MediaHolding. https://de.healthy-food-near-me.com/hyposialia-definition-symptoms-and-treatments/

Stichwortverzeichnis

© Springer-Verlag GmbH Deutschland, ein Teil von Springer Nature 2023
C. Rüger, *Luft und Gesundheit*, https://doi.org/10.1007/978-3-662-66767-5

Printed in the United States
by Baker & Taylor Publisher Services